大学入試

漆原 晃の

物理基礎・物理

電磁気編

が面白いほどわかる本

漆原　晃
Akira Urushibara

はじめに

「先生，電磁気が大ピンチです！」と来る生徒の"決まり文句"「だって，電気って見えないんだもんっ」の中に，電磁気攻略のポイントがあります。つまり，**「目に見えなくてわかりにくい電磁気の現象」** を，いかに**「目に見える，わかりやすいもの」**にしていくかです。

そのために本書は，次の３つの点をトコトン追求しました。

①言葉や用語を十分に定義する

例えば，「電位100V」と聞いてキミの頭にはどんな映像が見えてくるかな？　もし見えないとしたら，その理由は，ズバリ，言葉や用語の意味やイメージを正しくつかんでいないからなのです。

本書では，「電位」のような抽象的な用語を，その**基本的なイメージから応用のきく使い方まで**十分に身につくように説明をしています。

②公式の意味や成り立ちをゼロから説明する

最近の入試では公式の導出過程が超頻出です。そこで，本書で出てくる公式は，すべて知識ゼロからていねいにその意味・成立過程を説明しています。十分に納得した上で公式を使うことができます。

③解法パターンを明示する

問題を解くときに，目に見えないからといってむやみやたらに悪戦苦闘するのはナンセンス。逆に，目に見えないからこそ，いつもおきまりのやり方で攻めるべきです。

本書では，各分野ごとに**「この分野の問題は，いつもこのように解く」**という，シンプルで分かりやすい解法を，例題を通してムリなくマスターできるようになっています。

ぜひ，本書によって，電磁気を入試物理の切り札に成長させてほしいと願っています。

漆原　晃

この本の使い方

この本は，Story ，POINT ，チェック問題 ，**まとめ**の４つの部分から構成されています。この本をより効果的に活用するための使い方のコツは，次の３つです。

❶ **まず問題に入る前に Story の中の本文をじっくり読み込もう。**

➡ この本文の中では，まず知識ゼロの状態から始め，そして身につけたい必須知識，難解な概念，陥りやすい落とし穴を，「キャラクター」とやりとりしながら，マンツーマン感覚で学ぶことができるので，考え方をどんどん吸収できます。

➡ Story は，「漆原の解法」の導入部にもなっており，本文を読むことで，深く理解した上で解法を活用できるようになります。

❷ **POINT に来るたびに，それまでの話を振り返って確認しよう。**

➡ 「物理」は建物と同じで，１つの考えが次の考えの土台になっていきます。ですから，あわてず，じっくりと，POINT で，それまでの話の要点を確かめながら，読んでいきましょう。

❸ **チェック問題 は，単なる答え合わせに終わらせず，解説 まで読もう。**

➡ 解説 にも「キャラクター」を登場させて，ミスしやすい盲点部分や解法の根拠などを，生徒の立場に立っていっしょに考えていきます。また，別解 によって，視点を変え，物理的センスを養い，本番に役立つ答えの吟味法を身につけます。

➡ 問題レベルは，易 ，標準 ，やや難 および解答時間が示されているので，参考にしてください。

もくじ

はじめに……………………………………………………… 2
この本の使い方……………………………………………… 3

物理基礎の電磁気

第1章　静 電 気……………………………………………… 8
 Story ❶　電気って何だ？…… 8　　Story ❷　導体と絶縁体 … 14
 まとめ…………………… 21

第2章　電気回路……………………………………………… 22
 Story ❶　回路とは……… 22　　Story ❷　オームの法則 … 26
 まとめ…………………… 31

第3章　抵　抗………………………………………………… 32
 Story ❶　抵抗の性質…… 32　　Story ❷　消費電力………… 38
 まとめ…………………… 41

第4章　電流と磁界（物理基礎）…………………………… 42
 Story ❶　磁界と磁力線… 42　　Story ❷　電流は磁界をつくる 43
 Story ❸　電流は磁界から力を受ける…………………… 46
 まとめ…………………… 49

第5章　電磁誘導（物理基礎）……………………………… 50
 Story ❶　電磁誘導……… 50　　まとめ……………………… 56

物理の電気

第6章　電界と電位…………………………………………… 58
 Story ❶　電　界………… 58　　Story ❷　電　位…………… 62
 まとめ…………………… 75

第7章　点電荷………………………………………………… 76
 Story ❶　クーロンの法則 76　　Story ❷　点電荷のつくる電位 82
 まとめ…………………… 93

第8章　電気力線と等電位線　　　94
- **Story 1**　電気力線と等電位線　　　94
- **Story 2**　導体の静電誘導と電気力線　　　100
- まとめ　　　104

第9章　ガウスの法則　　　106
- **Story 1**　ガウスの法則　　106　　まとめ　　115

第10章　コンデンサーの解法　　　116
- **Story 1**　コンデンサーとは何か？　116　　**Story 2**　コンデンサーの4大公式　122
- **Story 3**　V の求め方　　128　　まとめ　　139

第11章　コンデンサーの容量　　　140
- **Story 1**　コンデンサーの合成容量　　　140
- **Story 2**　誘電体を入れたコンデンサーの容量　　　144
- まとめ　　　151

第12章　直流回路　　　152
- **Story 1**　物理での電流と抵抗　　　152
- **Story 2**　電流計・電圧計　　　160
- **Story 3**　オームの法則の証明　　　164
- まとめ　　　171

第13章　コンデンサーを含む直流回路　　　172
- **Story 1**　スイッチの切りかえ　172　　まとめ　　179

第14章　回路の仕事とエネルギーの関係　　　180
- **Story 1**　回路のエネルギー収支　180　　まとめ　　187

第15章　非オーム抵抗　　　188
- **Story 1**　非オーム抵抗　　188　　まとめ　　196

物理の磁気

第16章　電流と磁界（物理）　　　198
- **Story 1**　磁界を表す言葉　　　198
- **Story 2**　電流 I はそのまわりに磁界 H をつくる　　　203
- **Story 3**　電流 I は磁界 H から電磁力 F を受ける　　　204
- まとめ　　　207

第17章　ローレンツ力 ………………………………… 208
- Story ①　ローレンツ力 ……………………………… 208
- Story ②　ローレンツ力を受ける等速円運動 ……… 213
- まとめ ………………………………………………… 217

第18章　電磁誘導（物理） 218
- Story ①　磁界中を運動する導体棒 ………………… 218
- Story ②　電磁誘導の法則（物理） ………………… 224
- Story ③　電磁誘導問題の解法 ……………………… 229
- まとめ ………………………………………………… 239

第19章　コイルの性質 ………………………………… 240
- Story ①　コイルの自己インダクタンス …………… 240
- Story ②　コイルを含む回路 ………………………… 247
- Story ③　コイルの磁気エネルギー ………………… 250
- Story ④　変圧器のしくみ …………………………… 253
- まとめ ………………………………………………… 258

第20章　電気振動回路 ………………………………… 260
- Story ①　電気振動って何？　260　　まとめ ……… 269

第21章　交流回路 ……………………………………… 270
- Story ①　まずは交流の用語に慣れよう …………… 270
- Story ②　抵抗，コイル，コンデンサーの性格の違い ……… 275
- Story ③　交流回路の解法 …285　　まとめ ………… 296

漆原晃の POINT 索引 ……………………………………… 297
重要語句の索引 …………………………………………… 300

本文イラスト：中口　美保

物理基礎の電磁気

- **第1章** 静電気
- **第2章** 電気回路
- **第3章** 抵抗
- **第4章** 電流と磁界（物理基礎）
- **第5章** 電磁誘導（物理基礎）

第1章 静電気

▲身のまわりには電気現象があふれている

Story ① 電気って何だ？

▶(1) 身のまわりの静電気

キミが日常生活で目にする静電気（せいでんき）現象にはどんなものがあるかな？

 冬に毛糸のセーターを脱ぐとき，パチパチッと感じます。

そのほかにも，入道雲がムクムク湧いて，やがてピカッゴロゴロ……。そう，雷だ。さらには，キミがコンビニでコピーをするコピー機，携帯電話やテレビゲームのメモリーカード，またエレベーターのタッチパネルなど，いろいろな現象や装置が静電気に関係しているよ。

この章では，そんな静電気の基本を見ていくことにしよう。

▶(2) すべてのモノは，プラスとマイナスの電気でできている。

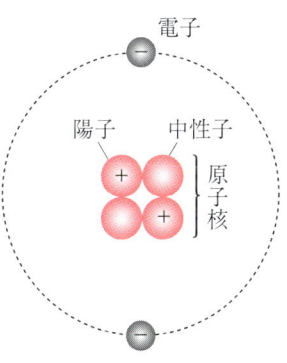

図1　原子

　身のまわりにあるすべての物質は，原子というとても小さな粒からできている。

　図1のように，その原子の粒はまるで太陽系の姿のようだ。中心に固定されている太陽に相当するカタマリを原子核というよ。原子核は，さらに陽子➕と中性子●からできているね。

　そして，そのまわりを回る惑星に相当する粒を電子●という。

　以上のうちで，陽子➕はプラス(正)の，電子●はマイナス(負)のある一定の決まった量の電気をもっているよ。

たっぷりと電気をもった「リッチ」な電子●とか，ちょびっとしか電気をもっていない電子●ってないんですか。

　うん，そういう電子●はないんだよ。この宇宙にあるすべての電子●や陽子➕は全く同じ大きさの電気量をもっているんだ。そして，その電気量は，どの電子●，陽子➕についても，

$$電子●は，\ -e = -1.6 \times 10^{-19}\ \mathrm{C}$$
$$陽子➕は，\ +e = +1.6 \times 10^{-19}\ \mathrm{C}$$

([C]：クーロンは電気量の単位)

と決まっている。

　じつは，この e [C]はこれ以上分けることができない電気量の最小単位となっているんだ。そこで，この e [C]は，電気素量(電気の素[最小単位]の量)とよばれるんだ。

電気量の最小単位ということは1円玉みたいなものですね。

　いいこと言うねえ！　だから，すべての電気量は $+6e$ [C]や $-4e$ [C]などと，必ず e [C]の整数倍で表すことができるんだよ。

第1章　静電気　9

▶(3) 陽イオンって何？

図2のように，原子から，1つ電子がポコッと抜けたものを，1価の陽イオン（正イオン）という。

図2の陽イオンに含まれる電子の数は2個で，陽子⊕は3個あるね。すると，全体としては何〔C〕の電気量をもっていることになるかな？

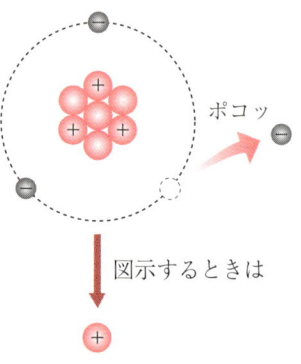

図示するときは

図2 陽イオン

$+3e-2e=+e$〔C〕で，ちょうど陽子⊕1個と同じ電気量です。

そうだね。そこで，この陽イオンを図示するときは，図2の下のように陽子1個と同じく⊕を用いて表すよ。

▶(4) モノが帯電するというのは，どういうこと？

図3のように，1価の陽イオン⊕を6個，電子を6個含む物体の全体の電気量はいくらかな？

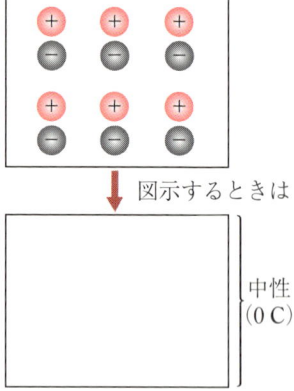

$+6e-6e=0$〔C〕 ゼロです。

そうだ。このとき，この物体は電気を帯びていない（電気的に中性）というよ。

このときは，図3の下図のように，⊕も⊖も何もかかないで図示するよ。この図示のやり方には注意が必要だよ。

図示するときは

中性
(0 C)

図3

何もかいていないからといって，何もないわけではなくて，「⊕と
⊖が同じ数だけあるから，打ち消し合っていて何もかいていない。」
と発想する習慣をつけてほしい。

じゃあ，図4のように，⊕が6個，⊖が4個ある物体では，全体の
電気量は？

 今度は，⊕が2つ過剰だから，$+6e-4e=+2e$〔C〕です。

そうだね。このとき，この物体は正に帯電しているという。
全く同じように，図5の場合は負に帯電しているという。
ここで注意したいのは，図4,5の下図のように，余った⊕や⊖のみ図
示することだよ。

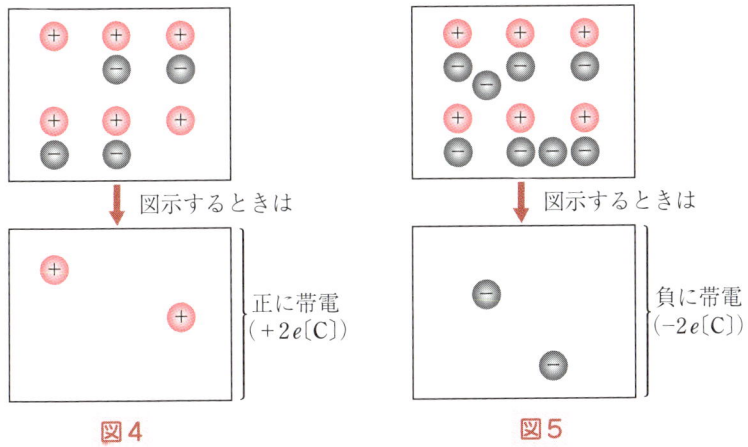

図4　　　　　図5

余った電気だけ図示するよ。
中性のときは何もかかないの
で注意！

第1章　静電気　11

全く同じルールによって、モノをこすり合わせたときに帯電する（摩擦電気が生じる）様子を図示すると図6のように表せるね。

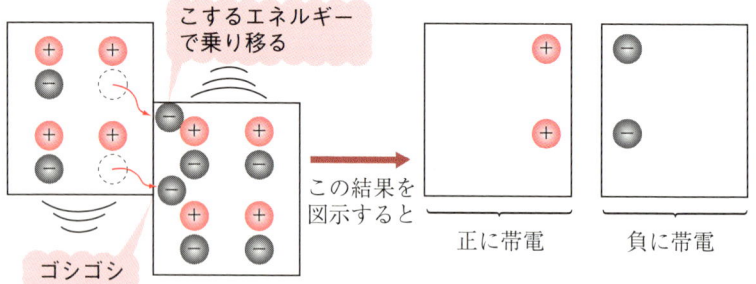

図6 下じきをこするときに起こること

では、ここまでのポイントをおさらいしておこう。

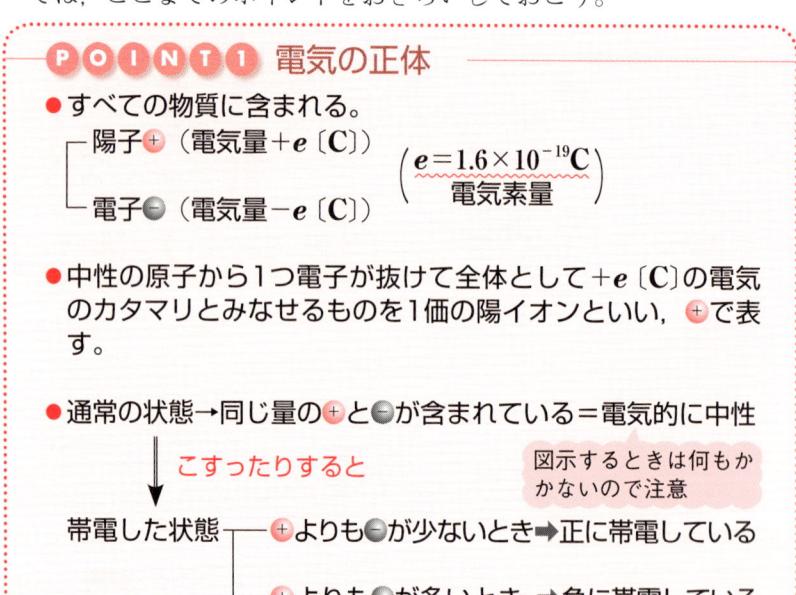

では、学んだことをチェックするために、次の問題にトライだ！

チェック問題 1 電気の表し方 易 3分

電気素量を e [C] とする。図で ⊕ は1価の陽イオン，⊖ は電子を表す。

(1) 図1の物体の全電気量を求めよ。
(2) 図2で形状，材質が全く同じ金属A，Bがあり，Aは $+6e$ [C]，Bは $-2e$ [C] の電気をもっている。金属AとBを接触させると，A，Bには同じ量の電気量 Q [C] ずつが分布した。Q を求めよ。

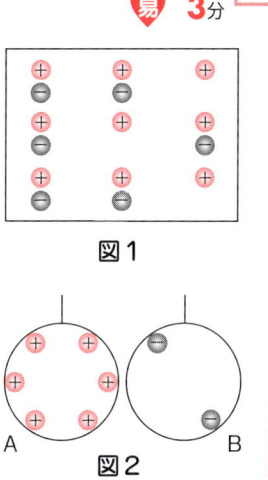

図1

図2

解説　(1) 陽イオン ⊕ は $+e$ [C]，電子 ⊖ は $-e$ [C] の電気量をもっていることを使うだけだよ。

図aの上図のように ⊕⊖ のペアで打ち消してしまうと計算がラクだ。

すると，図aの下図のように，⊕ が3個残るので，この物体は，

　　$+3e$ [C] ……**答**

の電気量を帯びていることがわかる。

(2) AとBが接触すると，図bのように ⊕ 6個のうちの2個と，⊖ の2個が打ち消し合って，結局 ⊕ が4個残る。

その4個の ⊕ が図cのように，AとBに等しく2個ずつ分布するので，求める電気量は，

　　$Q = +2e$ [C] ……**答**

となる。

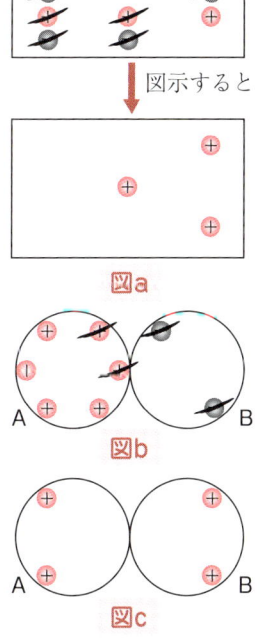

図示すると

図a

図b

図c

第1章　静電気　13

Story ❷ 導体と絶縁体

▶(1) 導体って何？

金属などのように電気を通す（電流を流せる）物質を**導体**という。金属が電気を通せるのは，**自由に動ける電子●（自由電子）をもっている**からだ。

金属というのは，**図7**のように，金属の陽イオン⊕が規則正しく整列したすきまを，自由電子●が自由自在に漂っているとイメージしよう。

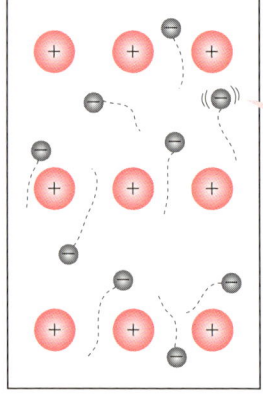

図7　金属

▶(2) 絶縁体って何？

プラスチックやゴムなどのように電気を通さない物質を**絶縁体**（**不導体**または**誘電体**）というよ。絶縁体が電気を通さないのは，**図8**のように，**絶縁体中の電子●が原子内に束縛されていて**（ひもにつながれた犬のように），**動ける範囲が原子内に限られてしまっている**からなんだ。

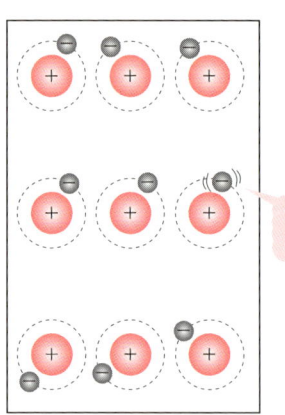

図8　絶縁体

つまり，導体と絶縁体というのは，「●が自由に動けるか，●が原子内に束縛されているか」の違いだけなんですね。

そうだ。そのことが，次のように外部から帯電した物体を近づけるときに生じる現象に大きな違いをもたらすんだ。

▶(3) 導体の静電誘導

図9のように，導体の右側に正に帯電した棒を近づけると，導体中の自由電子⊖は引力でフラフラーと引かれて右に集まる。一方，左側には金属の陽イオン⊕が現れる。これ以上電気が動かなくなった状態では，導体の右側表面上に⊖，左側表面上には⊕の電気が「びっしり」と現れる。この現象を導体の**静電誘導**というよ。

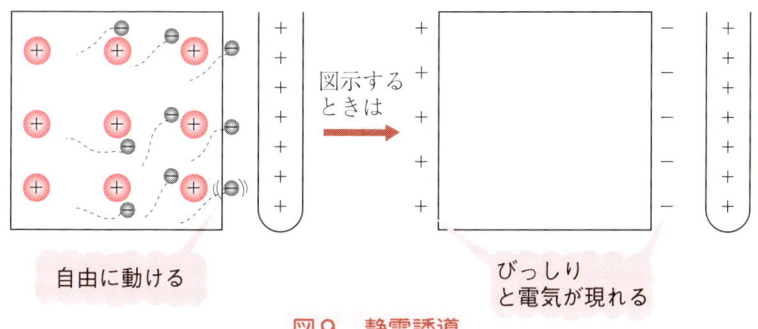

図9 静電誘導

▶(4) 絶縁体の誘電分極

図10のように，絶縁体の右側に正に帯電した棒を近づけると，絶縁体中の原子内に束縛された電子⊖が右へ引かれて原子がギューとひずむ（右においしいエサを見つけた犬が，ひもをいっぱいに右へギューと引いて右へ行こうとしているが，ひもがあるので動けないイメージ）。

この結果，絶縁体の右側表面上には⊖，左側表面上には⊕の電気が「ほんの少しだけ」現れる。この現象を絶縁体の**誘電分極**というよ。

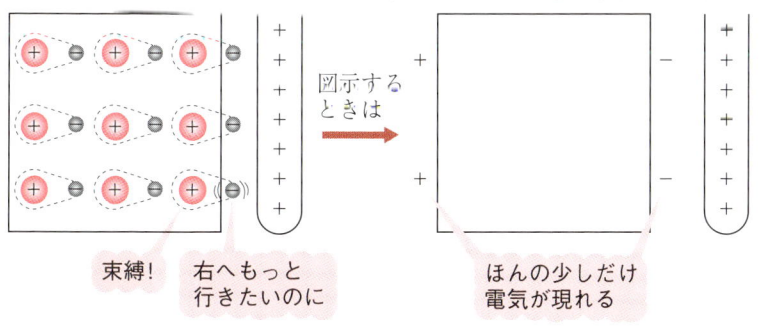

図10 誘電分極

どうして，導体では「びっしり」と電気が現れたのに，絶縁体の場合は「ほんの少しだけ」しか電気が現れないのですか。

それは，導体では，電子が自由に動けるので，引力に応じて「思う存分に」右側へ動き，表面上へ「びっしり」と現れることができるのに対し，絶縁体では，電子は自由に動けないので，引かれても「むりやり」わずかに右へ寄るだけなので，「ほんの少しだけ」しか電気は現れないのだ。

POINT 2 導体と絶縁体

- 導　体…自由電子をもつ。
- 絶縁体…自由電子をもたず，各原子内に束縛された電子をもつ。

- 導体の静電誘導…自由電子が外力を受けて自由に動き，表面上にびっしりとたまる（動ける範囲に制限なし）。
- 絶縁体の誘電分極…原子内に束縛された電子が外力を受けてほんの少しだけ寄る（動ける範囲は各原子内のみ）。

自由と束縛の違いが重要だ！

チェック問題 2　はく検電器　　標準　6分

図のようなはく検電器に次の(1)〜(4)の操作をしたとき、はくの開きはどうなるか答えよ。はじめ、はくは閉じている。

(1) 負に帯電した棒を円板の上から近づける。
(2) (1)のまま、円板を指で触れる。
(3) (2)の後、指を離し、その後帯電体を遠ざける。
(4) (3)の後、再び円板を指で触れる。

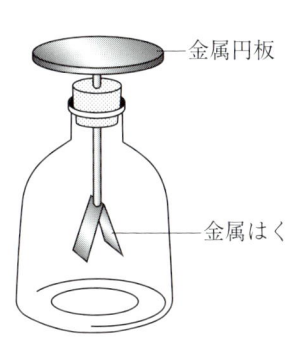

解説　(1) 図aのように、負に帯電した棒を上から近づけると、金属中の自由電子●は棒から反発力を受け、はくの2つの先端に押しやられ、それらの反発力ではくは開く。……**答**

一方、円板上には、棒からの引力で、金属の陽イオン⊕が現れる。

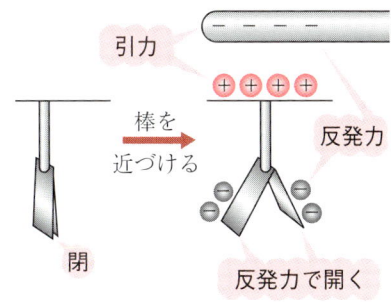

図a

どうして図aの左の図のように何もないところから、⊕●の電気が現れたんですか。

ホラホラ「何もない」なんて言わないでね。もともと金属中には「うじゃうじゃ」⊕と●が入っているけど、それらが等しい数だけあり、均等に分布していたので、全体として中性で、何もなかったかのようにかいていただけなんだよ。「何もかいていない」ところには「⊕と●が同じ量分布している」と考える習慣だ。

(2) 図bのように，はくの先端に追いつめられていた⊖が，手を伝って，より遠くに逃げてしまう。

よって，はくは帯電しなくなり，自身の重みによって閉じてしまう。……答

一方，円板の⊕は，棒に引力でガッチリ引きつけられて残ったままであることに注意する。

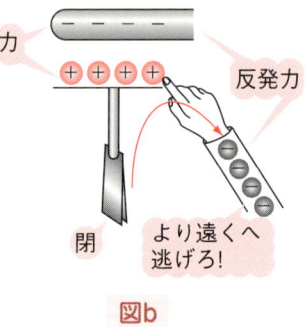

図b

(3) 指を離してから，棒も遠ざけると，金属には何がとり残されるかな？

ハイ！ 円板の上に集まっていた⊕がとり残されます。

そうだ。そして，その残された⊕どうしの間にも反発力がはたらいて，図cのようにお互いに遠ざかろうとして金属の端にたまろうとする。はくの2つの先端にも⊕がたまり，それらの反発力によって，はくは少し開く。……答

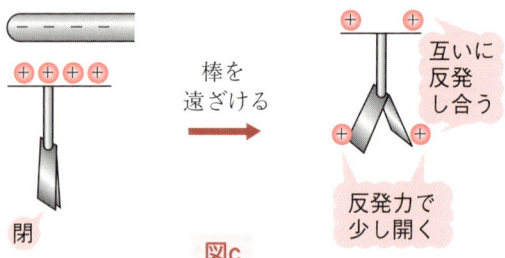

図c

(4) ⊕どうしには反発力がはたらくので，小さな金属の中にとどまっているよりは，もっと大きな人間の体の端どうしに離れたほうがより安定。

よって，図dのように，⊕は手を伝って人間の体のほうへ出ていってしまう。よって，はくは帯電しなくなり，はくは自身の重みで閉じる。……答

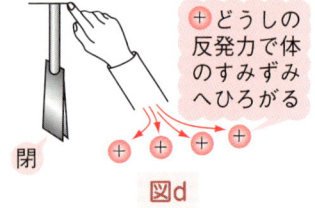

図d

18　物理基礎の電磁気

チェック問題 ❸ 静電誘導と誘電分極　　標準 5分

図のように，正に帯電した棒で中性の薄膜を引きつける。その薄膜が棒に触れたときに起こる現象は，次の⑦，④のうちどちらになるか。薄膜が，(1)アルミはく　(2)セロハンの場合について，それぞれ答えよ。

⑦　いったんくっついたら，くっついたまま。
④　くっついたら，すぐにはじかれる。

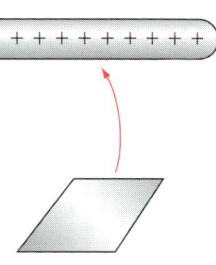

解説　(1) 次の4つの手順で考えよう。

① 静電誘導により導体であるアルミはくの上側には負の自由電子が集まり，下側には正の陽イオンが現れる。棒の正の電気はより近い上側にある負の自由電子をより強く引きつけるので，アルミはくは上昇していく。

② アルミはくが棒につくと<u>自由電子は棒に乗り移って，棒の正の電気のうちごく一部と打ち消し合ってしまう。</u>

③ アルミはくには正の電気が残っている。この電気と棒の正の電気が反発し合う。

④ アルミはくははじき返されてしまう。

①〜④より，④……**答**

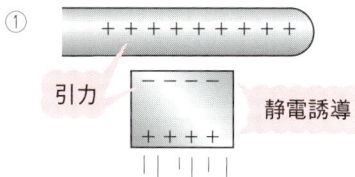

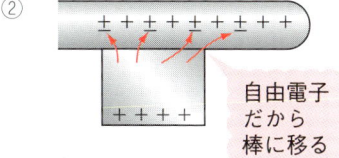

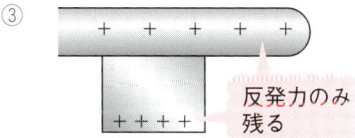

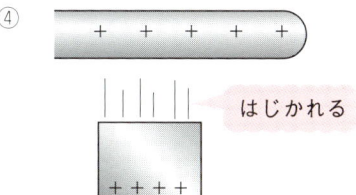

(2) 次の3つの手順で考えよう。

① 誘電分極により，絶縁体であるセロハンの上側には少し負の電気が，下側には正の電気が現れる。棒の正の電気は，より近い上側の負の電気をより強く引くので，セロハンは上昇していく。

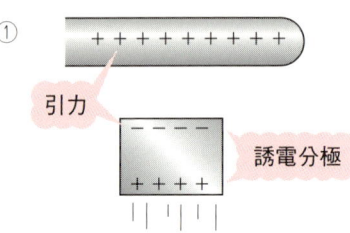

② セロハンが棒についても電子はセロハンの原子内に束縛されている。それで，電子は，棒へ移ることはできないので，残ったままである。

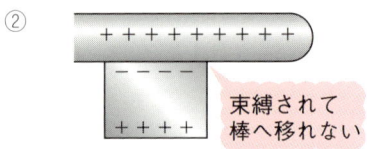

③ よって，セロハンはいつまでも棒にくっついたままである。

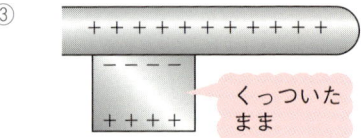

①〜③より，㋐……**答**

電荷の動きは，しっかりと図をかいて考えるといいよ。

● 第1章 ●
ま　と　め

1 すべての物質は⊕と⊖の電気からできている。

> 電子⊖が自由に動ける物質 ➡ 導体
>
> 電子⊖が各原子内に束縛されている物質 ➡ 絶縁体

2 電子⊖1個の電気量は，
$$-e = -1.6 \times 10^{-19} \text{C} \quad (e：電気素量)$$
であり，これが電気量の最小単位である。

3 ⊕(⊖)が過剰な状態を，正(負)に帯電した状態という。

4 ⊕どうしや⊖どうしの間には反発力，⊕と⊖の間には引力がはたらく。これらの力によって，帯電した物体を外部から近づけると，

> 導体には静電誘導（自由電子が無制限に動いて，正負の電気が「びっしり」現れる）
>
> 絶縁体には誘電分極（各原子内で電気が少しかたより，正負の電気が「少しだけ」現れる）

が起きる。

章 電気回路

▲回路1周「ジェットコースター」に乗ろう

Story ① 回路とは

▶(1) 回路のイメージ

回路とは，図1のように，電池(電源)と抵抗が導線でつながっていて，1周グルリと電流(電気の流れ)が回ることができるようになっている装置をいうんだ。図2のように，1周ちゃんとつながっていないと，回路とはよべないよ。

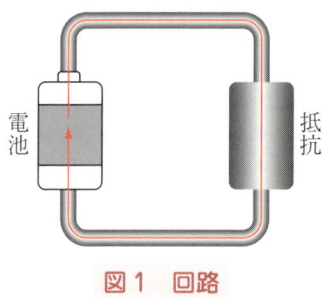

図1 回路

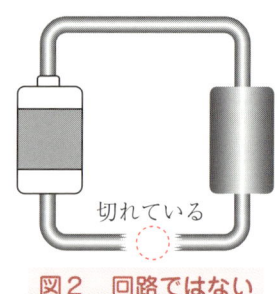

図2 回路ではない

さて、図1の回路をもっと具体的にイメージできるように、図3のように、「水路」にたとえてみるぞ。ここでは、次の3つのおきかえをしたよ。

❶ 電池 ➡ －極側から＋極側へと水を汲み上げる「ポンプ」
　　　　汲み上げる高さを起電力 E〔V〕（ボルト）という。
❷ 抵抗 ➡ 「せまいパイプの坂」
　　　　落差を電圧 V〔V〕、1秒あたり通過する電気量を電流 I
　　　　〔A〕（アンペア）という。
❸ 導線 ➡ 「水平な広い水路」

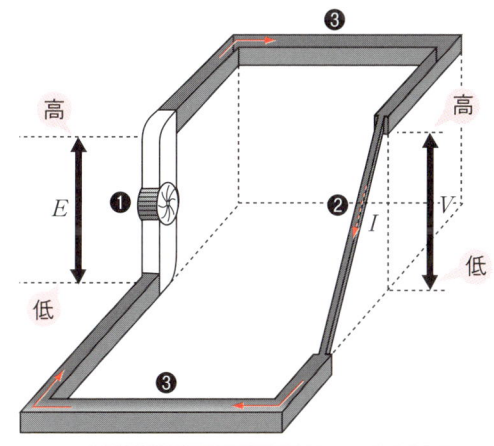

図3　回路の具体的なイメージ

 でも、いちいちこの水路の図をかくのはめんどうくさいなあ……。

大丈夫！　イメージだけできればいいからね。通常は、次のように簡単な記号を用いて表せばいいよ。

▶(2) 記号の約束

❶ 電池

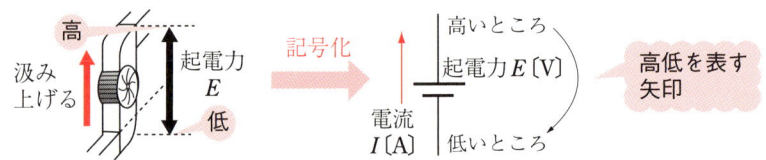

ここで，曲がった矢印は，図3での水路上での高いところと低いところの高低差を表す矢印で，

> 高いところから低いところへ「ピューンポコン」と落ちる向き

に向けると約束するよ。

電池は電気を汲み上げるポンプだから，低いほうから高いほうへ向けて電流 I 〔A〕が持ち上げられていることに注意しよう。

❷ 抵抗

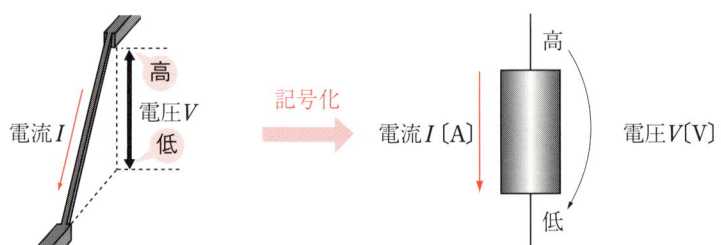

やはり，ここでも，高いところから低いところへ落ちる曲がった矢印で，高低差を表していることに注意しよう。電流は高いほうから低いほうへと流れて落ちている。

❸ 導線

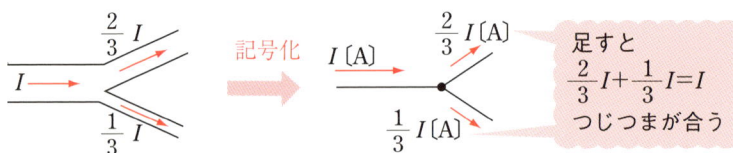

特に，分かれ道の前後ではきちんとつじつまが合う必要があるんだ。

以上により，図3の回路図は，図4のような形にシンプルにかけるんだ。逆に言えば，図4の記号図から，図3のような立体図がイメージできるようにしたいね。

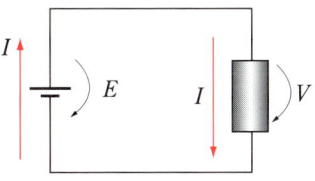

図4　記号で表した回路

▶(3)　回路の大原則：閉回路1周の電圧降下の和＝0の式

図5で，点Pから回路を点線に沿って時計回りに1周指でなぞっていこう。そして，もし指が各装置で，
① 下がったと感じたら正の符号
② 上がったと感じたら負の符号
をつけて，電圧降下（どのくらい高さが下がったかの和）を，1周分足してみると，

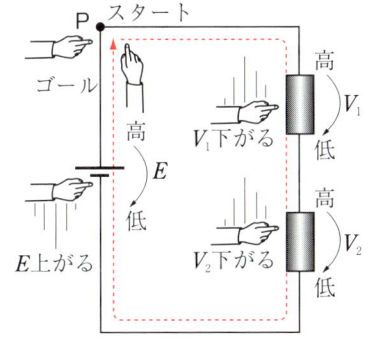

$$+V_1 + V_2 - E = 0$$
下降　下降　上昇　もとの高さに戻る条件

図5　1周なぞってみる

どうして和＝0となるの？

それは，図6のような立体的なイメージで考えるとわかるよ。たとえば，$V_1 = 10$，$V_2 = 5$とすると，$E = 15$になるよね。このときの電圧降下の和は，

$$+10 + 5 - 15 = 0$$

となる。要は，1周きちんとつながってもとの高さに戻るための条件なんだ。

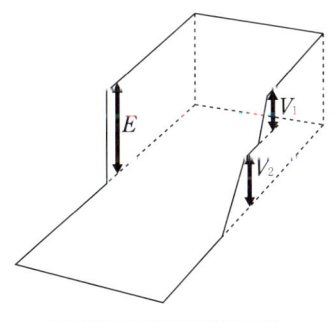

図6　図5の立体図

第2章　電気回路　25

Story ② オームの法則

▶(1) オームの法則

抵抗のイメージは「せまくて通りにくいパイプの坂」だったね。そこを流れる水の流れの激しさ，つまり，電流I〔A〕は，次の2つの要因で決まるんだ。

① **電流Iは電圧Vに比例する。**

図7のように同じパイプでも，電圧V(高低差)を大きくすればするほど，電流Iは激しく流れるね。

② **電流Iは抵抗値(通りにくさ)Rに反比例する。**

図8のように同じ電圧Vでも，パイプが通りにくくなればなるほど，抵抗Rが大きくなればなるほど，電流Iは小さくなっていくよ。

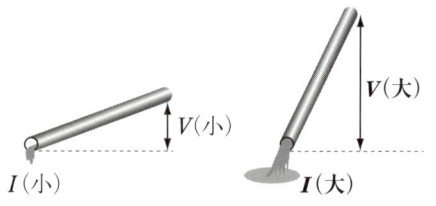

図7　IはVに比例

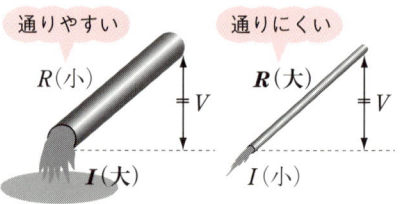

図8　IはRに反比例

①，②をまとめると，抵抗の電流Iと電圧V，抵抗値(通りにくさ)Rの間には

①より比例
②より反比例

$$I = \frac{V}{R}$$

の関係があることがわかるね。

この式を変形して，

$$\boxed{V = R \times I}$$

となるが，この式を，**オームの法則**というよ。

抵抗 R の単位は，$R=\dfrac{V}{I}$ の式から，〔V/A〕＝〔Ω〕（オーム）となるよ。

▶(2) 回路の解法

以上のポイントをまとめていくと，回路の解法は完全にワンパターンで，毎回次のように解けてしまうんだ。

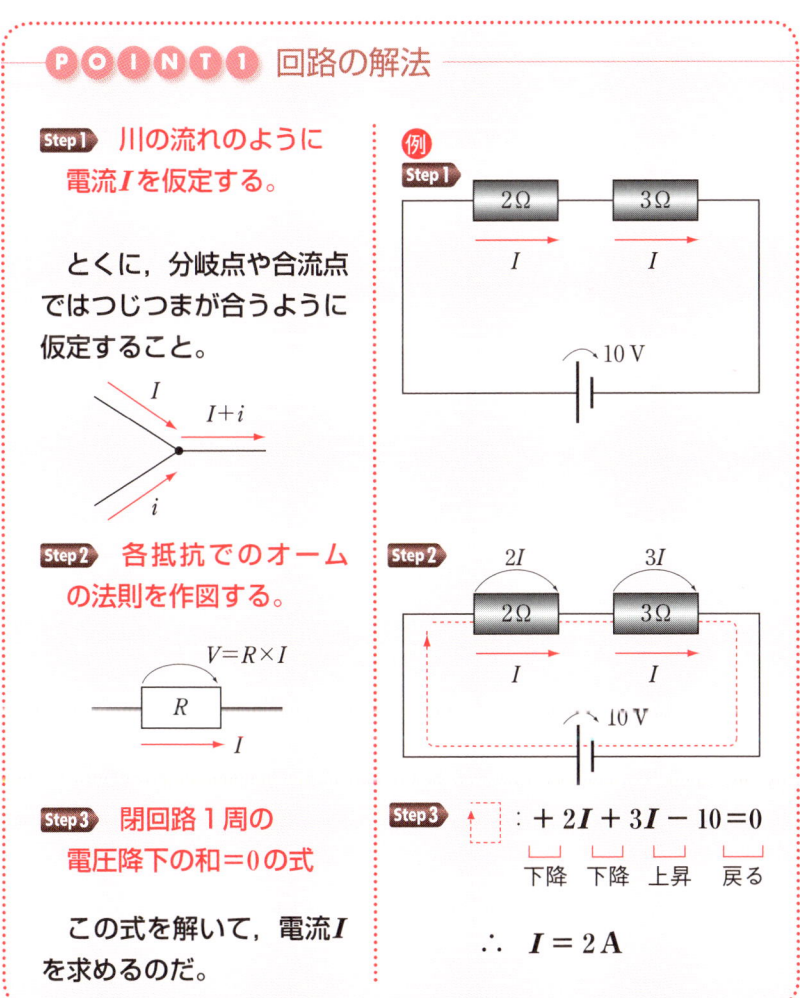

第2章 電気回路

チェック問題 ① 回路の解法   易 3分

図の回路で,各点A,B,Cに流れる電流の大きさを求めよ。

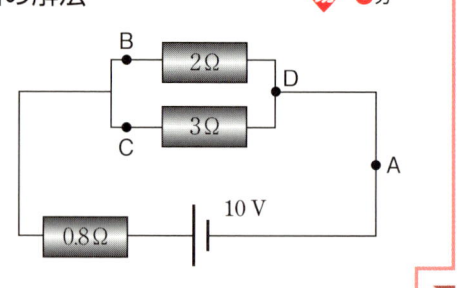

解説 《回路の解法》(p.27)で解こう。

Step 1 図aのように,電流を仮定する。Bの電流 I とCの電流 i がDで合流してAの電流 $I+i$ となっていることに注意しよう。

Step 2 図bのように,各抵抗でのオームの法則 $V=R\times I$ を作図する。

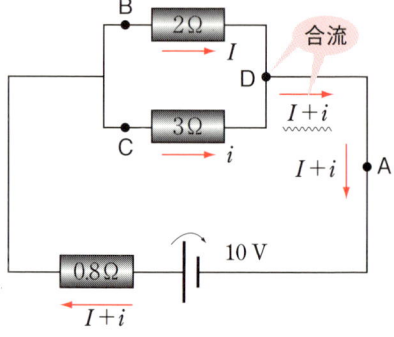

図a

Step 3 図bの2つの閉回路で,
（ア：BDCBも1つの閉回路になっていることに注意）

ア：$+2I-3i=0$
イ：$+3i-10+0.8(I+i)=0$
∴ $I=3$ A
  $i=2$ A

よって,各点の電流は,
  A：$I+i=5$ A ……**答**
  B：$I=3$ A ……**答**
  C：$i=2$ A ……**答**

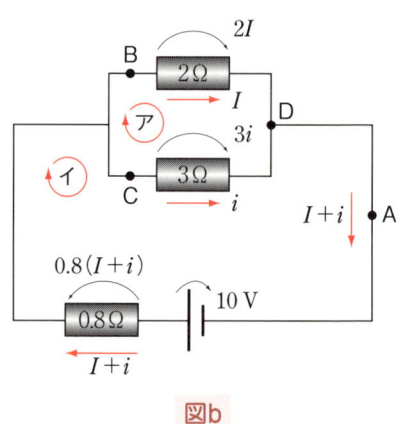

図b

28　物理基礎の電磁気

チェック問題 ❷ 電池を２つ含む回路　　標準 6分

図の回路で，各点A，B，Cに流れる電流の向きと大きさを求めよ。

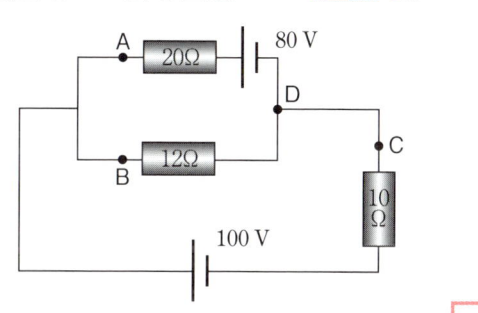

解説  ゲゲ。電池が２つもあってムズカシそう〜。

大丈夫！《回路の解法》(p.27) だけで，同じように解けるよ。

Step 1 図aのように，各電流を仮定する。向きも大きさも，全くの仮定でいいからね。ただし，合流点では電流を $I+i$ と足しておく。

Step 2 各抵抗で，オームの法則を作図する。

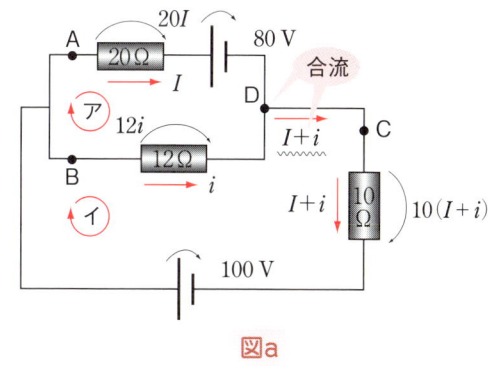

図a

Step 3 図aの２つの閉回路で，（㋐：ADBAも１つの閉回路）
㋐：$+20I+80-12i=0$
㋑：$+12i+10(I+i)-100=0$
∴　$I=-1\,\mathrm{A}$
　　$i=5\,\mathrm{A}$

 アレ!?　I がマイナスになっちゃった！　これはどういうこと？

アワテル必要は全くないよ。

それは，図bのように，実際はAには，Step1で仮定したのとは逆の左向きに電流が流れていたことを表すんだよ。

つまり，Step1では勝手に電流の向きを仮定しておいて，Step3で解いたときの符号で，その実際の向きが決まるというしくみなんだよ。

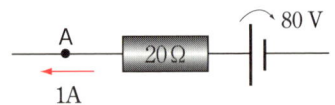

図b

気楽に仮定していいのですね。

そういうこと。
よって，各電流は，

A：左向きに，$-I = 1\,\text{A}$ ……答
B：右向きに，$i = 5\,\text{A}$ ……答
C：下向きに，$I + i = -1 + 5 = 4\,\text{A}$ ……答

となるね。

電流の向きは勝手に仮定していいからね。

● 第2章 ●
ま　と　め

1　回路のイメージ
水が1周流れる水路
- ❶　電池…ポンプ(起電力E〔V〕：汲み上げる高さ)
- ❷　導線…水路(電流I〔A〕：水流の激しさ)
- ❸　抵抗…通りにくいパイプの坂(電圧V〔V〕：坂の高低差)

2　オームの法則
電流Iは電圧Vに比例し，抵抗R(通りにくさ)に反比例する。

$$I=\frac{V}{R} \quad よって，\quad \boxed{V=R\times I}$$

3　回路の解法
① 電流Iを川のように仮定
　(分岐点，合流点ではつじつまが合うように)
② $V=R\times I$の作図
③ 回路1周の電圧降下の和＝0の式
　(高さがいくら下がったかを足していく)

次の章では，抵抗について詳しく解説するよ。

第3章 抵抗

▲ストローは長いほど通りにくく，太いほど通りやすい

Story ① 抵抗の性質

▶(1) 形と抵抗

 第2章で見てきたように，抵抗というのは電流の通りにくいところだ。その通りにくさを表す量が抵抗(値) R 〔Ω〕(オーム)といったね。

 では，この抵抗は，その形とどんな関係があるのだろうか。

① 抵抗値 R 〔Ω〕は長さ l 〔m〕に比例する。

 キミは，オモチャのストローの1mも2mも長さのあるやつでジュースを飲んだことがあるかい？ とっても吸いづらく，お子様向きじゃないね(笑)。長くなればなるほど抵抗が大きくなって，流れを大きく妨げるからだね。

 同じように，抵抗も電流の流れにくいところだから，長くなればなるほど通りにくくなり，抵抗も大きくなるね。一般に，図1のように抵抗値 R 〔Ω〕はその抵抗の長さ l 〔m〕に比例するんだ。

図1 長いほど通りにくい

② 抵抗値R〔Ω〕は断面積S〔m²〕に反比例する。

ちくわでおでんの汁を吸ったことがある人いるかい？ あれはやめたほうがいいよ。お行儀も悪いけど，なによりもヤケドする！！

太いちくわを通って，ノドの奥に汁がガバッと入ってしまうからね（笑）。

同じように，抵抗でも太いほど電流は流れやすくなる。つまり，抵抗値は小さくなってしまうんだ。一般に，図2のように抵抗値R〔Ω〕は，その断面積S〔m²〕に反比例するよ。

図2 太いほど通りやすい

以上の①，②を合わせると抵抗Rと長さl，断面積Sの間には，次の関係が成り立つね。

$$R \underset{比例}{\Longleftrightarrow} \frac{l}{S} \quad \begin{matrix}←①より\\←②より\end{matrix}$$

よって，比例定数をρ（ローと読む）として，

$$\boxed{R = \rho \times \frac{l}{S}}$$

と書けるよ。この比例定数ρ〔Ω・m〕を抵抗率という。抵抗率は，抵抗をつくっている材料の性質だけで決まる量だよ。

抵抗値R，抵抗率ρは1文字違いで大違いだから，十分に注意してね。

POINT 1 抵抗の形状依存性

抵抗値 $R = \rho \times \dfrac{l}{S}$ 　長さ l に比例し，断面積 S に反比例する

抵抗率〔$\Omega \cdot \mathrm{m}$〕

（注 抵抗値と抵抗率は1文字違いで大違い）

チェック問題 1　抵抗と形　　易　3分

図のような3本の抵抗A，B，Cがある。これらすべての抵抗値が等しいとき，A，B，Cの抵抗率 ρ_A，ρ_B，ρ_C の比はいくらになるか。

解説　各抵抗値を R_A，R_B，R_C とすると，

$$R_A = \rho_A \dfrac{l}{S}$$

$$R_B = \rho_B \dfrac{2l}{4S} = \rho_B \dfrac{l}{2S}$$

$$R_C = \rho_C \dfrac{0.5l}{0.2S} = \rho_C \dfrac{5l}{2S}$$

これらが等しいので，

$$\rho_A \dfrac{l}{S} = \rho_B \dfrac{l}{2S} = \rho_C \dfrac{5l}{2S}$$

$$\therefore\quad \rho_B = 2\rho_A, \quad \rho_C = \dfrac{2}{5}\rho_A$$

よって，$\rho_A : \rho_B : \rho_C = 1 : 2 : \dfrac{2}{5} = 5 : 10 : 2$ ……**答**

▶(2) 合成抵抗

　合成抵抗とは，2つ以上の抵抗を1つの抵抗とみなしたときの，その抵抗の抵抗値のことだ。合成には次の2タイプがあるよ。

① 直列合成抵抗

　図3で「たて」につながった抵抗 R_1 と R_2 を，1つの抵抗 $R_直$ と同等とみなす。このとき大切なのは，端子の対応関係だ。左側の図のA，B点は右側の図のA，B点に対応する。

　いま，AからBへ流れる電流を共通に I として，各抵抗のオームの法則 $V=R \times I$ を書く。

　ここで，AB間の全電圧を比べて，

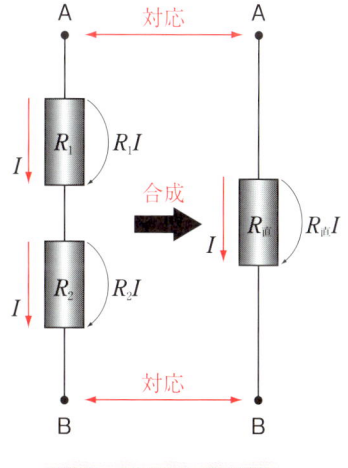

図3　直列合成抵抗

図3の左側の　　　図3の右側の
図のAB間の全電圧　図のAB間の電圧

$$\overline{R_1 I + R_2 I} = \overline{R_直 I}$$

∴　$\boxed{R_直 = R_1 + R_2}$　（和）

となる。この式はどんなイメージかな？

> 直列につながると，全体として抵抗が長くなって通りにくくなる。つまり，抵抗は大きくなるから「和」をとるイメージです。

　オッケー！　しっかりとイメージできると頭に入りやすいからね。

第3章　抵　抗　35

② 並列合成抵抗

図4では「よこ」につながった抵抗R_1とR_2を1つの抵抗$R_並$と同等とみなす。このとき，図4の左右の図で，A，Bの点どうしが対応しているね。

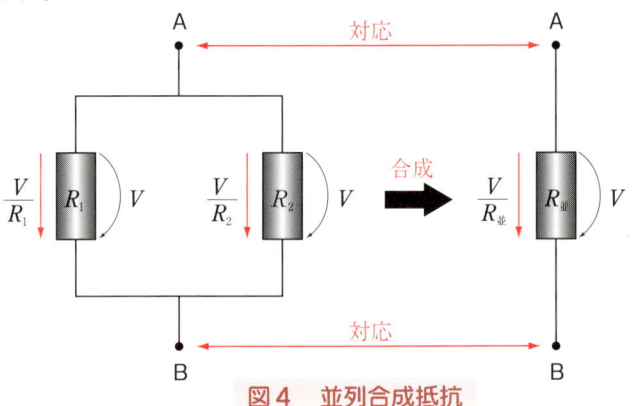

図4　並列合成抵抗

いま，AB間の電圧を共通にVとして，各抵抗のオームの法則$I=\dfrac{V}{R}$を書き込む。ここで，Bに流れ込む全電流を比べて，

$$\underbrace{\dfrac{V}{R_1}+\dfrac{V}{R_2}}_{\text{図4の左側の図でBに流れ込む全電流}}=\underbrace{\dfrac{V}{R_並}}_{\text{図4の右側の図でBに流れ込む電流}}$$

$$\therefore\quad \boxed{R_並=\dfrac{1}{\dfrac{1}{R_1}+\dfrac{1}{R_2}}} \quad \text{（逆数和の逆数）}$$

となる。この式はどんなイメージかな？

並列につながると，全体として抵抗が太くなって通りやすくなる。つまり，抵抗は小さくなるから，「逆数和の逆数」となります。

いいよ，物理的イメージがあれば，ミスはグッと減っていくぞ。

POINT2 合成抵抗

- $R_{直} = R_1 + R_2$ （和）
- $R_{並} = \dfrac{1}{\dfrac{1}{R_1} + \dfrac{1}{R_2}}$ （逆数和の逆数）

チェック問題 2　合成抵抗　　易　4分

抵抗値 R の抵抗を A，B，C に 3 等分して，右図のように組み立てた。

組み立てた抵抗を 1 つの抵抗とみなしたときの合成抵抗の値は，もとの抵抗値 R の何倍か。

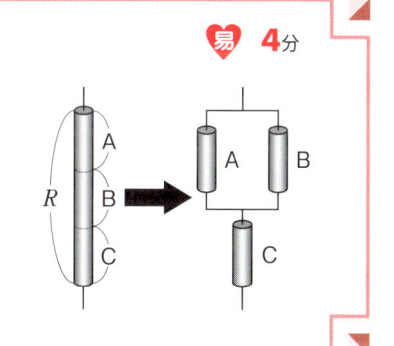

解説　まず，抵抗は長さに比例するので，3 等分すると長さは $\dfrac{1}{3}$ になり，抵抗値も $\dfrac{1}{3}$ 倍になって，A，B，C はそれぞれ $\dfrac{1}{3}R$ 〔Ω〕となるね。

次に，合成抵抗を求めよう。2 つの手順㋐，㋑に分けるよ。

㋐　**まず，A と B の並列合成抵抗 R_1 を求める**と，

$$R_1 = \dfrac{1}{\dfrac{1}{\frac{1}{3}R} + \dfrac{1}{\frac{1}{3}R}} \quad \begin{pmatrix}逆数和\\の逆数\end{pmatrix}$$

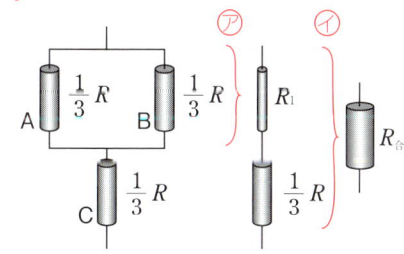

$$= \dfrac{1}{\dfrac{3}{R} + \dfrac{3}{R}} = \dfrac{1}{6}R$$

㋑　**次にこの R_1 と C の抵抗の直列合成抵抗を求める**と，

$$R_{合} = R_1 + \dfrac{1}{3}R \quad （和）$$

$$= \dfrac{1}{6}R + \dfrac{1}{3}R = \dfrac{1}{2}R$$

よって，$\dfrac{1}{2}$ 倍 ……**答**

Story ❷ 消費電力

図5のように，ザラザラした坂に，次々と一定の質量の箱が一定の速さですべっていく。ズリズリと箱が摩擦力でこすれると，アチチ！と摩擦熱が発生するね。このとき，1秒あたりに発生する摩擦熱をP〔J/s〕とすると，

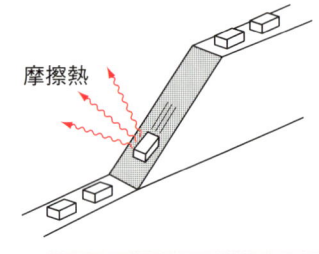

図5　ザラザラすべり台

P＝（1秒間に通る箱の数）×（箱が失った位置エネルギー）

と書けるね。
ここで，

（1秒間に通る箱の数）　➡　（1秒間に通る電気量〔電流I〕）
（箱が失った位置エネルギー）　➡　（電気が落下する高低差〔電圧V〕）

とおきかえると，電流Iが流れ，電圧Vがかかっている抵抗から，1秒あたりに発生する熱（ジュール熱という）は，

$$P＝（電流I）×（電圧V）$$

と書けるね。このP〔J/s〕＝〔W〕（ワット）を消費電力というんだ。

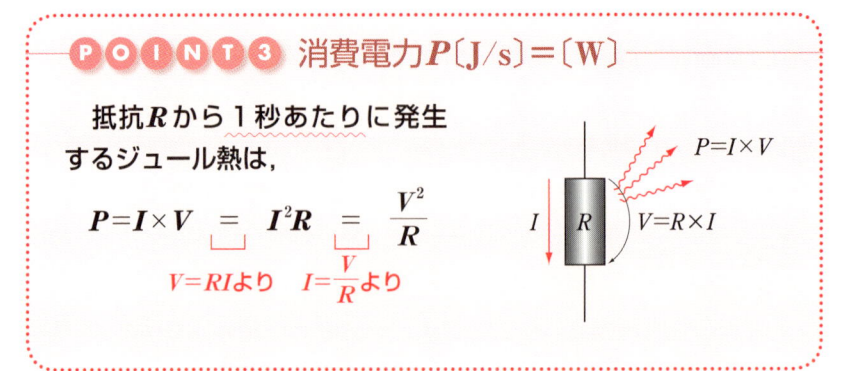

POINT❸　消費電力P〔J/s〕＝〔W〕

抵抗Rから1秒あたりに発生するジュール熱は，

$$P = I \times V \underbrace{= I^2 R}_{V=RIより} \underbrace{= \frac{V^2}{R}}_{I=\frac{V}{R}より}$$

$P = I \times V$
$V = R \times I$

チェック問題 ❸ 抵抗率・消費電力　　標準 10分

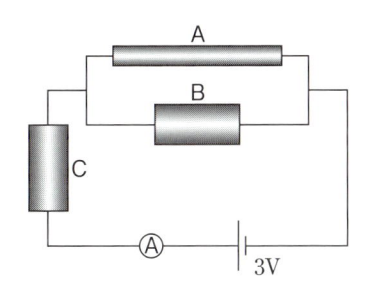

同じ材料でつくられた2本の抵抗A，Bがある。Aの長さがBの2倍で，断面積は$\frac{1}{2}$である。抵抗A，Bおよび抵抗値0.4Ωの抵抗Cを図のようにつなぎ，起電力3Vの電池につないだら，電流計Ⓐは0.3Aを示した。

(1) 抵抗A，Bの抵抗値をそれぞれ求めよ。
(2) 抵抗Aで消費される消費電力を求めよ。

> A，Bの抵抗値が分からないから，どこから手をつけてよいのかわかりません。

「分からないものは勝手に仮定しよう」が合い言葉だ。

解説 (1) Bの抵抗をRと仮定すると，Aの抵抗はいくらになるかい？

> えーと，長さが2倍で，断面積は$\frac{1}{2}$倍だから，かなり大きくなりそう……そう，2×2で，4倍の$4R$です。

よし準備OK！　ここで，p.27の《回路の解法》に入る。

Step 1 Cの電流0.3AのうちAにI〔A〕，Bに$0.3-I$〔A〕流れると仮定しよう。

Step 2 各抵抗でのオームの法則を書き込む。

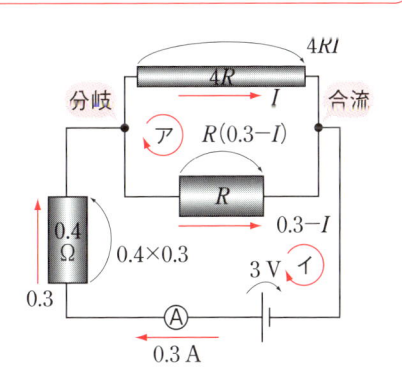

Step 3 図の２つの閉回路で，

⑦：$+4RI-R(0.3-I)=0$ …①
⑦：$+0.4\times 0.3+R(0.3-I)-3=0$ …②

①，②より，$I=0.06$ A
$R=12$ Ω

となる。

よって，

Aの抵抗値　$4R=4\times 12=48$ Ω……**答**
Bの抵抗値　$R=12$ Ω……**答**

別解

合成抵抗の考え方では解けないんですか？

いい質問だ。できるよ。やってみよう。
AとBを並列合成（逆数和の逆数）し，それに，Cを直列合成（和）すると，

$$\frac{1}{\frac{1}{4R}+\frac{1}{R}}+0.4=\left(\frac{4}{5}R+0.4\right)[\Omega]$$

一方，回路全体として，3 Vの電圧がかかり，0.3 Aの電流が流れているので，全体の抵抗は，$\frac{3\text{ V}}{0.3\text{ A}}=10$ Ω

以上を比べて，$\frac{4}{5}R+0.4=10$　∴　$R=12$ Ω……**答**

となって，同じ答えが出る。本番のテストでは，「回路の解法」と「合成抵抗による解法」の両方から答えが一致するかを確認すると，計算ミスが防げるよ。

(2)　Aでの**消費電力（＝電流×電圧）**は

$I\times 4RI=I^2\times 4R=(0.06)^2\times 48$
$\fallingdotseq 1.7\times 10^{-1}$ W……**答**

● 第3章 ●
まとめ

1 抵抗値 R は長さ l に比例し，断面積 S に反比例する。

$$R = \rho \times \frac{l}{S} \quad (\rho：抵抗率)$$

2 合成抵抗（2つ以上の抵抗を1つにまとめる）

(1) 直列　$R_直 = R_1 + R_2$　（和）

(2) 並列　$R_並 = \dfrac{1}{\dfrac{1}{R_1} + \dfrac{1}{R_2}}$　（逆数和の逆数）

3 消費電力 P （1秒あたりに発生する熱）

$$P = I \times V = I^2 R = \frac{V^2}{R}$$

抵抗率，合成抵抗，消費電力の3大ポイントをガッチリ押さえよう！

第4章 電流と磁界（物理基礎）

▲右手でジャンケン対決「グー」と「パー」

Story ① 磁界と磁力線

▶(1) 磁界って何？

　キミは小学生のころ，磁石のまわりに鉄粉をまいて模様をつくって遊んだことはあるかい。**図1**のように，磁石のまわりには，鉄粉に力を加えて整列させようとするはたらきをもつ空間ができている。このような空間を**磁界**といい，記号では，向きをもつベクトルとして$\vec{H}$と表すよ。磁界$\vec{H}$の向きは，**図1**のように，「その点に置かれる方位磁針のN極の向く向き」と約束するね。

　方位磁針が磁界を見る「センサー」ですね。

　まさにその通り！

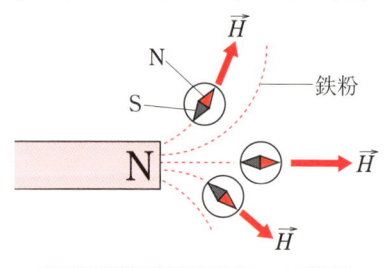

図1　磁界$\vec{H}$の向きの決め方

▶(2) 磁力線って何？

図2のように，磁界の向きに沿って引いた線を磁力線（じりょくせん）という。磁力線には，次の3つの性質がある。

① 磁石のN極から湧き出て，S極へ吸い込まれる。
② ある点での磁力線の接線の向きがその点での磁界$\vec{H}$の向きになる。
③ 磁力線が密集しているところほど磁界$\vec{H}$は強い。

図3では，AとBのうち，Aの部分のほうが磁力線の密度が濃いので，磁界も強くなっているね。

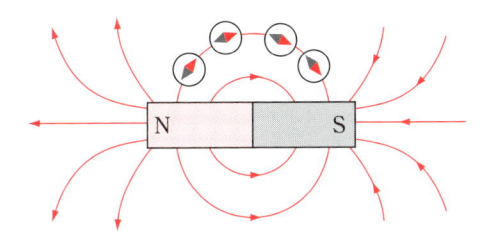

図2 棒磁石のまわりの磁力線

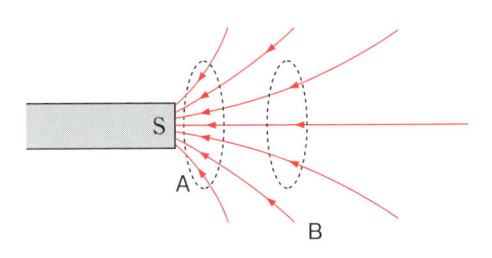

図3 磁力線の密度は磁界の強さに比例する

Story ❷ 電流は磁界をつくる

▶(1) 電磁石とは

図4のように，鉄しんにエナメル線を巻いて電流を流すと，まるで棒磁石のように釘を引きつけるね。そう，電磁石だ。そのまわりには，棒磁石のような磁界がつくられているね。

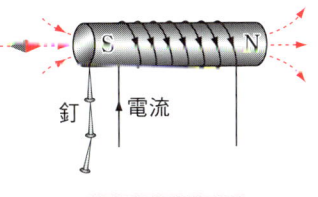

図4 電磁石

第4章 電流と磁界（物理基礎）

▶(2) 電流は磁界をつくる

　電磁石の例からもわかるように，電流はそのまわりに磁界をつくる。この磁界の強さHは電流に近いほど強く，電流から遠くなるほど弱くなる。また，電流I〔A〕に比例して強くなる。

　一方，その向きについては，次の３つの場合だけがテストに出てくるよ。

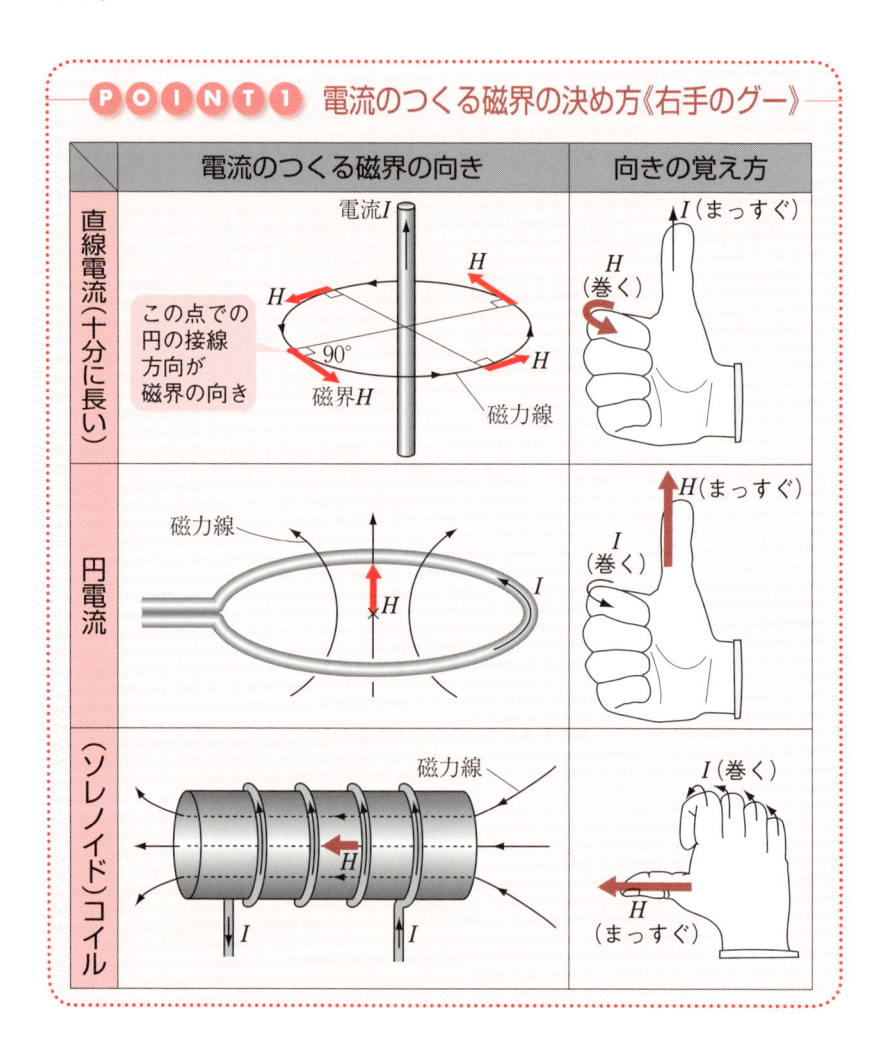

POINT 1　電流のつくる磁界の決め方《右手のグー》

	電流のつくる磁界の向き	向きの覚え方
直線電流(十分に長い)	電流I，H，この点での円の接線方向が磁界の向き，90°，磁界H，磁力線	I（まっすぐ），H（巻く）
円電流	磁力線，H，I	H（まっすぐ），I（巻く）
(ソレノイド)コイル	磁力線，H，I	I（巻く），H（まっすぐ）

ここで念のために言っておくと，《右手のグー》は本書中での「あだ名」で，正式名称は「右ねじの法則」というよ。テストでは，「右ねじの法則」と書いてね。

> 《右手のグー》の指の当てはめ方がなかなか覚えられないんですけど。だって，親指が I になったり H になったりいろいろ変わるから……。

　コツは，「形」で覚えることだ。それぞれの図で，「まっすぐ」なもの（たとえば，直線電流では電流 I，円電流とコイルでは磁界 H）はいつも親指に当てる。

　一方，「巻く」もの（たとえば，直線電流では磁界 H，円電流とコイルでは電流 I）はいつも人さし指を巻く向きに当てるんだ。「形」で決めれば，パッと対応させることができるようになるよ。

> 電流がつくる磁界とき たらいつも「右手のグー」だよ。

Story ③ 電流は磁界から力を受ける

モーターを分解したことはあるかい。中には何が入っていたかな？

> まず，2つの磁石です。そして，中央には，電流を流すコイルが入っていました。

そうだね。モーターでは，2つの磁石のN極とS極の間に生じた磁界中にコイルを置き，そのコイルに電流を流す。すると，そのコイルが磁界から力を受け，その力によって回転するんだ。

このように，電流は磁界から力を受けるが，この力のことを電磁力という。電磁力の大きさFは，電流Iと，磁界の強さHと，磁界中の導線の長さlに比例する。一方，その向き$\vec{F}$については，次のようにいつも3つの手順で求めることができるよ。

POINT② 電磁力の向きの決め方《右手のパー》

手順1 人さし指から小指までの4本の指は，磁界$\vec{H}$の向きに向ける。
（4本の指は磁力線のイメージ）

手順2 直角に開いた親指は電流$\vec{I}$の向きに向ける。
（伸ばした親指は導線のイメージ）

手順3 手のひらでまっすぐ押す向きが電磁力$\vec{F}$の向き。
（手のひらでプッシュするイメージ）

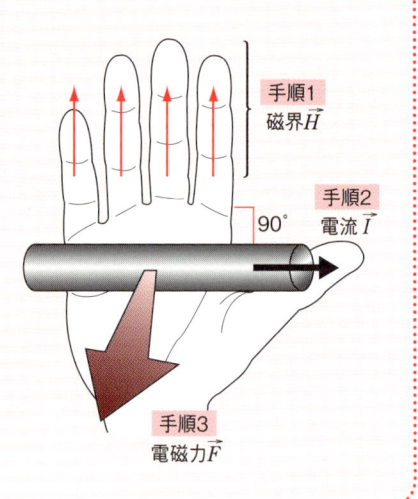

手順1 磁界$\vec{H}$
手順2 電流$\vec{I}$
手順3 電磁力$\vec{F}$

この当てはめ方を本書では《右手のパー》とよぶことにするよ。正式名称は，「フレミングの法則」というので，テストでは「フレミングの法則」と書いてね。

チェック問題 ① 電流と磁界　易3分

図のようにx, y, z軸がある。x軸上にコイルがあり，図のように電流を流している。

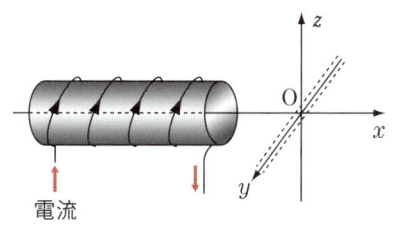

(1) 原点Oにコイルがつくる磁界の向きを求めよ。

(2) y軸上で$+y$方向に流れる電流が受ける電磁力の向きを求めよ。

解説 (1) 電流が流れる！　ドキッ！　そのまわりには何が生じる？

> ハイ！　電流のまわりには磁界が生じます。

そして，その磁界$\vec{H}$の向きの決め方は？

> p.44の《右手のグー》で決めます！

すばらしい！　「電流が流れる➡磁界が発生する」とパッと思いついたね。

本問では，図aのように，《右手のグー》(p.44)で，「1巻いている」電流Iに人さし指を当て，そのときピーンと「まっすぐ」に立つ親指の向きが磁界Hの向きになる。その向きは図aのように，$-x$方向……**答**となるね。

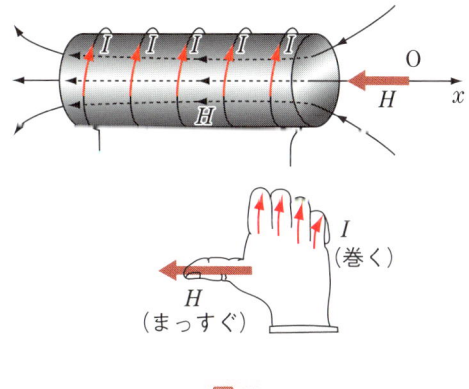

図a

(2) 磁界中に電流が流れる！　ドキッ！　イメージすることは？

> ハイ！　電流は磁界から電磁力を受けます！

では，その電磁力$\vec{F}$の向きの決め方は？

> p.46の《右手のパー》で決めます！

いいぞ！　「**磁界中に電流 ➡ 電磁力を受ける**」という発想をスムーズにしよう。

本問では，**図b**のように，(1)で求めた，コイルのつくる$-x$方向の磁界Hの中に，$+y$方向の電流Iを流す。

ここで《右手のパー》の3つの手順(p.46)で，

手順1　人さし指から小指までの束を磁界Hの向きに向ける。

手順2　親指の向きは，電流Iの向きに向ける。

手順3　このとき，手のひらでまっすぐ押す向きが**電磁力Fの向き**になる。

その向きは**図b**より，
　$-z$方向……**答**　になるね。

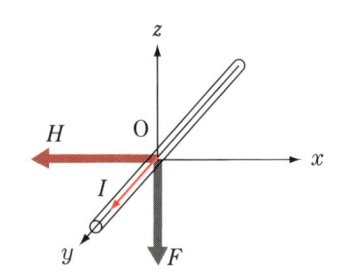

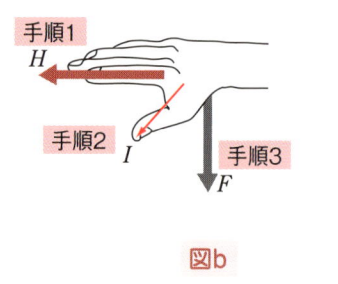

図b

> 手のひらでまっすぐプッシュ！

● 第4章 ●
ま と め

1. 磁界$\vec{H}$の向き：そこに置かれる方位磁針のN極の向く向きになる。

2. 磁力線：磁界の向きに沿って引いた線。その密度が濃いほど磁界は強い。

3. **電流$\vec{I}$は磁界$\vec{H}$をつくる。**
   ⟹ 《右手のグー》(p.44)で，直線電流，円電流，コイルの電流$\vec{I}$のつくる磁界$\vec{H}$の向きを決める。
   （「まっすぐ」なものは親指，「巻く」ものは人さし指に当てる）

4. **電流$\vec{I}$は磁界$\vec{H}$から電磁力$\vec{F}$を受ける。**
   ⟹ 《右手のパー》(p.46)の3つの手順で電磁力$\vec{F}$の向きを決める。
   - 手順1　磁界$\vec{H}$の向きに人さし指から小指までの束を向ける。
   - 手順2　電流$\vec{I}$の向きに親指を向ける。
   - 手順3　手のひらでまっすぐ押す向きが電磁力$\vec{F}$の向き。

第5章 電磁誘導（物理基礎）

▲増えるのもイヤ！ 減るのもイヤ！

Story ① 電磁誘導

▶(1) 自転車の発電機

　夜，暗くなってから自転車に乗るときに，前輪の横についている発電機を「バタン」と倒す。「ウィーンウィーン……」とタイヤで発電機を回して，ヘッドランプを点灯させて自転車を走らせる。

　では，発電機の中に電池が入っているわけでもないのに，どうやってランプを点灯させることができるんだろうね。

　じつは，発電機の中のしくみは，モーターの中のしくみ(p.46)とよく似ていて，磁石のつくる磁界の中をコイルが回転する。または，コイルの中を磁石が回転するようになっているのだ。

　要するに，コイルに磁石が近づいたり，遠ざかったりするようになっているんだね。

▶(2) 電磁誘導の法則

コイルに磁石を近づけたり遠ざけたりすると，コイルの中を貫く磁力線の本数が変化するね。このとき，コイルには起電力が生じる。つまり，「電池」が発生するんだ。その❶起電力の向きと，❷起電力の大きさについて，次の法則が成り立つことが実験的に分かっている。
　この法則を電磁誘導の法則という。

❶　起電力の向きは，コイルを貫く磁力線の本数の変化を妨げようとする向きとなる。

次の例のように，Step1 〜 Step4 の4つの手順で考えると考えやすいよ。

Step1 N極を近づける 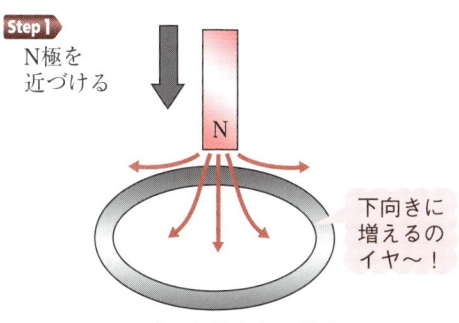
下向きに増えるのイヤ〜！
コイルを下向きに貫く磁力線の本数が増える

Step2 コイルを貫く磁力線が下向きに増えるのを妨げるように，上向きの磁界Hをつくりたい
妨H 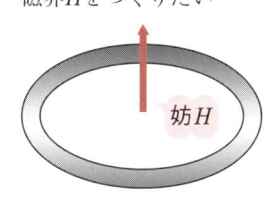

Step3 上向きの磁界Hをつくるには，《右手のグー》(p.44)より，この向きの円電流Iが必要 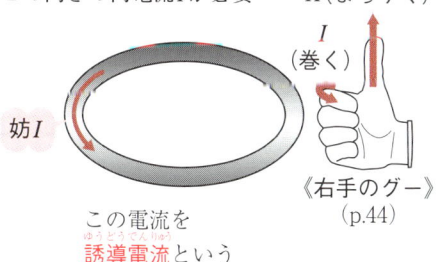
H(まっすぐ)
I(巻く)
妨I
《右手のグー》(p.44)
この電流を誘導電流という

Step4 この誘導電流Iを流すためには，この向きに＋極を向けた電池で表される起電力Vが生じる必要がある 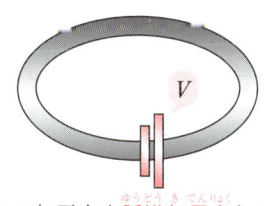
V
この起電力を誘導起電力という

第5章　電磁誘導（物理基礎）

❷ 起電力の大きさ V〔V〕は，1秒あたりの磁力線の本数の変化の大きさとコイルの巻き数に比例する。

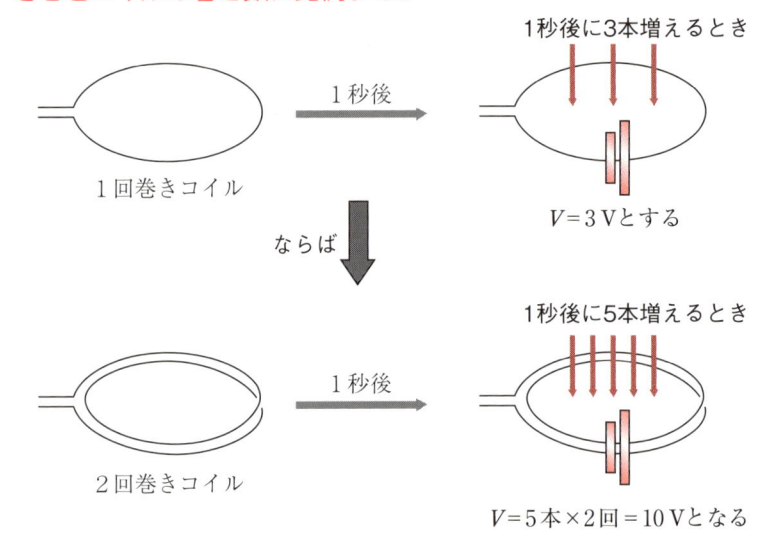

1回巻きコイル → 1秒後 → 1秒後に3本増えるとき　$V = 3$ V とする

ならば

2回巻きコイル → 1秒後 → 1秒後に5本増えるとき　$V = 5$本 $\times 2$回 $= 10$ V となる

POINT 1　電磁誘導の法則

コイルに磁石を近づけたり遠ざけたりすると，コイルの中を貫く磁力線の本数が変化し，コイルには起電力が生じる。この起電力の
❶ 向　き：コイルを貫く磁力線の本数の変化を妨げようとする向き（レンツの法則という）。
❷ 大きさ：1秒あたりの磁力線の本数の変化の大きさとコイルの巻き数に比例する（ファラデーの法則という）。

チェック問題 ❶ 電磁誘導　　　標準 10分

次の場合に検流計Ⓖに流れる電流の向きは，(ア)，(イ)，(ウ)のうちのどれか。

(ア) 右向き(→)に流れる。
(イ) 左向き(←)に流れる。
(ウ) 流れない。

(1) 図1で，磁石をコイルから遠ざける。
(2) 図2で，スイッチを入れた直後。
(3) (2)の後，十分に時間が経過した後。
(4) (3)の後，スイッチを切った直後。

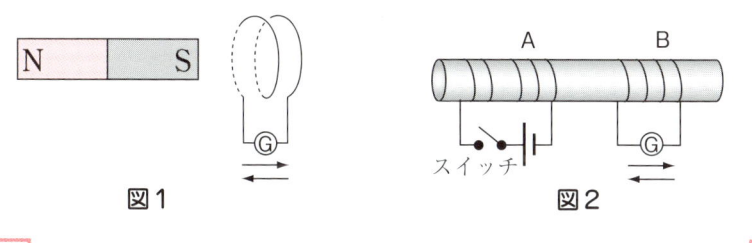

図1

図2

解説　《電磁誘導の法則》(p.52)で考えよう。

(1) 磁石を左へ遠ざけると，図aのように，コイルを左向きに貫く磁力線の本数が減るね。このときの変化を妨げるには，コイルはどちら向きの磁界Hをつくる必要があるかな？

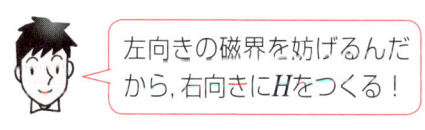

> 左向きの磁界を妨げるんだから，右向きにHをつくる！

アチャー！　やっぱりやっちゃったか！　いいかい，磁界を妨げるんじゃないぞ！　あくまでも，その変化を妨げるんだよ！

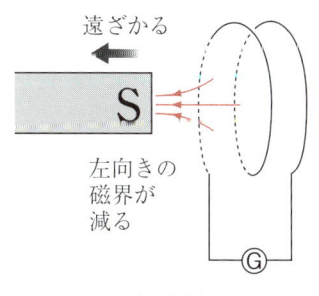

図a

第5章　電磁誘導（物理基礎）

あ！ そうか。左向きの磁界が減るのを妨げるんだから，同じく左向きに H をつくって補ってあげる必要があるのか！

そういうこと！ よって，図bのように，《右手のグー》(p.44)によって，Ⓖには右向き ㋐……答 に電流が流れる。

何度もくり返すけど，妨げるのはあくまでも変化だからね。とくに本問のように，磁力線の本数が減っているときには要注意！

Step1 左向きの磁界が減る

Step2 左向きの磁界 H をつくりたい

Step3 この向きの電流 I を流したい

イヤ！

図b

(2) 図2のスイッチを入れると，図cで

Step1 《右手のグー》(p.44)によって，コイルAには右向きに磁界が生じ，コイルBを右向きに貫く磁界が増える。

Step2 この増加を妨げるため，コイルBには，左向きの磁界 H が生じる必要があるね。

Step3 その H をつくるためには，《右手のグー》(p.44)により，コイルBには図cの向きに電流が流れ，Ⓖには右向き ㋐……答 の電流が流れる。

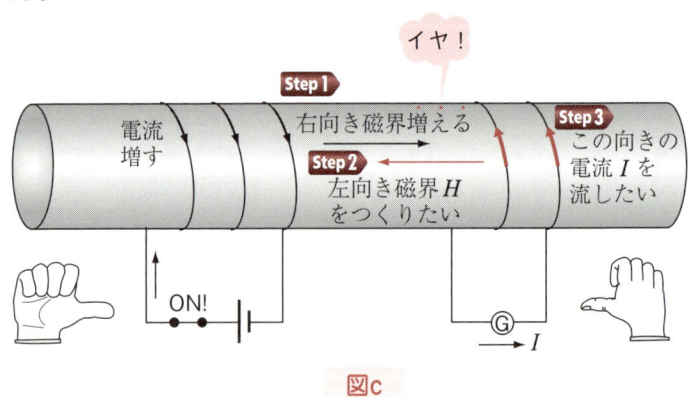

電流増す

Step1 右向き磁界増える

Step2 左向き磁界 H をつくりたい

Step3 この向きの電流 I を流したい

イヤ！

ON!

図c

(3) 本問では電磁誘導は生じている？

> う～ん，コイルAには確かに電流が流れて，コイルBには右向きの磁界が貫いているから，電磁誘導によって……。

アブナーイ！　また磁界に惑わされそうになったね。いいかい，磁力線がコイルBをたとえ何百本貫いたって，その本数が時間変化しなければ，妨げる必要なんかないよ。だから，電磁誘導は生じないんだ。

　よって，今回は電流は流れない　(ウ)……答

(4) 図2のスイッチを切ると，図dのように，コイルBを貫いていた右向きの磁力線の本数が減るね。このときの変化を妨げるには，コイルBはどちら向きの磁界Hをつくって妨げる必要があるかな？

> ハイ！　右向きの磁力線の本数が減るのを妨げたいので，同じく右向きにHをつくって補ってあげればいいです！

　今度こそOK！　すると，コイルBの《右手のグー》より，図dのようにⒼには左向き　(イ)……答　の電流が流れるね。

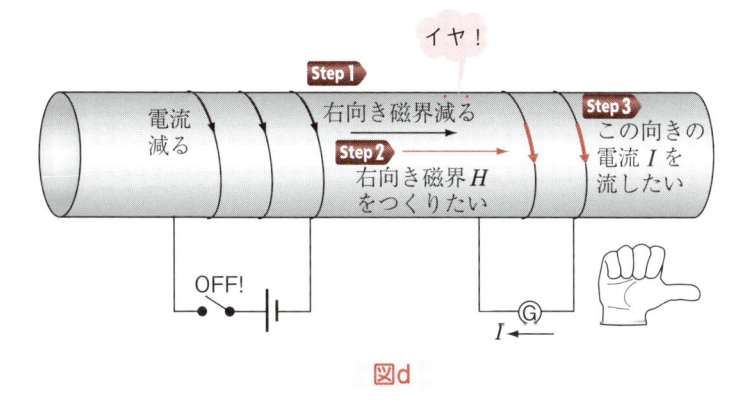

図d

第5章　電磁誘導（物理基礎）

● 第5章 ●
まとめ

電磁誘導の法則の2ポイント

　貫く磁界の強さ(磁力線の本数)が変化するコイルには，誘導起電力V〔V〕が発生し，誘導電流I〔A〕が流れる。

❶　レンツの法則
　誘導起電力Vや誘導電流Iの向きは，磁力線の本数の・変・化を妨げようとする向きとなる。
㊟　**妨げるのはあくまでも・変・化**，磁力線を妨げるのではない。

❷　ファラデーの法則
　誘導起電力V〔V〕の大きさは，1秒あたりの磁力線の本数の変化の大きさとコイルの巻き数に比例する。

増えるのも減るのもイヤなんだね。

物理の電気

- 第6章 電界と電位
- 第7章 点電荷
- 第8章 電気力線と等電位線
- 第9章 ガウスの法則
- 第10章 コンデンサーの解法
- 第11章 コンデンサーの容量
- 第12章 直流回路
- 第13章 コンデンサーを含む直流回路
- 第14章 回路の仕事とエネルギーの関係
- 第15章 非オーム抵抗

第6章 電界と電位

▲見えない風を読むためには「センサー」が必要

Story ① 電　界

▶(1)　見えないものを調べるためには

　ゴルフのテレビ中継で，風の強い日には芝を上から落として，その飛ばされ方から，風の向きや強さを調べるシーンをよく見るよね。風の向きを調べるのに，なぜそんなことをする必要があるんだろう。

＜それは，風の向きが直接目では見えないからですよ。

　まさに，そうだね。目に見えないものを調べるには，そのものを感じる一種の感知器（センサー）を使って調べるしかないんだね。
　この章で出てくる，電界や電位も，目では直接見えないものなので，あるセンサーを使って調べなくちゃならないんだ。

＜そのセンサーとは何ですか？

それはズバリ，**図1**のような**＋1C（プラス1クーロン）という，単位量の正の電気を帯びた粒（点電荷）**なんだ。

ボクは目に見えない電界・電位を調べるためのセンサー。
これから大活躍するからヨロシクね！

図1　電界・電位を見るセンサー

▶(2)　電界って何？

キミが，遅刻して教室に入ろうとして，教室をチラッとのぞくと，今日は先生の機嫌が悪そうだ。こんなとき，何やら，入り口から入りづらそ〜なオーラが出ているよね。体が，教室の空間から反発力を感じるみたいだ。

このように，目には見えないけれど，その中に置かれる物体に力を与える空間のことを**場**という。力学でやった重力場もその1つだね。

特に，その中に置かれる電気を帯びた物体に電気力を与える空間のことを，**電界**という。

ある点での電界 E 〔N/C〕の向きと大きさは，その点に＋1Cの点電荷という「センサー」を置いたときに，受ける電気力の向きと大きさで表されるんだ。

具体的な例で考えてみよう。

まずは，次のページにある**図2**を見ていただきたい。

図2(a) のように，左側がプラス，右側がマイナスの電気にはさまれた空間内の点Pでの電界の向きと大きさを調べたいとする。でも，電界は直接目じゃ見えないよね。では，どうやって調べたらいいのだろうか……。

第6章　電界と電位

そこで，図2(b)のように，+1Cの点電荷を「センサー」として置いてみよう。……すると，図2(c)のように，右向き10Nの電気力を受けたとするね。ならばこのとき，図2(d)のように，点Pには，右向きに$E=10$N/Cの電界があることが分かるんだ。

このようにして，「ある点での電界Eを求めよ」ときたら，「その点に+1Cの点電荷というセンサーを置いてみて，受ける電気力を調べる」ことが，お決まりのやり方だ。+1Cあたりというのがポイントだよ。+2Cを置けば，電界と同じ向きに2倍の$2E$の力を受けるし，-3Cなら，電界とは逆向きに大きさ$3E$の力を受けるんだ。

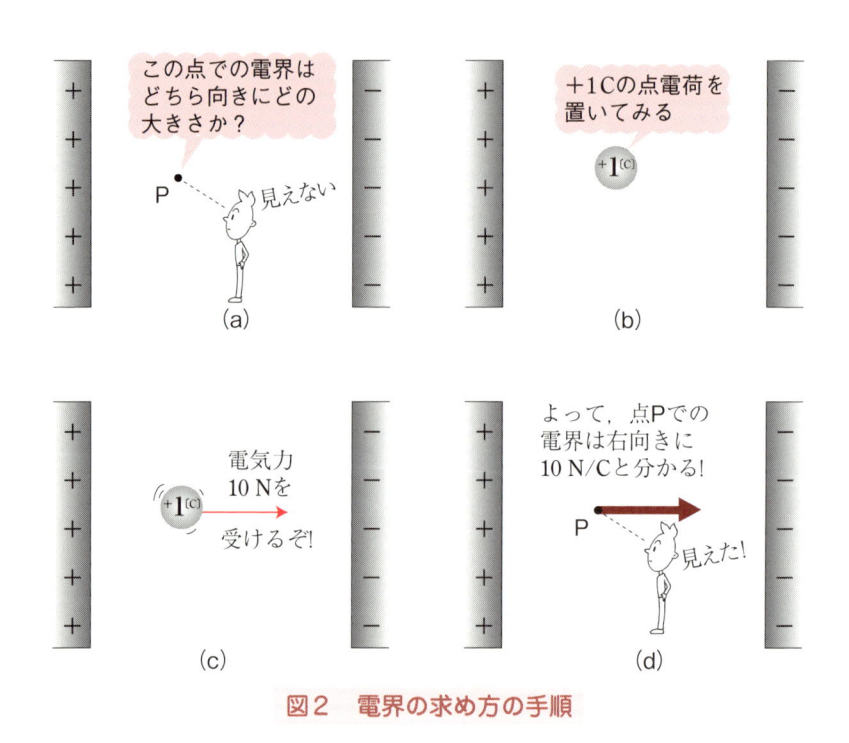

図2 電界の求め方の手順

―――― POINT1 電界の定義 ――――
電界E〔N/C〕：その点に置かれる+1Cの点電荷が受ける電気力

チェック問題 ❶ 電界の定義　　易　3分

図のように，上に負，下に正の電気にはさまれた空間がある。この中の点Pに+5Cの点電荷を置いたら，上向きに100Nの電気力を受けた。

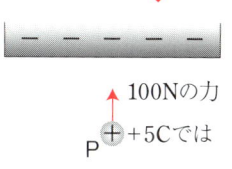

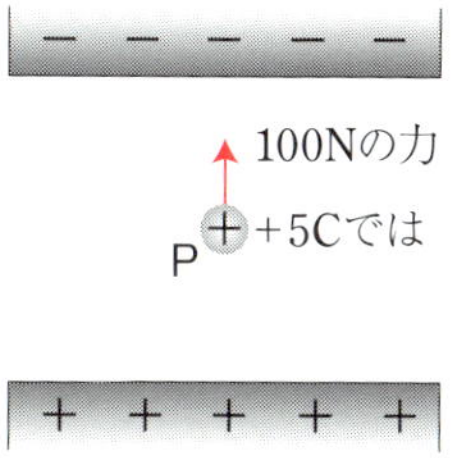

(1) 点Pでの電界の向きと大きさはいくらか。

(2) 点Pに置く点電荷を-3Cにとりかえるとき，受ける電気力の向きと大きさはいくらになるか。

解説　(1)「電界を求めよ」ときたら，いつも +1Cの点電荷を「センサー」として置いてみて，受ける電気力を調べるよ。

今，+5Cで100Nの力を受けたので，1Cあたりに直すには5で割って，図aのように

$$100\,\text{N} \div 5 = 20\,\text{N}$$

の力を受けることになるね。

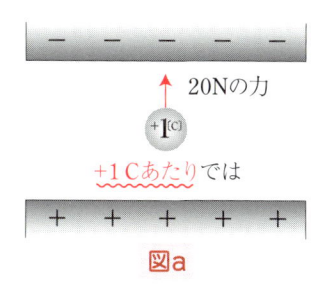

よって，電界の向きは上向きで，その大きさは，20 N/C ……**答**

(2) マイナスの電気の受ける力はプラスの電気が受ける力とは逆向きだ。

さらに，-3Cなので，その受ける力の大きさは+1Cあたりの受ける力(電界)の大きさの3倍だ。

以上より，図bのように力の向きは下向きであり，その大きさは，

$$20 \times 3 = 60\,\text{N} \cdots\cdots\text{答}$$

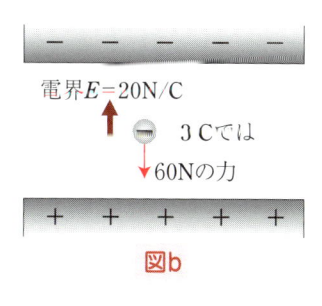

第6章　電界と電位　61

Story ❷ 電 位

▶(1) 高さとは何か？

キミの部屋の天井と床，どっちが高いかな？

> 奇妙なこと尋ねないで下さいよ。天井が高いに決まっているじゃないですか。

じゃあ，天井が高いことを証明してみせて？

> え〜と。天井だから高い……う〜ん。どう言えばいいのかあ。

では，キミの目の前の消しゴムを天井のほうへ持ち上げて手を放すと……そう，消しゴムは天井から床のほうへ落ちていったね。まさに，それが，天井が高く床が低いことの証明だよ。

つまり，重力場の中での高低というのは，その中で重力を受けて落下していく物体の様子から決めることができるんだ。つまり，

> モノは高いところから低いところへ落ちていく。

が基本だよ。

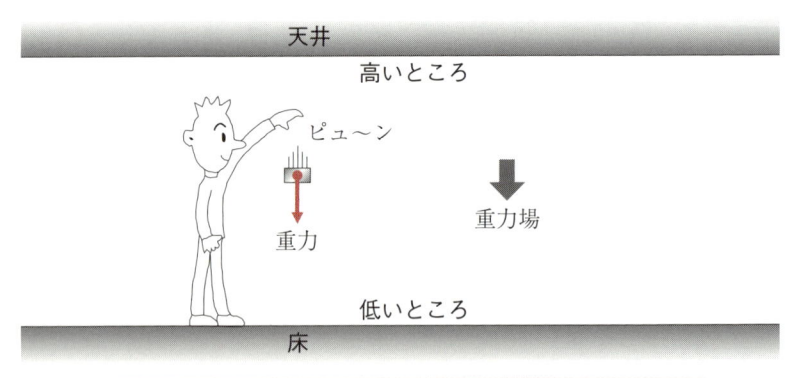

図3　モノは高いところから低いところへ落ちていく

▶(2) 高低を表す電位とは

　重力場の中で高低を決めたのと同様に，電界という場の中でも，高低を決めることができるんだ。その高さを表す量を電位という。
　ある空間内での電位の高低は，その空間中で手放された＋1Cの点電荷の落ちていく様子で決めることができる。
　たとえば，図4のように，左側が正の，右側が負の電気ではさまれた空間を考えてみよう。この空間内での電位の高低を調べるために，＋1Cの点電荷を置いて静かに手を放す。
　すると，＋1Cの点電荷は，左からは＋からの反発力を，右からは－からの引力を受ける。この力で，＋1Cの点電荷は右へ「落ちていく」ね。よって，この空間中では左側が高く（高電位である），右側が低い（低電位である）ことが分かるね。

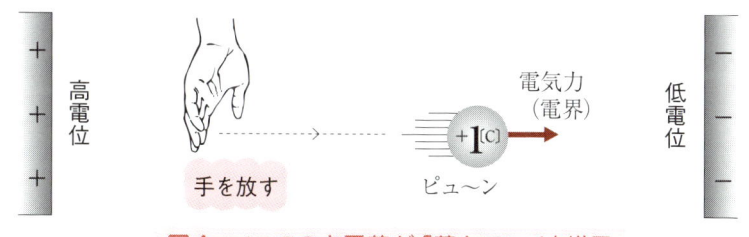

図4　＋1Cの点電荷が「落ちていく」様子

　図4の左側が高く，右側が低いという感覚を，さらにビジュアル化するために，真上から坂を見下ろしたものであるとしよう。すると，図5のような坂で＋1Cの点電荷という「ボール」をころがしていたことになるね。この坂の「高さ」を表すのが電位だ。

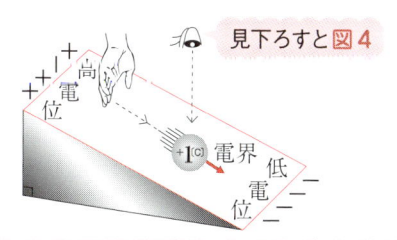

図5　図4はこの坂を真上から見下ろしたもの

第6章　電界と電位

このように，電界・電位の図を見るときはいつも，「今どんな地形を見下ろしているんだろうか」とイメージする習慣をつけよう。

POINT 2 電位のイメージ

$\begin{pmatrix} 電界中で+1Cの点 \\ 電荷を手放すとき \\ の運動 \end{pmatrix} = \begin{pmatrix} ある坂をころがるボールの運動 \\ を真上から見下ろしたもの \end{pmatrix}$

↓

この坂の「高さ」に相当するものを電位という。

▶(3) 電位を数字で表すには？

「富士山の高さは，標高3776 m」というように，地形の「高さ」は海面を基準点として数値で表すことができるね。そこで，(2)で見てきた電位という「高さ」も何らかの方法で数値で表せないか考えてみよう。

たとえば，キミが引っ越しのバイトをしているとするよ。今，同じ荷物を階段で，ビルの1階から2階まで運ぶのと，1階から50階まで運ぶのとが同じバイト料だったらどっちを選ぶ？

> そりゃ，1階から2階ですよ。50階みたいに高いところまで運んだらクタクタですよ。

そりゃ，そうだろうねえ（笑）。つまり，

> 高いところに運ぶほど，それだけ仕事量が多くなる。

逆にいえば，高さ0の点からある点まで，荷物を重力に逆らって運ぶのに必要な仕事量が多いほど，その点の「重力中での高さ」は高いことになるね。そこで，電界中でも同様に，基準点からある点まで+1Cの点電荷という「荷物」を電界に逆らって運ぶのに必要な仕事量というものを考えよう。この仕事量が多いほど，その点での「電界中の高さ」つまり，電位は高いことになるね。よって，この仕事量で，その点の電位を表すことにしよう。

たとえば，**図6(a)**のように，右向きに10 N/Cの一様な電界中の点Pでの電位を求めたいとする。電位を求めるには，まず電位0 Vの基準点を定めることが必要だね。そこで，今の場合は**図6(b)**のように，点Pから右へ10 m離れた点Oを電位0 Vの基準点にとることにしよう。

そしていよいよ，**図6(c)**のように，+1 Cの点電荷という「荷物」をゆっくりと点Oから点Pまで運ぶぞ。このとき，電界に逆らって10 Nの外力を左向きに加えつつ，左へ10 m運ぶことになる。これに要する仕事は（力10 N）×（距離10 m）＝100 Jだね。すると，**図6(d)**のように，点Oを基準とした点Pの電位は100 Vであると求められるんだ。

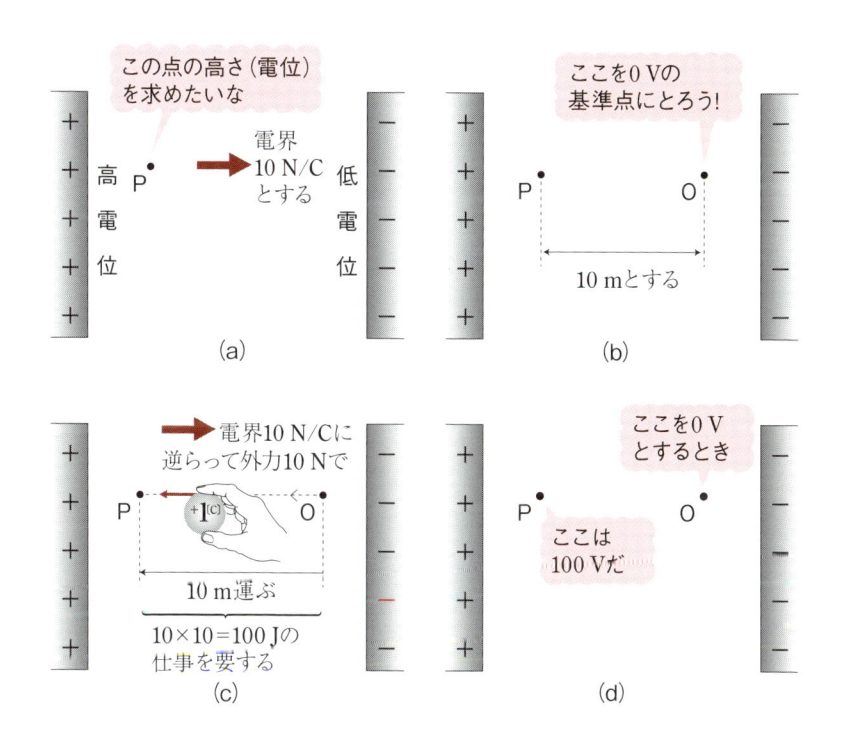

図6　電位の求め方の手順

POINT③ 電位の定義（その1）

基準点（電位0の点）から，+1Cの点電荷を，電界$\vec{E}$に逆らってゆっくりとある点まで運ぶのに要する仕事量がV〔J〕のとき，その点の電位をV〔J/C〕=〔V〕（ボルト）であると約束する。

何度も何度もこの定義に戻って考える習慣を身につけよう。

チェック問題 ② 電界と電位　標準 6分

図のように2m離れた2点A, Bがあり，点Bの電位を0Vとすると点Aの電位は12Vとなっている。この空間中の電界はA→Bまたは，B→Aの向きで，大きさは一様とする。

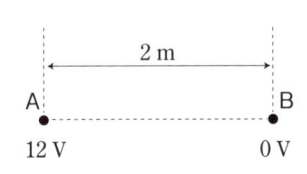

(1) この空間中の電界$\vec{E}$の向きと大きさE〔N/C〕を求めよ。
(2) +3Cの点電荷を点Bに置くとき，受ける力$\vec{F}$の向きと大きさF〔N〕を求めよ。
(3) +3Cの点電荷を，点Bから点Aまで運ぶのに要する仕事W〔J〕を求めよ。

解説 (1) まず，大ざっぱに，Aが高く，Bが低い**図a**のような**坂をイメージ**しよう。すると，この斜面から「+1Cのボール」が受ける力の向きから，電界の向きはA→B……**答**となっていることが分かるね。

次に電界の大きさを求めよう。まずは，Bが0V，Aが12Vというのはどういうことかな。上の《電位の定義（その1）》に戻って言ってみて？

> えーと，+1Cの点電荷を，電界Eに逆らってBからAまでゆっくりと運ぶのに要する仕事が12Jということです。

すばらしい！　つまり，**図b**のように，**+1Cの点電荷をBからAまで**

電界Eに逆らって,左向きの外力E〔N〕を加えつつ,2m運ぶ仕事が12Jということから,

$$\underbrace{E(\text{N})}_{外力} \times \underbrace{2\,\text{m}}_{距離} = \underbrace{12\,\text{J}}_{仕事}$$

∴ $E = 6\,\text{N/C}$ ……答

このように,つねにしつこいぐらい,+1Cの点電荷を使って定義に戻って考える必要があるんだ。

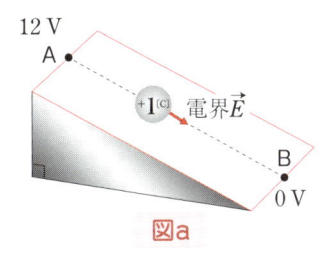

図a

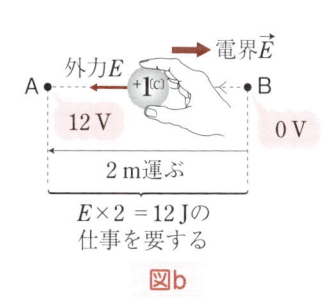

図b
$E \times 2 = 12\,\text{J}$の仕事を要する

(2) (1)で求めたように,電界の向きはA→Bで,その大きさは$E = 6\,\text{N/C}$となった。これはどういうことか,《電界の定義》(p.60)に戻って言ってみて?

> ええと,+1Cの点電荷を置いたとき,その+1Cが,A→Bの向きに大きさ$E = 6\,\text{N}$の力を受けるということです。

いいねえ！ その調子だ。すると,本問で,図cのように,+3Cの点電荷を置くとき受ける電気力$\vec{F}$の大きさFは,その3倍で,

$F = 6 \times 3$
　$= 18\,\text{N}$……答

向きはA→B……答 の向きとなる。

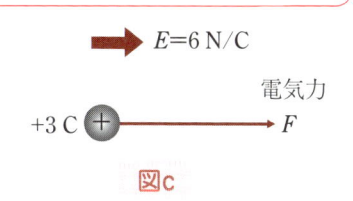

図c
$E = 6\,\text{N/C}$
電気力
+3C → F

第6章 電界と電位

(3) 図dのように，(2)で求めた電気力$F(=18\text{ N})$に逆らって，外力Fを加え，BからAまで運ぶのに要する仕事Wは，

$$\underbrace{W}_{\text{仕事}} = \underbrace{F}_{\text{外力}} \times \underbrace{2\text{ m}}_{\text{距離}}$$

$$= 18 \times 2$$
$$= 36\text{ J} \cdots\cdots \text{答}$$

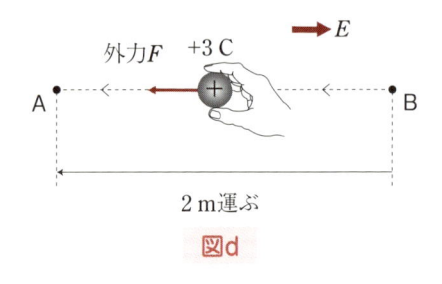

別解 (1)でも見たように，《電位の定義（その1）》より，+1Cの点電荷をBからAまで運ぶ仕事が12Jとなるので，+3CをBからAまで運ぶのに要する仕事Wはその3倍で，

$$W = 12 \times 3 = 36\text{ J} \cdots\cdots \text{答}$$

> 何度もしつこく電位の定義に戻って考えるんだよ。

▶(4) 電位と位置エネルギーの関係とは？

ここで，力学のおさらいをしてみよう。高さhの位置にある質量mの物体がもっている重力による位置エネルギーはmghだったよね。なぜ，mghとなったのか思い出してみよう。

> えーと，重力mgに逆らって，上向きの外力mgを加えつつ，h〔m〕持ち上げるときに投入した仕事$mg×h$が，エネルギーとして蓄えられたからです。

OK！　まさに，図7のように，外力が投入したmghの分だけ，物体は他の物体に仕事をする能力（エネルギー）をもつんだね。

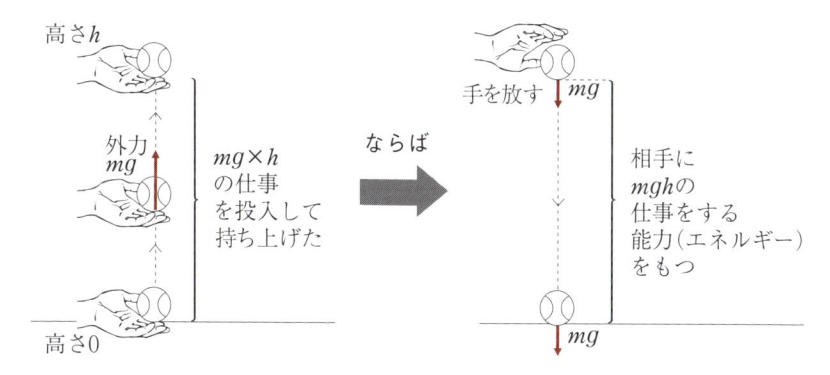

図7　重力による位置エネルギーmghの意味

全く同じように，次ページの図8のように，100 Vの電位差のある点Oから点Pまで10 N×10 m＝100 Jの仕事を投入して持ち上げた+1 Cの点電荷は，手を放すと，相手に10 N×10 m＝100 Jの仕事をする能力（エネルギー）をもつんだね。

この電気力が他の物体に対して仕事をする能力のことを，電気力による位置エネルギーというよ。

電界10 N/C

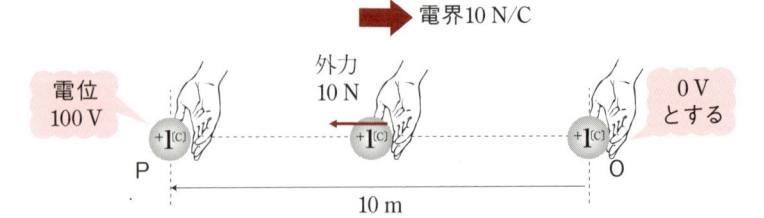

外力
10 N

電位
100 V

0 V
とする

P ← 10 m → O

+1 Cの点電荷を10×10＝100 Jの仕事を投入して持ち上げた

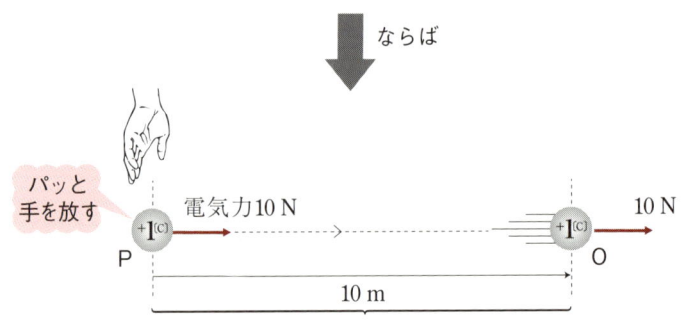

ならば

パッと
手を放す

電気力10 N

10 N

P ← 10 m → O

この+1 Cの点電荷は，10×10＝100 Jだけの仕事をする能力（エネルギー）をもつ

図8　100 Vの点に置かれた+1 Cの点電荷は100 Jの仕事をする能力をもつ

　つまり，100 Vの点に置かれた+1 Cの点電荷は100 Jの電気力による位置エネルギーをもつんだ。もちろん，200 Vの点に置かれれば200 J，1000 Vの点に置かれれば1000 Jの電気力による位置エネルギーをもつ。
　よって，一般に次のことが言えるよね。

> **POINT 4　電位の定義（その2）**
>
> 　電位 V [V]の点に置かれた+1 Cの点電荷は，V [J]の電気力による位置エネルギーをもつ。

　やはり，ここでも+1 Cあたりが大切だよ。+1 Cあたりがもつ電気力による位置エネルギーが電位 V なんだ。

▶(5) 電気力による位置エネルギー

図8で見たように，+1Cが100Vにあるとき，+1Cは100Jの電気力による位置エネルギーをもったね。では，+2Cが100Vにあったら？……そう，2倍の力を受けるから，仕事能力も，100×2＝200Jになるね。+3Cなら，100×3＝300Jだ。

同じようにして，一般に次のことが言えるね。

> **POINT 5 電気力による位置エネルギー**
>
> $+q$〔C〕の点電荷が，電位V〔V〕の位置にあるときにもつ電気力による位置エネルギーU〔J〕は，
>
> $U = V \times q = \boxed{q \times V}$ 〔J〕

▶(6) 仕事とエネルギーの関係

> 今さら聞くのもなんですが，電位なんてものを考えて何か役に立つことがあるのですか？

いい質問だ！ それは，力学に戻ってみると分かるんだ。力学で，速さvや高さh，伸び縮みxや仕事Wを問われたらどのようにして求めるのが最もカンタンで，早い方法だったか覚えているかな？

> 仕事とエネルギーの関係でしたね。

そうだ。もちろん，力を作図し，運動方程式から加速度を出し，等加速度運動の公式から求めるという方法もあったけど，メンドウだし，それに等加速度運動のときにしか使えなかったんだよね。

そこで，力学と同じように，電磁気でも，電荷を運ぶ仕事Wや，電荷の速さvを求めるときには，仕事とエネルギーの関係を利用すると非常に便利なんだ。

第6章 電界と電位

したがって，力学分野にあった重力による位置エネルギー $mg \times h$ と全く同じように，電気力による位置エネルギー $q \times V$ をつくり，力学と同様に，「仕事とエネルギーの関係」を式で書けるようにしたかったんだね。まさに，そのために電位 V というものを考えたんだよ。

POINT 6 （電気の分野の）仕事とエネルギーの関係

$$\begin{pmatrix} 前の \\ エネルギー \end{pmatrix} + \begin{pmatrix} 中の電気力 \\ 以外の仕事 W \end{pmatrix} = \begin{pmatrix} 後の \\ エネルギー \end{pmatrix}$$

$$\frac{1}{2}mv^2 + qV$$

電気力のする仕事はすでにここで計算済みなので

注 速さ v，電位 V，仕事 W を問うとき用いる

この仕事とエネルギーの関係で，荷電粒子の運動を自由自在に予言することができるね。

電子を自由自在にコントロールしてコンピュータや家電製品などを制御していく学問をエレクトロニクスというよ。電界や電位の考え方が，このように役立っていくんだよ！

> 早速この「仕事とエネルギーの関係」を使ってみようか！

物理の電気

チェック問題 3　電気力による位置エネルギー　標準 10分

p.66の チェック問題 2 で見たのと同じ空間中で，次の(1)～(3)の問いに答えよ。

(1) チェック問題 2 の(3)の W を仕事とエネルギーの関係から求めよ。

(2) 点Aに電気量 q [C] で質量 m [kg] の正の点電荷を置き，静かに放した。やがて，点Bを通過するときの点電荷の速さ v [m/s] を求めよ。

(3) 点Bから点Aに向けて電気量 q [C] で質量 m [kg] の正の点電荷を初速の大きさ v_0 [m/s] で打ち出す。点Aに達したときの速さ v_1 [m/s] を求めよ。

解説　(1) 仕事 W を問う問題だ。図aの 中 で電気力 以外 の仕事として外力の仕事 W があるので，《仕事とエネルギーの関係》より，

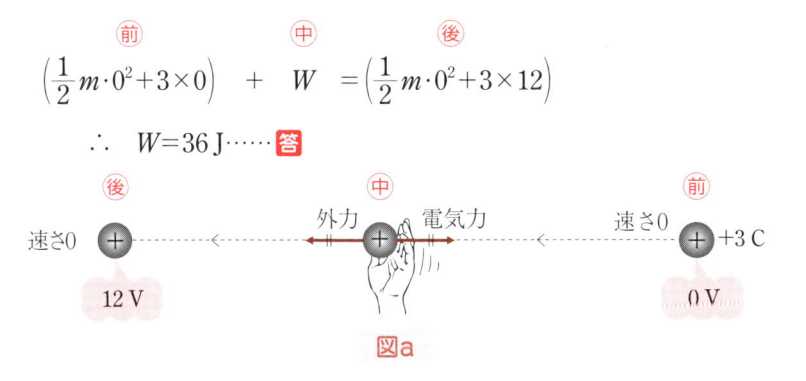

$$\left(\frac{1}{2}m\cdot 0^2 + 3\times 0\right) \underset{中}{+ W} = \left(\frac{1}{2}m\cdot 0^2 + 3\times 12\right)$$

$\therefore\ W = 36$ J ……答

図a

(2) 速さvを問う問題だね。図bで，㊥では電気力⦅以外⦆の仕事はないので，《仕事とエネルギーの関係》より，�前，㊡での$\frac{1}{2}mv^2+q\times V$は等しくなり，

$$\underset{�前}{\frac{1}{2}m\cdot 0^2+q\times 12} = \underset{㊡}{\frac{1}{2}mv^2+q\times 0}$$

$$\therefore v=2\sqrt{\frac{6q}{m}} \,[\text{m/s}] \cdots\cdots\boxed{答}$$

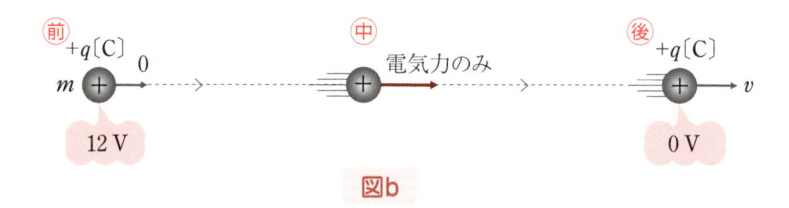

図b

(3) 速さvを問う問題だね。図cの㊥では電気力⦅以外⦆の仕事はないので，《仕事とエネルギーの関係》より，

$$\underset{�前}{\frac{1}{2}mv_0^2+q\times 0} = \underset{㊡}{\frac{1}{2}mv_1^2+q\times 12}$$

$$\therefore v_1=\sqrt{v_0^2-\frac{24q}{m}} \,[\text{m/s}] \cdots\cdots\boxed{答}$$

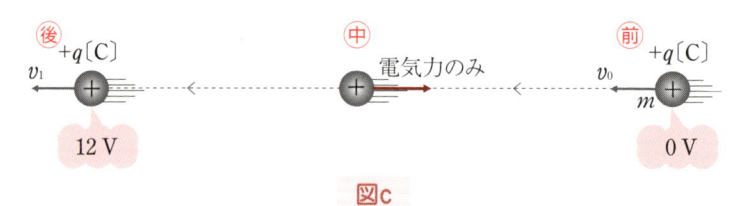

図c

● 第6章 ●
ま　と　め

1 電界 $\vec{E}$ [N/C]；その点に置かれる +1 C の点電荷の受ける力の向きと大きさとで表される場。

2 電位 V [V]
  (1) **イメージ**；電界中で +1 C の点電荷を手放すときの運動を，ある坂を真上から見下ろしたときの坂の斜面をころがるボールの運動とみなす。その坂の高さに相当するものを電位という。

  (2) **定義（その1）**；基準点（0 [V]）から，電界に逆らってゆっくりとある点まで +1 C の点電荷を運ぶのに要する仕事が V [J] のとき，その点の電位を V [V] とする。

  (3) **定義（その2）**；その点に置かれる +1 C の点電荷のもつ電気力による位置エネルギーが V [J] のとき，その点の電位を V [V] とする。

3 《仕事とエネルギーの関係》（v, V, W を問うときに用いる）

$$\begin{pmatrix} 前の \\ エネルギー \end{pmatrix} + \begin{pmatrix} 中の電気力 \\ 以外の仕事 W \end{pmatrix} = \begin{pmatrix} 後の \\ エネルギー \end{pmatrix}$$

$$\parallel$$
$$\frac{1}{2}mv^2 + q \times V$$
　　　　　電気力による位置エネルギー

第7章 点電荷

▲プラスは山の地形，マイナスは谷の地形をつくる

Story ❶ クーロンの法則

▶(1) クーロンの法則とは？

　点電荷というのは，電子や陽子，陽イオンなどのように，電気を帯びた大きさが無視できるほど小さい粒のことだ。2つの点電荷の間には，同符号の電気なら反発力（斥力）が，異符号の電気なら引力がはたらく。

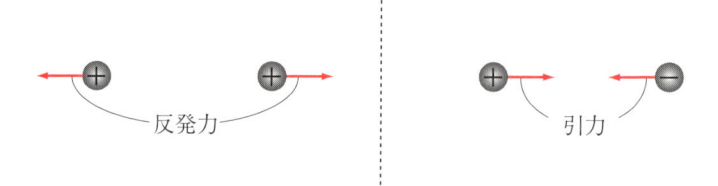

図1　同符号なら反発力，異符号なら引力

76　物理の電気

そして，その力の大きさ F については，次の２つの事実が，実験から知られているんだ。

① F は，２つの点電荷の電気量の絶対値の積 $|q_1| \times |q_2|$ に比例する。　　　　　　　　　　　　　　　　　「大きさ」なので

（２つの電荷ともタップリ電気を帯びていると，強い力になる）

② F は，２つの点電荷の間の距離 r の２乗に反比例する。

（２倍，３倍，……と離れていくと，$\frac{1}{4}$ 倍，$\frac{1}{9}$ 倍，……と急速に力は弱まる）

以上より，比例定数（クーロン定数という）を，$k = 9.0 \times 10^9 \, \text{N} \cdot \text{m}^2/\text{C}^2$ として，

$$F = k \times \frac{|q_1| \times |q_2|}{r^2}$$ 　←①より
　　　　　　　　　　　　←②より

と書けるね。これを**クーロンの法則**という。

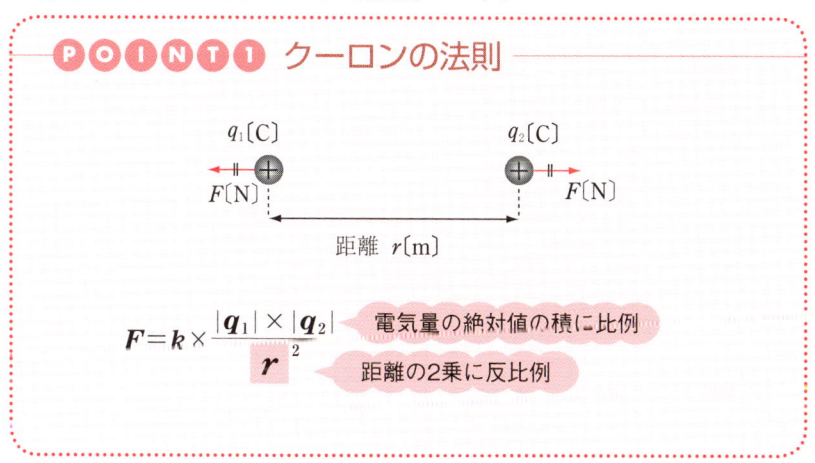

POINT1　クーロンの法則

q_1〔C〕　　　　　　　q_2〔C〕
F〔N〕　　　　　　　　F〔N〕
距離 r〔m〕

$$F = k \times \frac{|q_1| \times |q_2|}{r^2}$$

電気量の絶対値の積に比例
距離の２乗に反比例

ここで注意したいのは，このクーロンの法則というのは，**点電荷どうしの間にしか使えない法則**だということだ。

たとえば，**図2**のように，片方が板状の電荷（電気を帯びた物体）だったり，両方とも板状の電荷の場合には，決してクーロンの法則は使っちゃいけないんだ。

$+q_1$　　　　　　　　　　　　　　$+q_1$　　　　　$-q_2$

F　　　　　$+q_2$　　F　　　　F　　　　F

r　　　　　　　　　　　　　　　　　　r

$F = k \times \dfrac{|q_1| \times |q_2|}{r^2}$ はダメ!!

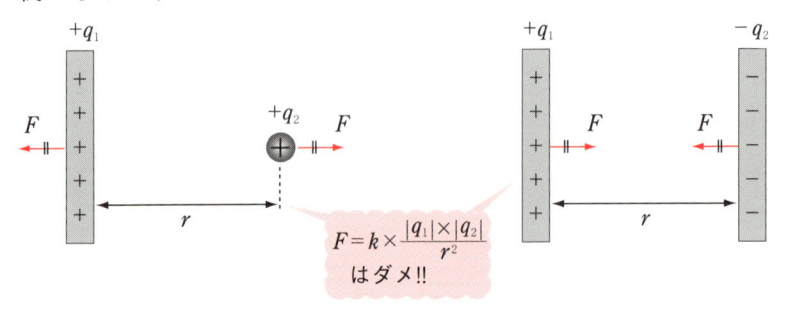

図2　クーロンの法則を使ってはいけない例

ただし，点電荷ではなくても，球状に分布した電荷の場合には，2つの球の中心間の距離をr〔m〕とすれば，クーロンの法則は使えることが分かっているんだ（このことは，第9章のガウスの法則で見ることになるよ）。

▶(2)　点電荷のつくる電界

図3のように，$+Q$〔C〕の点電荷から，右へr〔m〕だけ離れた点Pでの電界は，どの向きに，いくらの大きさだろうか？　どうやって調べるかい？

$+Q$〔C〕　　　　　　　　　　　　　　P

この点の電界はどの向きにいくらの大きさだろう

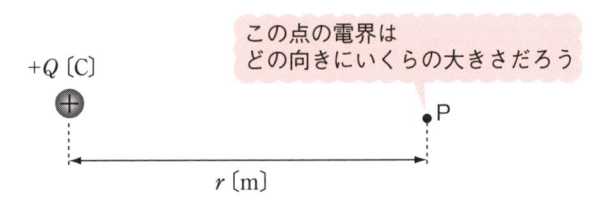

r〔m〕

図3　点Pでの電界を調べたい

第6章(p.59)でやったように，+1Cの点電荷という「センサー」を置いてみて，受ける電気力を調べればいいんですよ。

78　物理の電気

OK！　よく思い出せた。すると，図4のように点Pに置かれた＋1Cの点電荷はプラスどうしの反発力によって右向きに電気力を受ける。よって，点Pでの電界の向きは右向きだ。そして，その大きさFは，p.77のクーロンの法則で，$F \to E$，$q_1 \to Q$，$q_2 = +1$として，

$$E = k\frac{Q \times 1}{r^2} = k\frac{Q}{r^2}　となるね。$$

クーロンの法則より，
電界 $E = k \times \dfrac{Q}{r^2}$

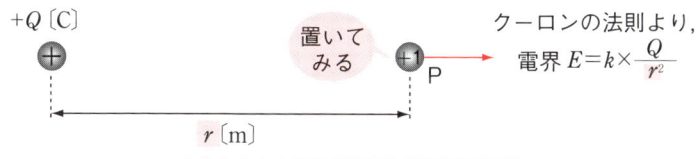

図4　点電荷のつくる電界 $\vec{E}$

点電荷のつくる電界 $\vec{E}$ を問われたら，「その点に＋1Cの点電荷を置いてみて，そこで受ける電気力をクーロンの法則で求める」というワンパターンのやり方でOKだよ！

さっそく，この方法を次の問題で使ってみよう。

チェック問題 1　点電荷がつくる電界　　標準 7分

　＋Q〔C〕，－Q〔C〕の点電荷＋Q，－Qが，図のようにxy座標軸上に置かれている。クーロン定数をkとする。

(1)　点Oの位置に－Qがつくる電界 $\vec{E_-}$ の向きと大きさを求めよ。

(2)　点Oに＋Qと－Qがつくる電界の和（合成電界）$\vec{E_O}$ の向きと大きさを求めよ。

(3)　点Pに＋Qと－Qがつくる合成電界 $\vec{E_P}$ の向きと大きさを求めよ。

第7章　点電荷

解説 (1) 図aのように，点Oに＋1Cの点電荷を置くと，$-Q$から受ける電気力（引力）の向きは$+x$方向……**答** で，その大きさはクーロンの法則より，

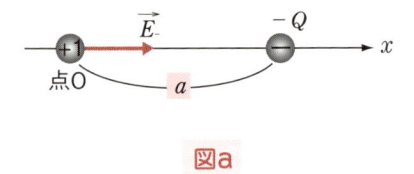

$$E_- = k\frac{|-Q|}{a^2} = k\frac{Q}{a^2} \cdots ①　……\text{答}$$

(2) 2つ以上の点電荷があるときには，いったいどうやって，そのつくる電界を求めるんですか？

まず，1つひとつの点電荷がつくる電界を，それぞれ求めておこう。(1)の図aで$-Q$がつくる電界$\vec{E_-}$は求めた。

一方，$+Q$が点Oにつくる電界$\vec{E_+}$を求めると図bのようになる。

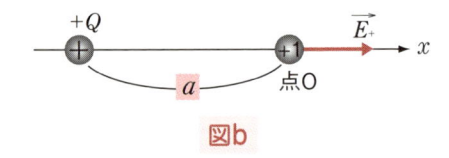

その大きさはクーロンの法則より，

$$E_+ = k\frac{Q}{a^2} \cdots ②$$

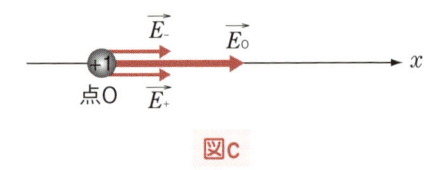

次に，図cのように，$\vec{E_-}$と$\vec{E_+}$の**ベクトル和（矢印としての足し算）**をとると，それが点Oに$+Q$と$-Q$の両方がつくる合成電界$\vec{E_0}$となる。

合成電界$\vec{E_0}$の向きは$+x$方向……**答**

で，その大きさは，図cより，

$$E_0 = E_- + E_+ = 2k\frac{Q}{a^2} \quad ……\text{答}$$

①＋②より

(3) まず，図dのように，点Pに +1Cの点電荷を置くと，+Qからは反発力として$\vec{E_1}$，−Qからは引力として$\vec{E_2}$の力を受ける。その大きさはともにクーロンの法則により，

$$E_1 = E_2 = k\frac{Q}{(\sqrt{2}a)^2} = \frac{kQ}{2a^2} \cdots ③$$

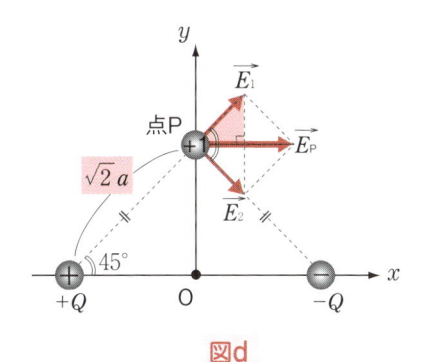

となる。

図d

次に，$\vec{E_1}$と$\vec{E_2}$を，図のようにベクトル和をとり$\vec{E_P}$とする。合成電界$\vec{E_P}$の向きは+x方向……　答

で，その大きさは，図の色をつけた三角形の底辺の2倍で，

$$E_P = \underbrace{E_1\cos 45°}_{\text{色をつけた三角形の底辺}} \times 2 = \underbrace{\frac{kQ}{2a^2}}_{\text{③より}} \times \frac{1}{\sqrt{2}} \times 2 = \frac{kQ}{\sqrt{2}a^2} \cdots\cdots\text{答}$$

以上をまとめておこう。

POINT 2　点電荷のつくる電界を問われたら

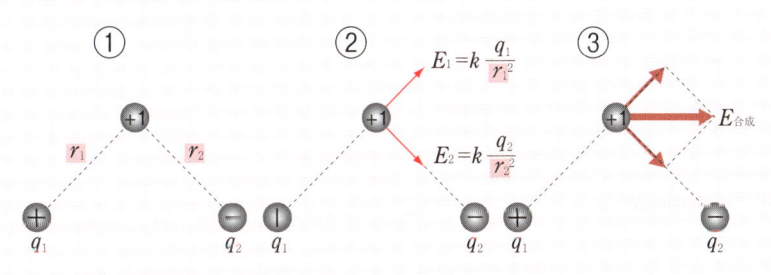

① 求めたい点に+1Cの点電荷を置く。
② その+1Cの点電荷が各点電荷から受ける力$\vec{E_1}$, $\vec{E_2}$をそれぞれクーロンの法則で求める。
③ $\vec{E_1}$, $\vec{E_2}$のベクトル和をとって，合成電界$\vec{E_\text{合成}}$を求める。

Story ❷ 点電荷のつくる電位

▶(1) ＋Qのまわりには富士山ができる

　図5のように，空間にポツンと＋Q〔C〕の正の点電荷が置いてあるぞ。じゃあ，この＋Q〔C〕のまわりは「高い」ところかな，「低い」ところかな？　もちろん，「高い」「低い」というのは，p.63で見た電位（＋1Cの感じる高さ）のことだよ。＋1Cの点電荷を使って説明してみて。

図5

> えーと，＋Qのまわりに＋1Cの点電荷を置いて手を放すと，そう，図6のように，どこに置いても＋1Cは，＋Q〔C〕から反発力を受けてピューンと遠ざかって（落ちて）いく。すると，……そう，＋Q〔C〕のまわりは高いところだ。

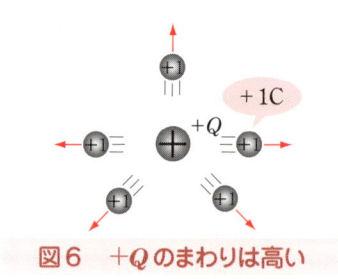

図6　＋Qのまわりは高い

　いいぞ！　すると，この様子はちょうど図7のような「富士山」のまわりに置いたボールが，そのすそ野を転がり落ちる様子を真上から見下ろしたものになるね。

真上から見下ろしたのが図6

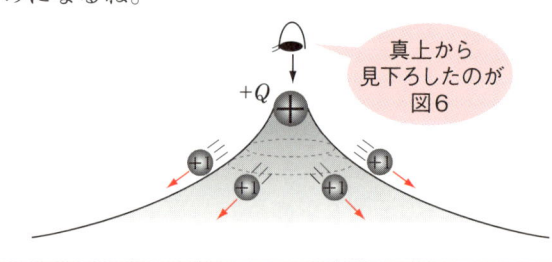

図7　＋Qはそのまわりの空間を「富士山」のように隆起させている

▶(2) $-Q$ のまわりにはすり鉢状の谷ができる

図8のように，$-Q$ [C]の場合は，まわりに+1Cの点電荷を置いて手を放すと，必ず$-Q$ [C]に向かって吸い込まれて「落ちて」いくね。

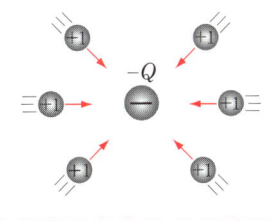

図8 $-Q$ のまわりは低い

このことから，$-Q$ [C]のまわりには$+Q$ のまわりの「富士山」を上下にひっくり返したような「すり鉢状の谷」ができていることが分かるね。

真上から見下ろしたのが図8

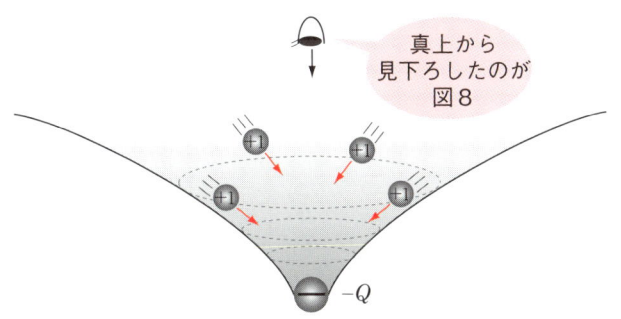

図9 $-Q$ はそのまわりの空間を「すり鉢状の谷」のように沈降させている

───── **POINT③** $+Q, -Q$ のまわりの電位のイメージ─────

$+Q$ を山頂とする「富士山」のようにもり上がった高い電位。
$-Q$ を谷底とする「すり鉢状の谷」のように沈んだ低い電位。

第7章 点電荷

▶(3) 点電荷のつくる電位の式

　$+Q$，$-Q$のまわりの電位のイメージがつかめてきたところで，具体的に，**図10**のように，点電荷から距離r〔m〕離れた点Pでの電位V〔V〕を式として求めてみよう。

　　　　　　　　　　　　　　　　　　ここでの電位V〔V〕
　　　　　　　　　　　　　　　　　　はいくらだろう
　　　＋Q
　　　　⊕　　　　　　　　　　　　　　P•
　　　　└──────── r〔m〕 ────────┘

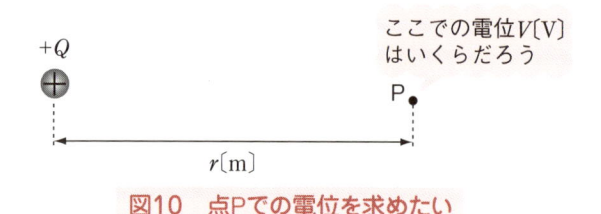

図10　点Pでの電位を求めたい

　まず，電位を決めるときに必ず定めなきゃならないものって何？

> それは，$V=0$ Vとなる基準点です。高さ0の点を定めないと，高さを決めることはできません。

　そうだ。じつは点電荷の場合は約束で，いつも必ず$r=\infty$となる**無限遠点で$V=0$ Vとする**ことになっているんだ。

> なぜですか？

　それは，無限遠点なら，どの電荷の影響も受けないからだよ。
　次に，いよいよ点Pの電位を決めるけど，ここでもう1回《電位の定義（その1）》(p.66)にしたがって，点Pの電位の求め方を言ってごらん。

> ハイ，＋1 Cの点電荷を，無限遠の0 Vの基準点Oから，$+Q$のつくる電界$\vec{E}$に逆らって，ゆっくりと点Pまで運ぶのに要する仕事が，点Pでの電位Vとなります。

　よし！　よく思い出せた。すると，点Pでの電位Vの求め方は，次の**図11**のように図示することができるね。
　この仕事を求めるときに問題が生じる。それは，$+Q$のつくる電界の大きさEが点電荷からの距離xの2乗に反比例して変化することだ。

84　物理の電気

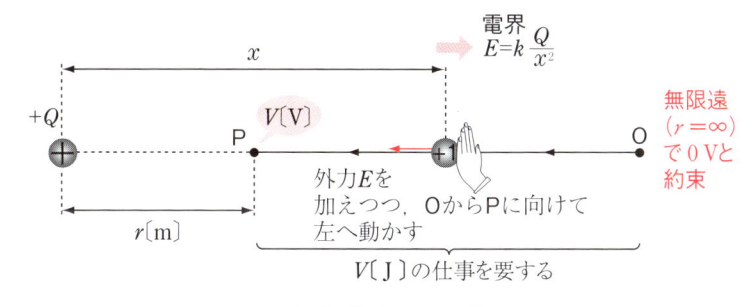

図11 Vの求め方

　すると，電界に逆らって加える外力の大きさEもx^2に反比例して変化させなくてはならない。よって，この外力Eのする仕事は，単純に(力)×(距離)では求められない。どうしたらいいだろうか？

　力学で，場所によって変化する力のする仕事を計算するときのお決まりのやり方は何だっけ？

> えーと，(力F)-(距離x)グラフをかいて，その下の面積で求めます。

　そうだったね。そこで，今回は，図12のように縦軸に
(外力の大きさE)=$\left(電界の大きさE=k\dfrac{Q}{x^2}\right)$，横軸に(距離$x$)のグラフをかいて，その下の$x=r$から$x=\infty$までの面積で，(求める仕事$W$)=(電位$V$)を求めるしかないね。

$$電位\ V = \int_{r}^{\infty} \frac{kQ}{x^2}dx$$
$$= \left[-\frac{kQ}{x}\right]_{r}^{\infty}$$
$$= -\frac{kQ}{\infty} - \left(-\frac{kQ}{r}\right)$$
$$= k\frac{Q}{r}$$

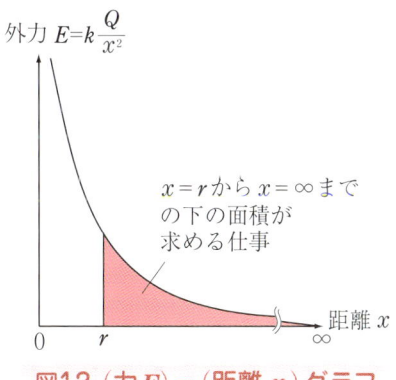

図12 (力F)-(距離x)グラフ

第7章　点電荷

この計算結果より，点電荷 Q から距離 r だけ離れた位置での電位は

$$V = k\frac{Q}{r}$$

距離 r の1乗に反比例

となることが導けたね。

このように，「+1Cの点電荷を0Vの基準点から，ゆっくり電界 $\vec{E}$ に逆らって運ぶ仕事」を計算すれば，どんな電荷がつくる電位だって自由自在に計算できるんだ。

ここで，$V=k\dfrac{Q}{r}$ の式を，縦軸が電位（高さ）V，横軸が距離 r のグラフにかいてみると，図13のようになるね。

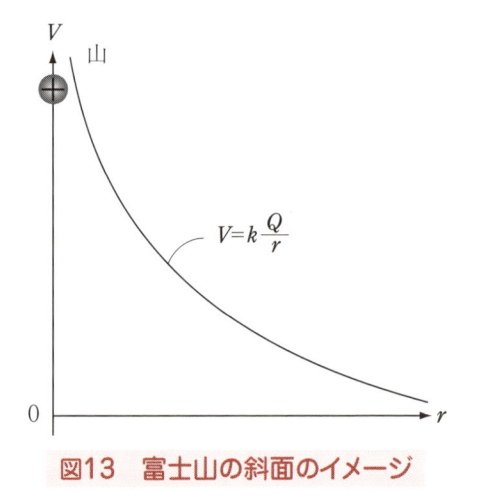

図13　富士山の斜面のイメージ

このグラフから何がイメージできるかな？

えーと，あ！「富士山」です。富士山の斜面のイメージです。

まさにそうだね。この $V=k\dfrac{Q}{r}$ の式は，まさに，$+Q$ がそのまわりに「富士山」の地形をつくっていること（POINT3）を表しているんだ。

▶(4) −Qのまわりの電位の式

同じように，−Qから距離rだけ離れた点の電位Vを計算しよう。図14のように，無限遠($r=\infty$)を0Vとする基準点Oから，左向きの電界Eに逆らって，外力Eを右向きに加えつつ（支えつつ）ゆっくりと左へ動かしていくのに外力Eは，正，負どちらの仕事をしているかい？

図14　Vは負となる

右向きに支えつつ左向きに動かすから……そう，負の仕事です。

ということは，点Pでの電位Vも負になるよね。

そして，その仕事の大きさは，図12でやったのと同じ計算になる。結局−Qのつくる電位Vは，+Qのつくる電位とは符号だけ逆になった，

$$V = k\frac{-Q}{r}$$

となるね。

この式を，縦軸を電位V（高さ），横軸を距離rのグラフにかいてみると，図15のようになるけど，これは何のイメージか分かるかな？

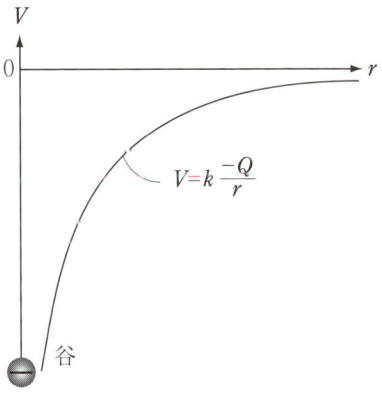

図15　すり鉢状の谷のイメージ

第7章　点電荷　87

ハイ,「すり鉢状の谷」の斜面を表しています。

そのとおりだね。

この $V=k\dfrac{-Q}{r}$ の式は,まさに $-Q$ が,そのまわりに「すり鉢状の谷」の地形をつくっていること(**POINT3**)を表しているんだね。

以上,点電荷のつくる電位の式についてまとめておこう。

POINT4 $\pm Q$〔C〕の点電荷のつくる電位 V〔V〕

- **基準点**　$r=\infty$ となる無限遠点を $V=0$ V の基準点と約束

- **式**　　$V=k\dfrac{\pm Q}{r}$ 　点電荷からの距離 r の1乗に反比例

　　　　　電位は1乗と覚えよう
　　　　　　　い　　　いち

- **グラフ**

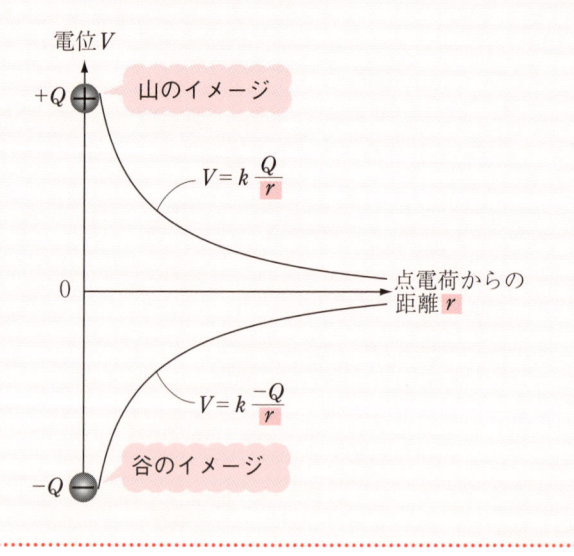

（$+Q$：山のイメージ　$V=k\dfrac{Q}{r}$）

（$-Q$：谷のイメージ　$V=k\dfrac{-Q}{r}$）

縦軸：電位 V　横軸：点電荷からの距離 r

88　物理の電気

チェック問題 2　点電荷がつくる電位　　標準 7分

$+Q$ [C], $-Q$ [C] の点電荷 $+Q$, $-Q$ が図のように xy 座標軸上に置かれている。クーロン定数を k とし，無限遠点での電位を 0 V とする。

(1) 点Oに $+Q$ がつくる電位 V_+ はいくらか。
(2) 点Oに $+Q$ と $-Q$ がつくる電位の和 V_O（合成電位）はいくらか。
(3) 点Pに $+Q$ と $-Q$ がつくる合成電位 V_P はいくらか。

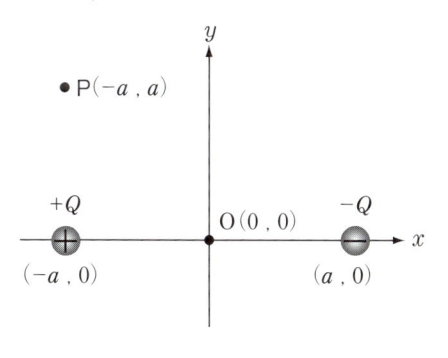

解説　(1)　図aのように，$+Q$ のまわりには「富士山」のように隆起した地形ができている。**その地形は $+Q$ を山頂として，その距離 r の1乗に反比例して下がっていく。**

とくに $r=a$ だけ離れた点Oでの電位は，

$$V_+ = k\frac{+Q}{a} \cdots\cdots \text{答}$$

となっている。

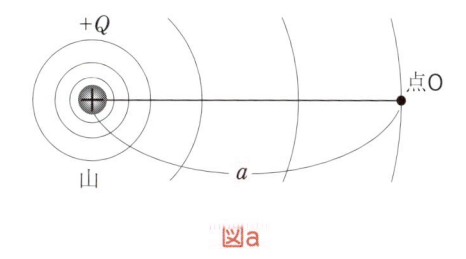

(2)　図bのように，$-Q$ のまわりには，「すり鉢状の谷」のように沈降した地形ができている。**その地形は，$-Q$ を谷底として，距離 r の1乗に反**

比例して上がってくる。とくに，$r = \boxed{a}$ だけ離れた点Oでの電位は，
$$V_- = k\frac{-Q}{\boxed{a}}$$

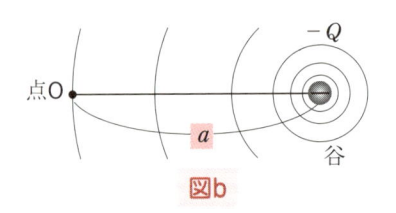

となっている。

そして，いよいよ合成電位 V_0 を求めるけど，電位は「高さ」で向きをもたないスカラー量だから，単純に和をとればいいよ。

$$\begin{aligned} V_0 &= V_+ + V_- \\ &= k\frac{Q}{a} + k\frac{-Q}{a} \\ &= 0 \cdots \cdots \text{答} \end{aligned}$$

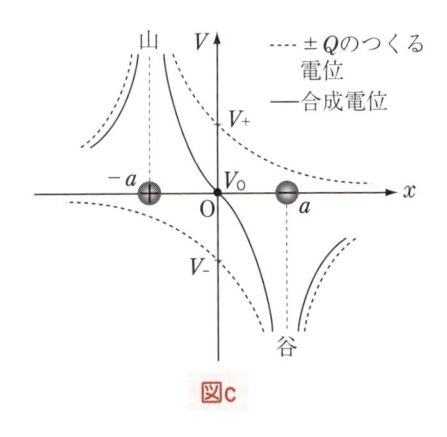

一般に，x 軸上での合成電位のグラフは図cのようになるね。点Oでは，$+Q$ が V_+ だけ隆起させた土地を，$-Q$ が $V_-(=V_+)$ だけ沈めてしまっているので，ちょうど打ち消し合って，合成電位は $V_0 = 0$ となるんだね。

図b

図c

(3) 点電荷は距離 $\boxed{r}$ が命！
図dで $+Q$，$-Q$ から点Pまでの距離はそれぞれ $\boxed{a}$，$\boxed{\sqrt{5}\,a}$ なので，合成電位 V_P は，

$$\begin{aligned} V_P &= k\frac{+Q}{\boxed{a}} + k\frac{-Q}{\boxed{\sqrt{5}\,a}} \\ &= \left(1 - \frac{1}{\sqrt{5}}\right)k\frac{Q}{a} \cdots \cdots \text{答} \end{aligned}$$

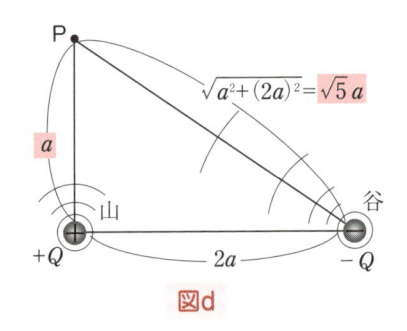

となる。$V_P > 0$ となるのは，点Pが $-Q$（谷）よりも $+Q$（山）の近くにあるためだね。

図d

チェック問題 3　点電荷とエネルギー　　標準 12分

クーロン定数をkとする。x軸上に$+Q$〔C〕，$-Q$〔C〕の点電荷が固定されている。

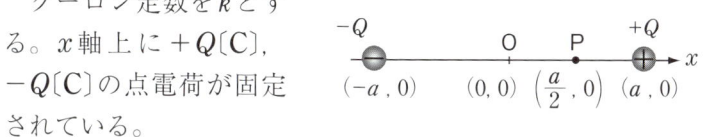

$-Q$ $(-a, 0)$　　O $(0, 0)$　　P $\left(\dfrac{a}{2}, 0\right)$　　$+Q$ $(a, 0)$

(1) 点Oから点Pまで$+q$〔C〕で質量mの点電荷を運ぶのに要する仕事Wを求めよ。

(2) (1)で点Pまで運んだ点電荷を静かに放すと，点電荷は$-x$方向へ動いていき，点Oを通過した。このときの速さvを求めよ。

解説　(1) この仕事を計算するのに，単純に，(力)×(距離)で計算できるかな？

> うーん，場所によって，$+Q$と$-Q$からの距離がだんだん変化していくから，一定の力じゃなくなるので，ちょっと難しいですね。

そうだね。すると，直接計算できない仕事はどうやって求めるかい？

> (前のエネルギー)+(中の仕事)=(後のエネルギー)で間接的に求めるしかないです。

その通り。で，そのエネルギーとは，今の場合，第6章のp.71でやった電気力による位置エネルギー

$$U = (電気量 q) \times (その点の電位 V)$$

のことだね。

このUを求めるために，まずは点Oと点Pのそれぞれの点に，$+Q$と$-Q$がつくる合成電位V_O，V_Pを求めておく必要があるね。

まず，図aよりV_Oは，
$$V_O = k\frac{-Q}{a} + k\frac{Q}{a}$$
$$= 0 \cdots ①$$

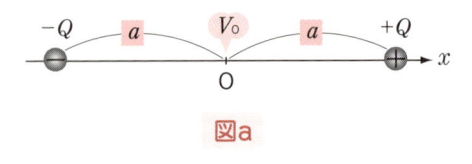

次に，図bよりV_Pは，
$$V_P = k\frac{-Q}{\frac{3}{2}a} + k\frac{Q}{\frac{1}{2}a}$$
$$= \frac{4kQ}{3a} \cdots ②$$

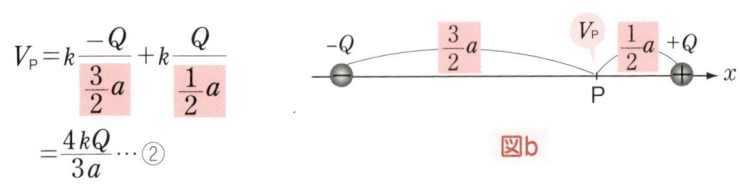

ようし，これで準備完了！

さて，まず図cで，《仕事とエネルギーの関係》(p.72)より，

$$\underbrace{q \times V_O}_{\text{前のエネルギー}} + \underbrace{W}_{\text{中の仕事}} = \underbrace{q \times V_P}_{\text{後のエネルギー}}$$

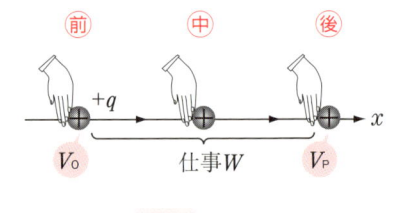

よって，
$$W = q(V_P - V_O)$$
$$\underset{①②より}{=} \frac{4kQq}{3a} \cdots\cdots \text{答}$$

(2) この速度vも，等加速度運動のような単純な運動ではないので，エネルギーで求めるしかないね。

図dで途中では電気力以外の仕事はないので《仕事とエネルギーの関係》より，

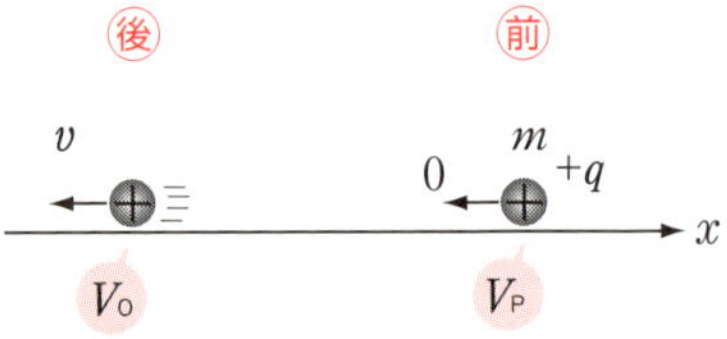

$$\underbrace{\frac{1}{2}m \cdot 0^2 + q \times V_P}_{\text{前のエネルギー}} = \underbrace{\frac{1}{2}mv^2 + q \times V_O}_{\text{後のエネルギー}}$$

$$\therefore v = \sqrt{\frac{2q}{m}(V_P - V_O)}$$
$$\underset{①②より}{=} \sqrt{\frac{8kQq}{3ma}} \cdots\cdots \text{答}$$

● 第7章 ●
まとめ

1 クーロンの法則（点電荷間のみに成立）

$$F = k \times \frac{|q_1| \times |q_2|}{r^2}$$

距離 r の2乗

2 点電荷のつくる電界（E）は **+1 Cの点電荷を置いてみて、受ける力（F）をクーロンの法則で求めればよい。**

3 点電荷のつくる電位の地形的イメージ
  (1) $+Q$ のまわりには「富士山」のように隆起した高い電位。
  (2) $-Q$ のまわりには「すり鉢状の谷」のように沈んだ低い電位。

4 点電荷のつくる電位の式（無限遠点 $r=\infty$ で $V=0$ と約束）

$$V = k \frac{\pm Q}{r}$$

距離 r の1乗

5 2つ以上の電荷がつくる合成電界と合成電位のつくり方
  ① 合成電界   ② 合成電位

ベクトル和

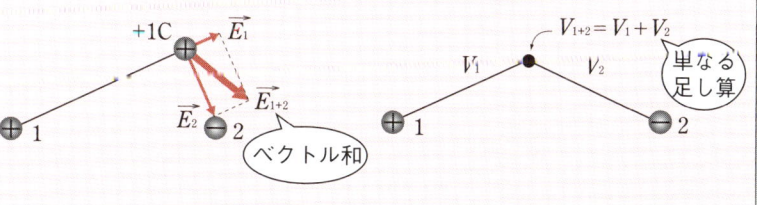

単なる足し算

第8章 電気力線と等電位線

▲等高線で地形を表すことができる

Story ① 電気力線と等電位線

▶(1) 地図帳を思い出そう

　地図帳で，いろいろな地形が，等高線を使って表されているのを見たことはあるよね。たとえば，図1のような地形で，ABが川であるとすると，上流側はAとBどちらかな？

> えーと，標高が高いAのほうです。高いAから低いBへ向かって川は流れています。

　そうだね。川の水というのは，斜面から力を受けて流れるんだね。だから，等高線と川とは，直角に交わるんだね。

図1　川はどちらへ流れる？

94　物理の電気

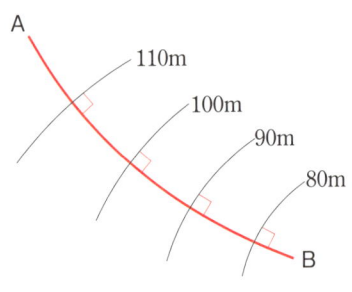

▶(2) 電気力線,等電位線とはどんな線?

さて,第7章までで,正や負の電荷のまわりの空間には「山」や「谷」のように隆起したり,沈降したりしたゆがんだ「地形」がつくられていること,そして,その「高さ」が電位V〔V〕だということを見てきたね。さらに,この「地形」の「斜面」から受ける力のことを電界$\vec{E}$〔N/C〕ということも見てきたね。

ここで,地図の上では山や谷が等高線で表され,斜面から受ける力の向きが川の流れで見えるのと同じように,電位や電界を等高線や川に相当する線で表すことができるはずだよね。そうすれば,電界と電位という目に見えないモノを簡単な図形として,表していくことができるんだ。

そこで,今から次の2つの線を定義していきたいと思う。

❶ **電気力線:各点の電界ベクトルをつないだ線**
　　　　(⊕から湧き出し,⊖へ流れ込む川のイメージ)
❷ **等電位線:電位の等しい点を結んだ線**
　　　　(等高線のイメージ)

例として,$+Q$〔C〕の点電荷のまわりの❶電気力線と❷等電位線の様子を見てみよう。

❶ 図2のように,$+Q$のまわりには,放射状に外向きに電界が走っているから,電気力線は$+Q$から湧き出して,無限遠まで拡がっていく。

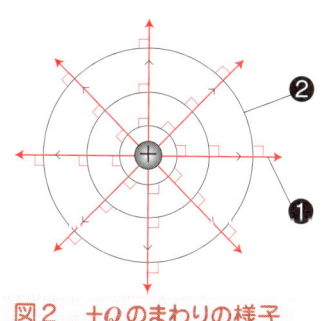

図2 $+Q$のまわりの様子

❷ 図2のように,「富士山」の等高線のような,$+Q$を山頂とする同心円状の等電位線ができる。

図2は,まさに「富士山頂からマグマが湧き出して流れ落ちる様子」を見下ろしているイメージだよね。

さて，図2の❶電気力線，❷等電位線の間にはいつもどんな関係が見られるかな？　ヒントは，それらの交わり方だ。

> あ！　❶と❷は，どこでも互いに直角に交わっています！

その通り！　図3のように，斜面から力を受けて転がるボールが，斜面の最も急な方向へと転がるのと同じことなんだ。斜面の最も急な方向というのは，等高線と直角に交わる方向だ。その方向に力を受ける，つまり，電気力線が走っているということだね。

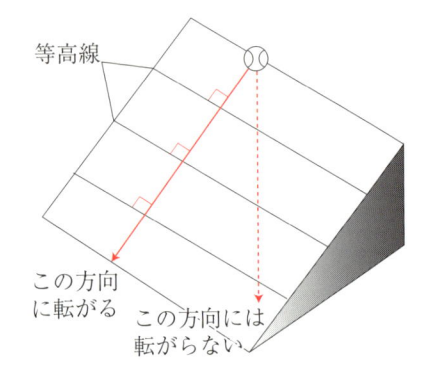

図3　最も急な方向に転がる

POINT 1　電気力線と等電位線

❶　電気力線：電界ベクトル$\vec{E}$〔N/C〕をつないだ線
　　　　　　（⊕から湧き出して⊖へ流れ込む川のイメージ）
❷　等電位線：電位V〔V〕の等しい点を結んだ線
　　　　　　（等高線のイメージ）

注　❶と❷とは必ず直交する。

96　物理の電気

チェック問題 ❶ 電気力線と等電位線　　標準 10分

次の各場合の電気力線と等電位線の概略図をかけ。
(1) $+Q$ と $-Q$ の点電荷があるとき
(2) $+Q$ と $+Q$ の点電荷があるとき

(1) $+Q$　$-Q$

(2) $+Q$　$+Q$

解説　(1) この問題では，キミは，電気力線と等電位線のどっちから先にかくかい？

> そんなのどっちだってかまわないんじゃないですか？

本当に？　じゃあ，電気力線からかいてみて。

> えーと，+1Cを置いて受ける力を**図a**のように，1つひとつの点で求めてみると……ヒェーいちいちメンドウだ〜。

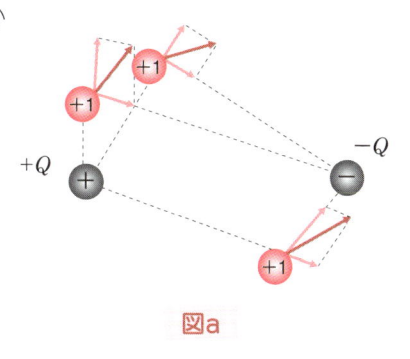

図a

でしょ。いちいち +1C を置いてかくのは正当なやり方ではあるけど，時間内には終わらないよね。

そこで，この種の問題では**等電位線からかくのが鉄則**。

まず，$+Q$ を山，$-Q$ を谷とすると，そのおおざっぱな地形のイメージは次ページの**図b**のようになるよね。

その等電位線は，$+Q$の山の近くと$-Q$の谷の近くでは，ほぼ同心円状となるね。

また，$+Q$と$-Q$の垂直二等分線上では，$+Q$と$-Q$のつくる合成電位はプラスマイナスの差し引き0となって電位0 Vの等電位線ができるね。

すると，図cのような等電位線が，おおざっぱにかけるね。

そして，次に……，

> それと直角になるように，電気力線を引けばいいのですね。

先に言われちゃったね。すると，図dのように電気力線がかける。

これはまるで，富士山頂から湧き出したマグマが，谷に向かって流れ落ち，谷底に吸い込まれていく様子を表しているね。

この図dが答だ。

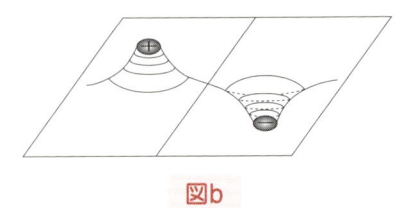

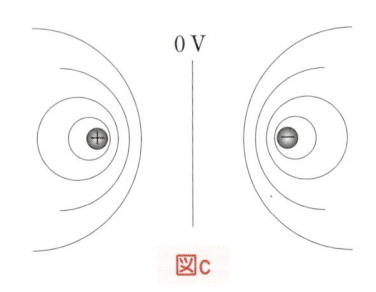

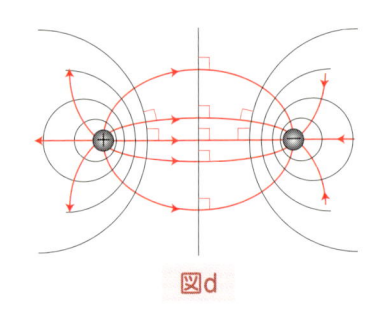

図b

0 V

図c

図d

98　物理の電気

(2) 今度は，図eのように2つの富士山をイメージしてみよう。すると，その等高線は，図fのようになるね。そして，その等高線を等電位線とみればいいんだね。その形はまるで「メガネ」のようだ。

　次に，**その等電位線と直交するように電気力線をかけばいいんだ。**

　その様子は，まるで2つの富士山が同時に噴火して，山頂からマグマが流れ出しているようだね。

　この図fが **答** だ。

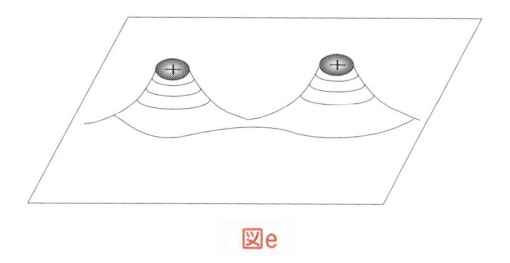

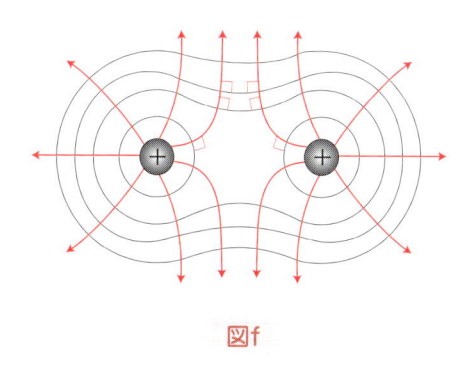

図e

図f

POINT 2 点電荷のつくる電気力線と等電位線のかき方の手順

まず	⊕の近くを山，⊖の近くを谷とする地形をイメージする。
次に	その地形を表す等高線を等電位線としてかく。
そして	その等電位線と直交するように，電気力線をかく。

第8章　電気力線と等電位線

Story ❷ 導体の静電誘導と電気力線

　第1章で金属などの導体の静電誘導（p.15）について見てきたね。その過程をもう一度，電界という考え方を使って見なおしてみよう。

　図4の4コママンガで，導体の右側から正に帯電した棒を近づけたときの様子を追おう。本当は，❶～❹は一瞬で起きる出来事だよ。

❶　正の帯電体のつくる電界$\vec{E}$が導体を左へズバッと貫いている。

❷　この電界$\vec{E}$から導体内の自由電子⊖が右向きに力を受けて右側表面上には⊖，左側表面上には⊕の電気が「びっしり」現れる。

❸　新しく生じた⊕⊖は，導体中に右向きの電界$\vec{E}_誘$をつくる。

❹　そして，この新しく生じた電界$\vec{E}_誘$が，もともと外部から加えられていた電界$\vec{E}$と打ち消すようになったところで，導体内の合成電界は0となり，もうこれ以上自由電子⊖は力を受けなくなり，移動がなくなって，平衡状態（落ちついた状態）になる。

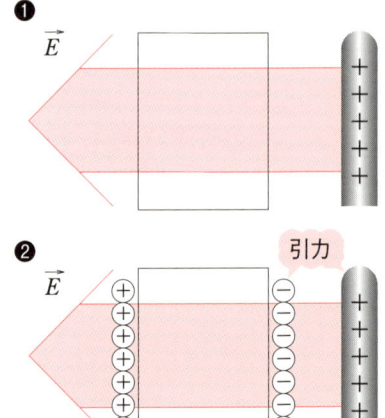

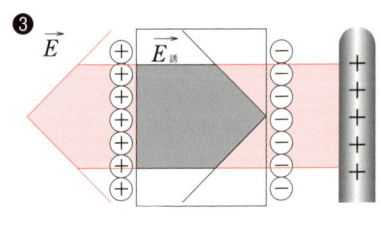

図4

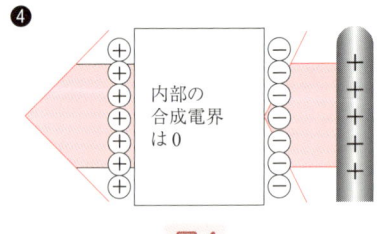

この**図4**の結果，導体(金属)の平衡状態について次の2つのことが言えるね。
① 金属の表面上のみに電荷は現れる。
② 金属内部には電界 $\vec{E}$ は生じない(生じても結局，静電誘導によって打ち消されてしまう)。
　この2つから，金属内部の電位について何が分かるかい？　電位の定義(p.66)に戻って考えて。

> ハイ！　金属内部に電界はないから，＋1Cの点電荷を電界に逆らって動かすのに全く仕事は要しません。だから，金属内部には電位差が生じない。つまり，金属内部はどこでも等電位です。

　いいぞ！　つまり，金属内部の電位は，地形のイメージでは，**図5**のようにテーブル状の平らな台地ということになるね。すると，金属の表面は1つの等高線，つまり等電位線となることが分かるぞ。
　また，等電位線と電気力線は必ず直交するので，電気力線は金属の表面に必ず垂直に出入りすることが分かるね。

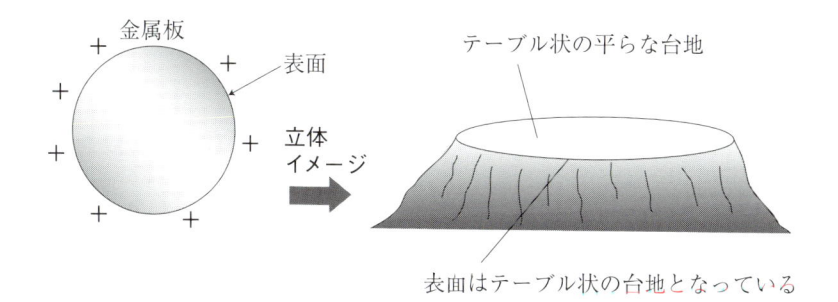

図5　金属内部の電位のイメージ

第8章　電気力線と等電位線

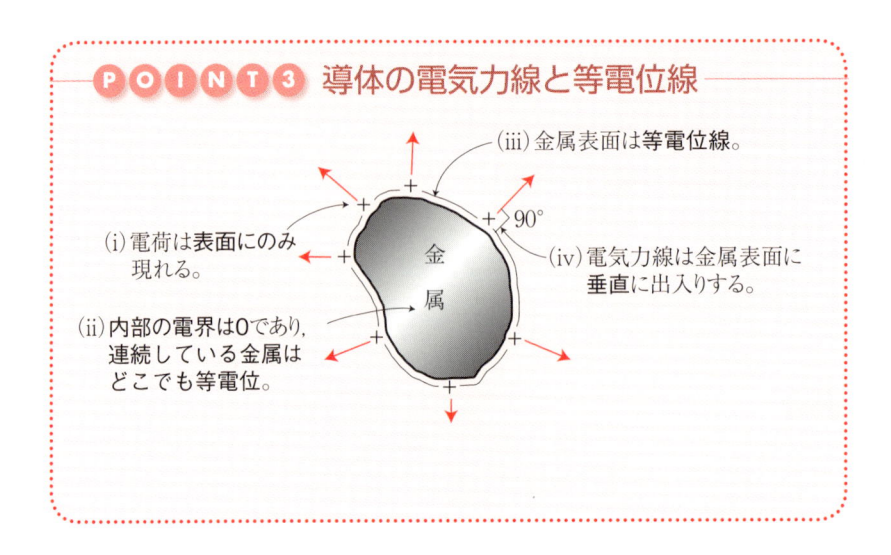

POINT3 導体の電気力線と等電位線

(i) 電荷は**表面にのみ**現れる。

(ii) 内部の電界は0であり、連続している金属はどこでも等電位。

(iii) 金属表面は**等電位線**。

(iv) 電気力線は金属表面に**垂直**に出入りする。

　「金属内部で電界が0になる」ということは、「静電しゃへい」といって、電子レンジの電波（振動する電界）が外へもれないようにする装置や建物内で携帯電話の電波を「圏外」にするのに使われているんだ。

　また、「連続している金属は、どこでも等電位」ということは、第2章の電気回路(p.23)で導線を水平な（電位という「高さ」が一定の）水路とみなしたときに、すでに使っていたんだ。

チェック問題 ② 金属の静電誘導と電気力線　[標準 6分]

図のように，正と負の電気を帯びた極板間の点線の位置に，帯電していない金属球を挿入したときの，極板間の(1)電気力線と(2)等電位線の概形をかけ。

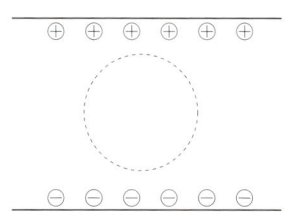

解説　まず，金属球を入れると，静電誘導によって，図aのように上の⊕の近くには⊖が，下の⊖の近くには⊕が現れる。

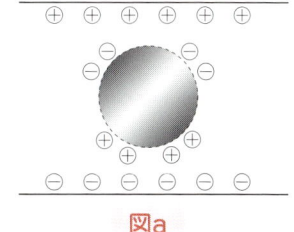

よって，図bのように，電気力線がかけるが，ここで大切なことは，電気力線は，**極板と金属球の表面に垂直に⊕から湧き出て，⊖には吸い込まれる**ことである。図bが，(1)電気力線の**答**となる。

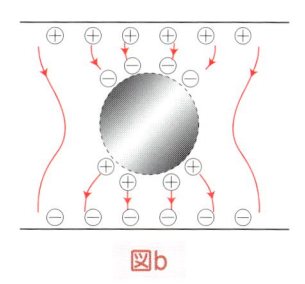

そして，図cのように，**電気力線と直交するように等電位線(点線)をかこう。**ここで，極板および金属球の表面も1つの等電位線となることに注意しよう。図cの点線が，(2)等電位線の**答**となる。

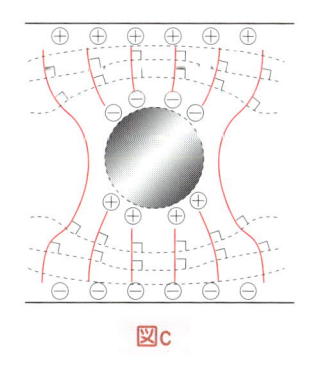

図a

図b

図c

第8章　電気力線と等電位線

● 第8章 ●
ま と め

1 電気力線：電界ベクトルをつないだ線

（川のイメージ）

- ⊕から湧き出て⊖に吸い込まれる
- ⊕から湧き出て無限遠に吸い込まれる
- 無限遠から湧き出て⊖に吸い込まれる

（必ず直交する）

2 等電位線：電位の等しい点を結んだ線

（等高線のイメージ）

3 金属の静電誘導と電気力線・等電位線

① 金属内部には電界は存在しない。

② 金属内部はどこでも等電位であり，金属の表面は1つの等電位線である。

③ 電気力線は金属表面の⊕から垂直に湧き出る。
電気力線は金属表面の⊖へ垂直に吸い込まれる。

次は，いよいよガウスの法則だ！

第9章 ガウスの法則

▲カプセルで電気を「ゲットだぜ！」

Story ① ガウスの法則

▶(1) 大きさのある電荷のつくる電界はどうやって求めるのか？

　図1のような点電荷のつくる電界 $\vec{E}$ は，第7章(p.77)でクーロンの法則を使って $E = k\dfrac{Q}{r^2}$ と，カンタンに求めることができたね。

　では，図2のように大きさのある電荷がつくる電界 $\vec{E}$ は，どうやって求めるかい？

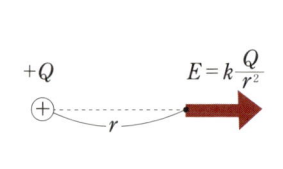

図1　点電荷のつくる電界

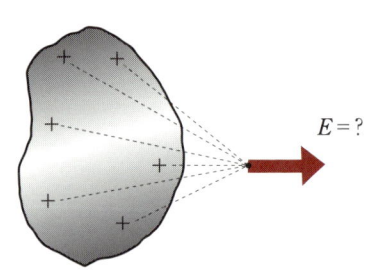

図2　大きさのある電荷のつくる電界

106　物理の電気

> えーと，図2では，各点の点電荷のつくる電界を1つひとつベクトル和をとって……うわ〜，たいへんな計算だ！

本当にそうだよねえ。正確に求めるには，1つひとつの点電荷からの距離，方向を考えてクーロンの法則で電界を求めて，その電界を積分を使って足していくことになるのでメンドウだよね。

じつは，<u>こんな大変なことをしないで，大きさのある電荷のつくる電界を求める方法があるのだ。それが，ここで扱うガウスの法則というスバラシイ方法なんだ。</u>

▶(2) ガウスの法則の2大原則

ガウスの法則を使う前には，いつもある作図をする必要があるんだ。その作業は，まるでポケ●ンのカプセルでカポッと

> ゲットだぜ！

のイメージとそっくりなんだ。

図3で
① ひろがりをもって分布する電荷を，
② 閉曲面（カプセル）Cで囲んで「ゲット」する。
③ すると，その電荷から湧き出す電気力線が「グサグサ」とカプセルを内側から貫いていく。

> まるで，針ネズミのようですね。

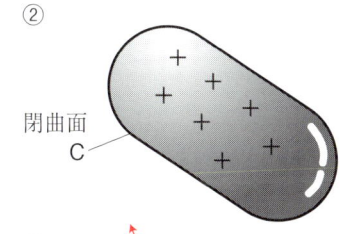

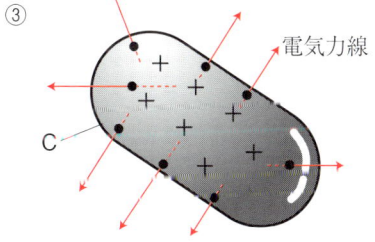

図3 ガウスの法則の基本作図

第9章 ガウスの法則

さて，この**図3**③の閉曲面Cをグサグサ貫いている電気力線の本数について，次の2つの原則が成立する。

原則1 Cを貫く電気力線の総本数Nは，C内部に入っている全電気量をQ〔C〕とすると（**図4**）
$$N = 4\pi k \times Q = \frac{1}{\varepsilon_0} \times Q \text{〔本〕}$$

$\begin{pmatrix} k : \text{クーロン定数} \\ \varepsilon_0 : \text{真空の誘電率} \end{pmatrix}$

←「イプシロンゼロ」と読む

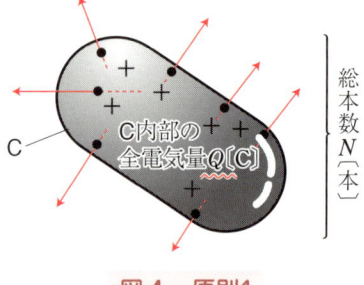

図4　原則1

要は，C内に入っている電気量Qが，2倍，3倍，……と増えると，Cを貫いている電気力線の総本数Nも，それに比例して，2倍，3倍，……と増えていくイメージだよ。

NがQに比例するイメージは分かりますが，その比例定数が$4\pi k$となるのはどうしてですか。

それは，後で**チェック問題①**で見るように，点電荷のクーロンの法則に合わせるためなんだ。

原則2 Cの表面1m^2あたりを垂直に貫く電気力線の本数は，その点での電界の大きさEに一致する。

たとえば，**図5**のように，1m^2あたり3本の電気力線が貫いている面での電界の大きさEは，$E = 3\text{N/C}$となるということだ。

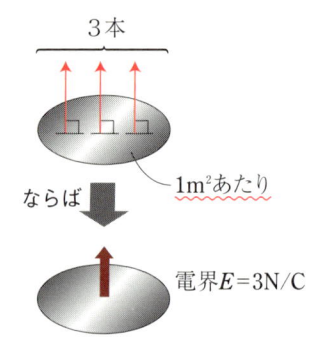

図5　原則2

1m^2あたりを貫く電気力線が多い，つまり，密度が濃く密集している場所では，電界も強いというイメージだね。

POINT 1 ガウスの法則の2大原則

● 基本型

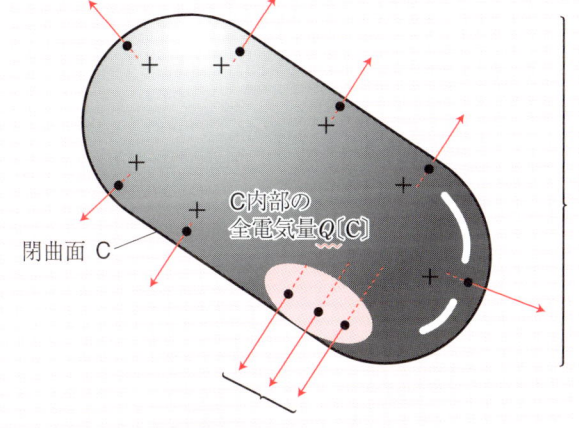

閉曲面 C
C内部の全電気量 Q [C]

原則1 は C全体を見る

原則2 はCの表面の$1m^2$だけ見る

● 原　則

原則1 Cを貫く電気力線の総本数Nは
$$N = 4\pi k \times (\text{C内部の全電気量} Q) = \frac{1}{\varepsilon_0} \times Q$$

原則2 （電界の大きさE）＝（$1m^2$あたりを貫く電気力線の本数）

チェック問題 1　ガウスの法則とクーロンの法則　標準 5分

クーロン定数をkとする。

点Oの電荷$+Q$[C]の点電荷からr[m]離れた点Pでの電界の大きさが

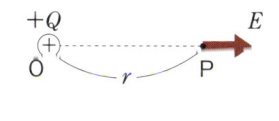

$$E = k\frac{Q}{r^2}$$

となることを，ガウスの法則により証明せよ。

解説　《ガウスの法則の2大原則》に忠実に解いていこう。まず，準備する作図は何かな？

> カプセルでゲットします。

いいねえ！　そこで，図aのように点Oを中心として，半径rの球面Cで点電荷$+Q$〔C〕を囲むよ。

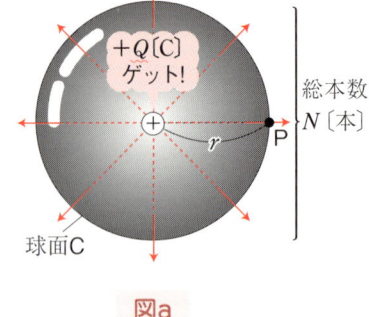

原則1より，球面Cを貫く電気力線の総本数Nは，図aより，
$$N = 4\pi k \times Q \text{〔本〕}$$
原則2より，球面Cの1m^2あたりを貫く電気力線の本数がその点での電界の大きさEと一致する。

ここでたとえば，もしCの表面積が7m^2とすると，1m^2あたりを貫く本数Eはいくらになるかい？

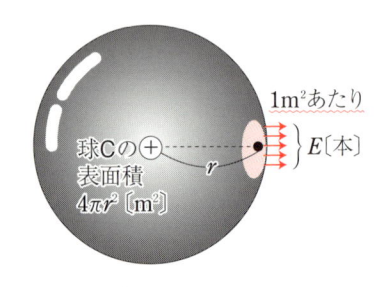

> えーと，7m^2でN本貫いているんだな。そうすると，Nを7で割ったものが1m^2あたりの本数Eになります。

全く同じように，図bの**球Cの表面積は$4\pi r^2$〔m^2〕**で，これで電気力線の総本数$N = 4\pi k \times Q$〔本〕を割ると，1m^2あたりの電気力線の本数，つまり，電界の大きさEが出るよ。これを計算すると，
$$E = \frac{4\pi k Q \text{〔本〕貫く}}{4\pi r^2 \text{〔m}^2\text{〕で}} = k\frac{Q}{r^2} \cdots\cdots \text{答}$$
となる。これは，クーロンの法則と一致するね。

> なるほど，クーロンの法則と一致させるために**原則1**では，あの奇妙な，比例定数$4\pi k$が必要だったのですね。

まさに，そういうことだったのだ。

チェック問題 2 球状に分布した電気   標準 8分

半径aの球内に一様に分布した電気があり，その全電気量は$+Q$〔C〕である。このとき，球の中心からの距離がrの点Pでの電界の強さEを求めよ。ただし，クーロン定数をkとする。

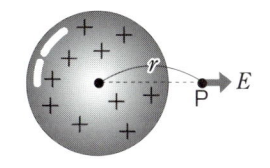

(1)　$r>a$のとき
(2)　$r<a$のとき

解説　《ガウスの法則の2大原則》(p.109)で解こう。

(1) 図aのように半径$r(>a)$の球Cで，すっぽりと$+Q$〔C〕すべてを囲もう。

原則1より，Cを貫く電気力線の総本数NはCの内部の全電気量が$+Q$〔C〕なので，
$$N=4\pi k\times Q\text{〔本〕}$$
となる。

原則2より，Cの表面$1\,\mathrm{m}^2$あたりを貫く電気力線の本数が，その点での電界Eとなるので，
$$E=\frac{N\text{〔本〕}}{\text{Cの表面積}4\pi r^2\text{〔m}^2\text{〕}}$$
$$=\frac{4\pi kQ}{4\pi r^2}$$
$$=k\frac{Q}{r^2}\cdots\cdots\text{答}$$

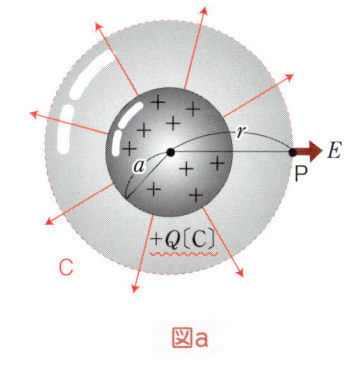

図a

これって，点電荷のつくる電界$E=k\dfrac{Q}{r^2}$と全く同じですね！

その通りだ。つまり，球の外部の場合には，全電気量$+Q$がすべて中心に点電荷として集中したとして，クーロンの法則を使っていいんだよ。

第9章　ガウスの法則

(2) 図bのように，半径$r(<a)$の球Cで球の内部を（まるで，スプーンでアイスクリームの内部をグリッとすくうように）えぐりとろう。

原則1 半径aの球のもつ全電気量$+Q$〔C〕のうち，その内部の半径rの球C内のみの全電気量q〔C〕は，体積比を考えて，図bより，

$$Q : q = \frac{4}{3}\pi a^3 : \frac{4}{3}\pi r^3$$

$$\therefore \quad q = \left(\frac{r}{a}\right)^3 Q$$

図b

よって，このCを貫く電気力線の総本数Nは，

$$N = 4\pi k \times q$$
$$= 4\pi k \times \left(\frac{r}{a}\right)^3 Q \text{〔本〕}$$

となる。

原則2
$$E = \frac{N\text{〔本〕}}{4\pi r^2 \text{〔m}^2\text{〕}}$$

$$= \frac{4\pi k \left(\frac{r}{a}\right)^3 Q}{4\pi r^2}$$

$$= \frac{kQr}{a^3} \cdots \text{**答**}$$

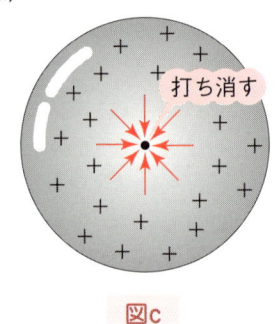

図c

これはおもしろい結果で，なんと中心からの距離rの1乗に比例した大きさの電界になっているんだ。

つまり，中心からの距離rが2倍，3倍，4倍，……と遠くなるほど，電界の大きさEも2倍，3倍，4倍，……と大きくなっていくんだね。

とくに，$r=0$とすると，$E=0$となるね。これは，図cのように，球の中心では，対称性より周囲からの電界が打ち消し合ってしまうことを意味しているんだよ。

チェック問題 ③ 極板間の電界　　標準 8分

間隔 d で十分広い面積 S の 2 枚の平板上(コンデンサーという)にそれぞれ $+Q$, $-Q$ の電荷を与えた。このとき，真空の誘電率を，$\varepsilon_0 = \dfrac{1}{4\pi k}$ (k：クーロン定数)とする。

(1) このコンデンサーの内部のみにできる合成電界 E の大きさを求めよ。

(2) 下の極板を 0 V としたときの上の極板の電位 V〔V〕を求めよ。

(3) Q と V の比，$C = \dfrac{Q}{V}$ を求めよ。

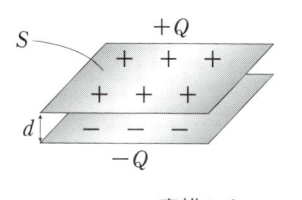

解説

(1) どうしてコンデンサーの内部のみにしか，合成電界 E はできないのですか？

それは，図 a のように，$+Q$, $-Q$ の電荷が，それぞれつくる電界を $\vec{E_+}$, $\vec{E_-}$ として，そのベクトル和をつくると分かるよ。

図 a より，結局外部の電界は打ち消し合って，内部の電界 $\vec{E}$ のみ残るんだ。

よって，問題文のような，電気力線ができるんだ。

さて，《ガウスの法則の 2 大原則》(p.109)に入ろう。

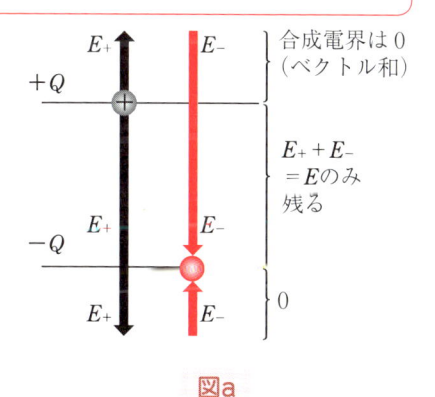

原則1 で，図bのように上側の極板のみを，きわめて平べったいマッチ箱のようなカプセルCで囲むと，その下面のみを電気力線は貫く。その総本数 N は，Cの内部の全電気量が $+Q$ [C]なので，

$$N = 4\pi k \times Q = \frac{1}{\varepsilon_0} \times Q \text{〔本〕} \cdots ①$$

となるね。

原則2 で，1m^2 あたりを貫く本数が電界の大きさ E となるので，図bより，

$$E = \frac{N \text{〔本〕貫く}}{S \text{〔m}^2\text{〕で}} \underset{①より}{=} \frac{Q}{\varepsilon_0 S} \cdots ② \quad \cdots \text{答}$$

となる。

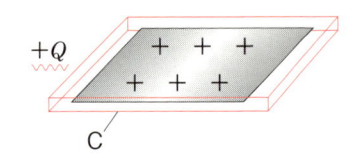

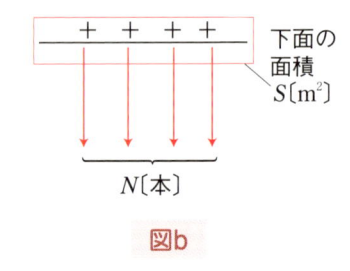

(2) 電位 V の定義 (p.66) より，図cのように，**+1Cの点電荷**を(1)で求めた**電界 $\vec{E}$ に逆らってゆっくりと，下から上まで d 〔m〕持ち上げる**のに要する仕事が電位差 V 〔V〕なので，

$$V = \underset{仕事}{\underbrace{}} \underset{力}{\underbrace{E}} \times \underset{距離}{\underbrace{d}}$$

$$\underset{②より}{=} \frac{Qd}{\varepsilon_0 S} \cdots ③ \quad \cdots \text{答}$$

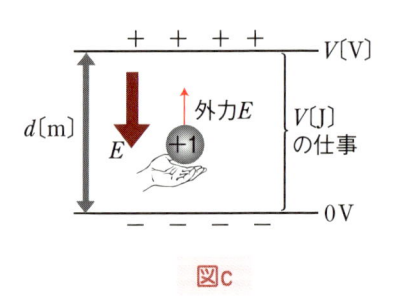

(3) 与えられた式より，

$$C = \frac{Q}{V} \underset{③より}{=} \frac{\varepsilon_0 S}{d} \cdots \text{答}$$

じつは，この C をコンデンサーの**容量**という。

この式は，**次のコンデンサーの章 (p.121) で再び見ることになるから，それまで忘れないでいてね。**

● 第9章 ●
まとめ

1 ガウスの法則の2大原則

対称的に（点状，球状，平面状に）分布しているとする。
電気量 Q 〔C〕を囲む閉曲面 C について

原則1 C を貫く総本数 N 〔本〕

$$N = 4\pi k \times Q = \frac{1}{\varepsilon_0} \times Q \text{〔本〕}$$

（k：クーロン定数，ε_0：真空の誘電率）

原則2 C 表面での電界の強さ E 〔N/C〕

$E = （1\text{m}^2\text{あたり}を貫く電気力線の本数）$

$\quad = \dfrac{\text{C を貫く総本数 }N\text{〔本〕}}{\text{C の表面積 }S\text{〔m}^2\text{〕}}$

原則は2つだけだよ！

第10章 コンデンサーの解法

▲島を見つけ，お宝（電気）を調べよう

Story ① コンデンサーとは何か？

▶(1) コンデンサーとは器である

　コンデンサーとは，図1のように，2枚の広い金属板（極板という）を向かい合わせにしたものだ（普段は図2のように真横から見た図で表す）。その役割は，電気を蓄える一種の「器」と思ってくれればいいよ。

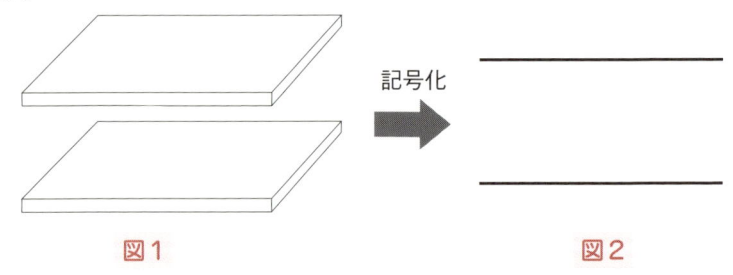

図1　　記号化→　　図2

　どうやって，こんな金属板の間に電気を蓄えることができるんですか？　横からもれちゃうんじゃないですか？

116　物理の電気

それは，**図3**のように，電池という「ポンプ」をつなげて，下の極板の⊕の電気を上の極板に「汲み上げて」（本当は⊖の自由電子が上から下に動くのだけど，⊕の電気が下から上に動くと考えてもさしつかえないよ），上の極板にはプラス，下の極板にはマイナスの電気を帯電させるんだ。

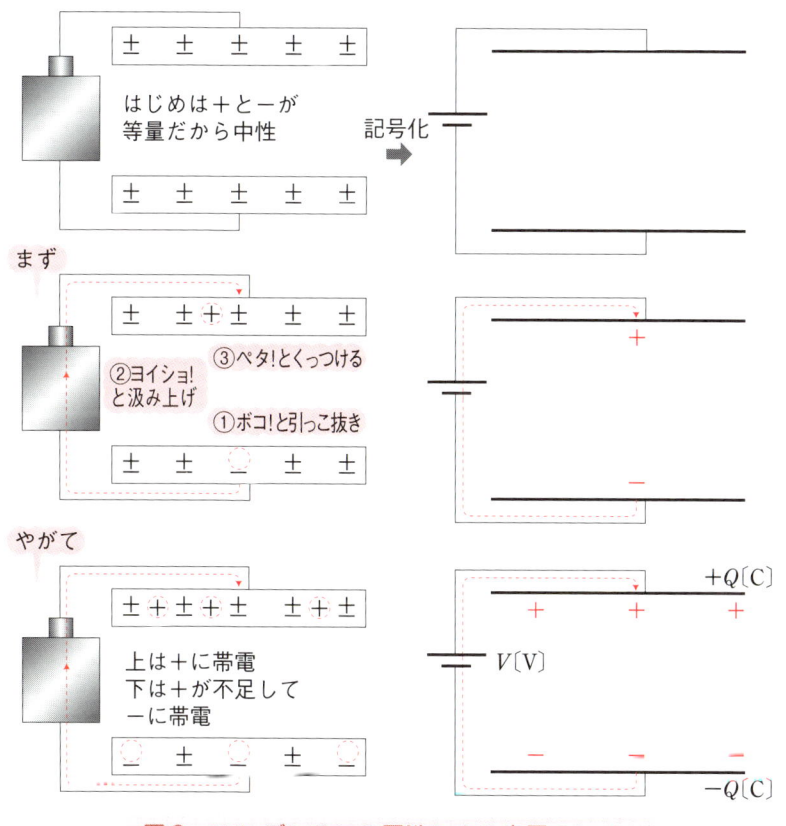

図3 コンデンサーの電池による充電のしくみ

図3では最終的に，上に$+Q$〔C〕，下に$-Q$〔C〕の電気が帯電したけど，この状態で，このコンデンサーには「Q〔C〕の電気が蓄えられた」というんだ。大切なことは，コンデンサーには必ず$+Q$，$-Q$のペアで電気が蓄えられることだ。

第10章　コンデンサーの解法

ここで，最終的に蓄えられる電気量Q〔C〕は，接続した電池の起電力V〔V〕に比例するので，

$$Q \iff V$$
比例

よって，比例定数をCとして，電気量Qは，

$$\boxed{Q = C \times V}$$

と書けるね。この比例定数C〔C/V〕＝〔F〕（ファラド）のことを，**コンデンサーの容量**とよび，電気を蓄える能力の大きさを表す。

Cが大きいほど，同じVでも多くのQを蓄えられるんだ。

でも，電池を外したら，せっかく蓄えられた電気はもとに戻ってしまうんじゃないんですか？

いいや，たとえ電池を外したとしても，**図4**のように，**残ったプラスとマイナスの電気どうしがガッチリ引きつけ合って帯電し続けることができる**んだ。この引力が強いほど，そのコンデンサーはより多くの電気を蓄えることができるんだ。

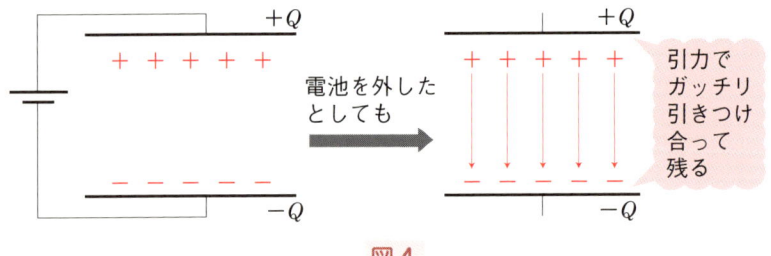

図4

POINT 1　コンデンサーとは

2枚の向かい合わせた極板に電圧を加えて$+Q$，$-Q$の電気をペアで帯電させ，それらの引力によって電気を蓄えておく装置。容量をC，加える電圧をVとして，$\boxed{Q = C \times V}$の関係が成り立つ。

▶(2) コンデンサーの容量は何で決まるか？

　コンデンサーとは電気を蓄える器だということは分かったかい。ところで、君が、お店でコップを買うときに気にするものは何かな？

> どのくらい入るか、そう、容量です。たくさん飲みたいのに「おちょこ」みたいに小さい容量じゃ、役に立たないですもんね。

　そうだね。同じように、器であるコンデンサーでも、まず一番最初に考えるのは、その容量 C だ。では、コップの容量は何で決まるかな？

> 形です。底面積と高さで決まります。

　同じように、**コンデンサーの場合でも、その形を表す極板の面積 S と間隔 d で、容量 C が決まる**はずだね。

　ここで、容量 C は極板の面積 S、間隔 d とどのような関係があるかを考えていこう。2択で答えてね。

　まず、第1問。**図5** のA、Bどちらのコンデンサーのほうが容量が大きいかな？

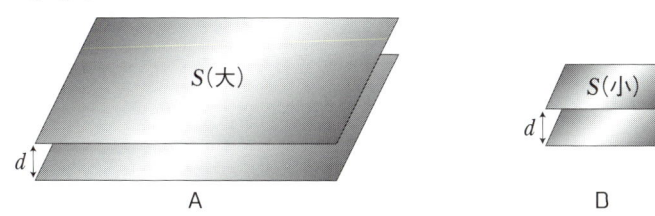

図5　どっちの容量が大きい？

> もちろん、Aです。極板の面積 S が大きいほうがより多くの電気が蓄えられるじゃないですか。

　そうだね。駐車場と同じだ。広いほどたくさん蓄えられるね。

第10章　コンデンサーの解法

一般に,

> **ポイント1** コンデンサーの容量 C は極板の面積 S に比例する。
> 　　　　　　（広いほどよく蓄えられる）

ことが分かっている。

では，次に，第2問。**図6**のA，Bのコンデンサーのうち，容量が大きいのはどちらかな？

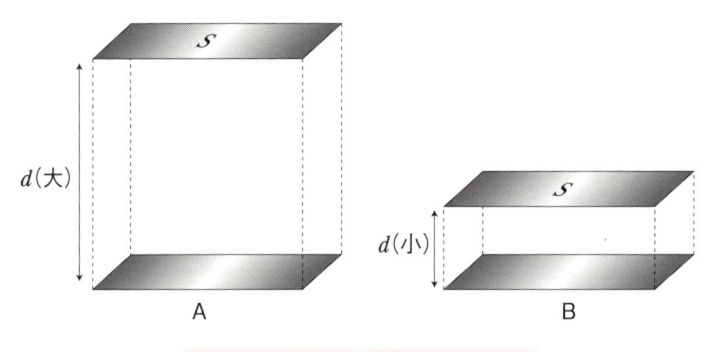

図6　どっちの容量が大きい？

　当然，Aのほうが内部の空間が大きいからAです！

ブブー！　やっぱり見かけにだまされたね。いいかい。コンデンサーはどのように電気を蓄えるんだっけ？

　$+Q$〔C〕，$-Q$〔C〕の引力でガッチリ引きつけ合って蓄える。あ！　そっか。2つの極板の間隔 d が小さいほど強く引きつけ合うから，たくさん電気を蓄えられる。じゃあBだ。

気づいたね。見かけにだまされちゃダメだよ。一般に,

> **ポイント2** コンデンサーの容量 C は極板の間隔 d に反比例する。
> 　　　　　　（せまいほどよく蓄えられる）

ことが分かっている。

以上の ポイント1， ポイント2 を総合すると，コンデンサーの容量Cと極板面積Sと極板間隔dとの間には，

$$C \underset{比例}{\Leftrightarrow} \frac{S}{d} \quad \begin{matrix} \leftarrow ポイント1 より \\ \leftarrow ポイント2 より \end{matrix}$$

の関係があることが分かるね。

　よって，比例定数 ε を使って，

$$C = \varepsilon \times \frac{S}{d}$$

と書ける。ここでεは，後で見ていくように，極板間を満たす物質で決まる比例定数で，**誘電率**（ゆうでんりつ）という。中がカラッポ（真空）の場合は，真空の誘電率ε_0を使うんだよ。この場合の容量の式　$C = \varepsilon_0 \times \frac{S}{d}$ は，じつは，「**9.**」で見たように《ガウスの法則の2大原則》(p.109)を使ってすでに求めていたよ(p.109)。もう一度，p.113からの問題をチェックしてごらん。

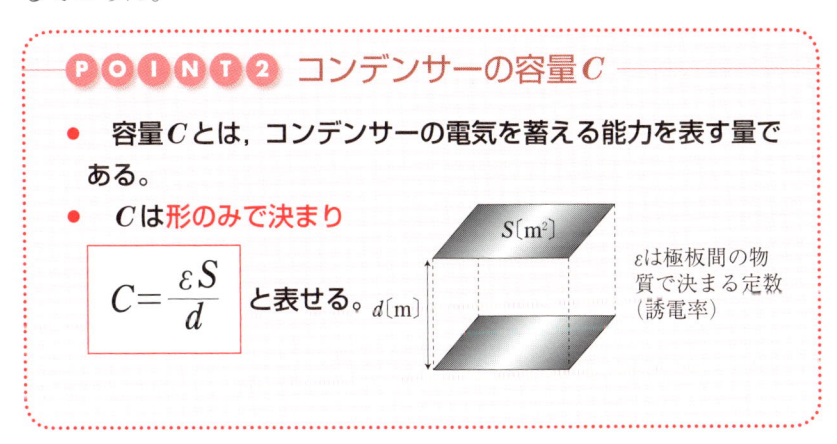

POINT 2　コンデンサーの容量 C

- 容量Cとは，コンデンサーの電気を蓄える能力を表す量である。
- Cは**形のみで決まり**

$$C = \frac{\varepsilon S}{d}$$

と表せる。　d [m]　S [m²]

εは極板間の物質で決まる定数（誘電率）

第10章　コンデンサーの解法

Story ❷ コンデンサーの4大公式

▶(1) 4大公式の意味と導き方

コンデンサーの問題で必ず問われるのは，次の4つの公式についてなのだ。

公式❶ 容量 C 〔F〕

これは，Story❶(2)(p.119)でも見てきたように，コンデンサーの電気を蓄える器としての能力で，

$$C = \frac{\varepsilon S}{d}$$

と，ε が一定のとき，極板の面積 S と間隔 d という形だけで決まる量だ。「人は外見だけでは決まらない」と言うけれど，「コンデンサーの容量は外見だけで完全に決まってしまう」んだね。

公式❷ 電気量 Q 〔C〕

コンデンサーの上側に $+Q$，下側に $-Q$ のペアで電気が蓄えられたとしよう。すると，**図7**のように，上側が高く，下側が低い電位となる。この高さの差，つまり電位差(電圧) V と，蓄えられた電気量 Q の間には，p.118で見たように

$$Q = C \times V$$

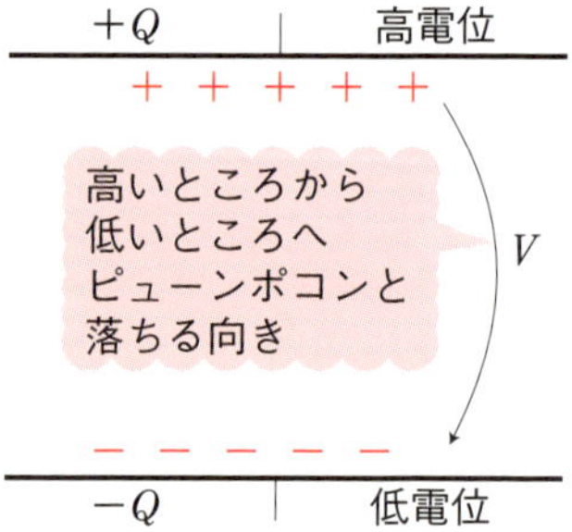

の比例関係がある。この比例定数 C が，公式❶の容量 $C = \frac{\varepsilon S}{d}$ だね。容量 C が大きく電位差 V が大きいほど，電気量 Q も大きくなるんだね。

図7

公式❸ 電界 E〔N/C〕

図8のように，上に$+Q$，下に$-Q$のペアで電気が蓄えられたコンデンサーでは，図7で見てきたように，上が高く，下が低い電位差Vが生じているね。では，このコンデンサーの極板間には，上，下，どちら向きに電界が走っている？

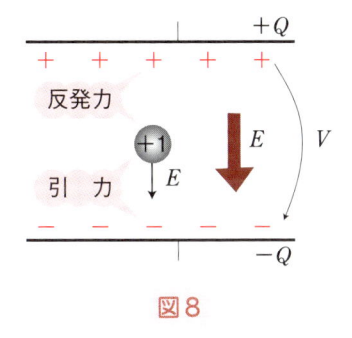

電界の定義(p.60)に戻って答えてみて。

図8

> ハイ！　図8のように$+1$Cの点電荷を置くとキタキタ……上の$+Q$から反発力，下の$-Q$からは引力を受けて，両方から下向きの力を受けるから，下向きの電界Eとなります。

いいぞ！　では，その電界の大きさEはどうやって決めるかい？
電位の定義(p.66)に戻って，電位差Vをもつとはどういうことか思い出しながら，答えてみて。

> えーと，図9のように，$+1$Cの点電荷を電界$\vec{E}$に逆らって上向きに外力E〔N〕を加えつつ，上へd〔m〕だけ運ぶのに要する仕事がVとなります。

そうだ！　すると，仕事は，力×距離だから，

$$\underbrace{V}_{\text{仕事}} = \underbrace{E}_{\text{力}} \times \underbrace{d}_{\text{距離}}$$

と書けるね。そして，この式より，

$$\boxed{E = \frac{V}{d}}$$

が得られるね。

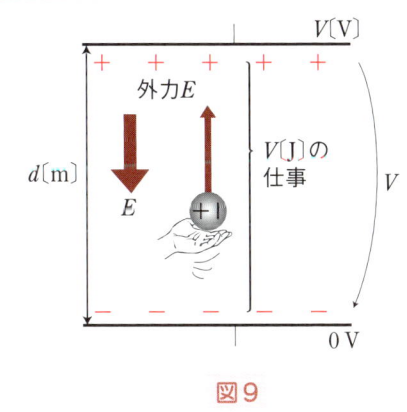

図9

第10章　コンデンサーの解法

公式 ❹　静電エネルギー U〔J〕

コンデンサーは電気を蓄える器であると同時に，エネルギーを蓄える器でもあるよ。

> エネルギーを蓄えるとはどういうことですか？

そうだね。一言で言えば，「**コンデンサーを充電するときに投入した仕事が蓄えられたもの**」だね。

もう少し具体的に見ると，**図10**の「3コマ マンガ」のようになるね。

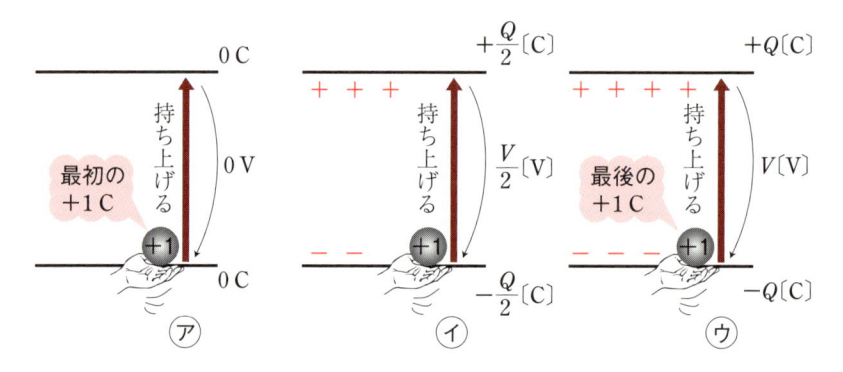

図10　静電エネルギーを蓄えるしくみ

　まず，㋐のように，全く電気が蓄えられていないコンデンサーを用意する。

　そして，下の極板から+1Cずつ「ボコッ」と引き抜いて，上の極板へ運び，「ペタッ」とくっつける。すると，上には+1C，下には-1Cが蓄えられたことになるね。こうして，+1Cずつ「チリも積もれば山となる」ように，運んでいくと，

　やがて，中間地点の㋑を経て，

　ついに，㋒のように，上に+Q〔C〕，下に-Q〔C〕，それらの電位差V〔V〕の状態にまで持っていくことができる。

以上の㋐〜㋑〜㋒で投入した仕事の総和が，（蓄えられた静電気による位置エネルギー）＝（静電エネルギー U）ということになるね。

> この仕事 U はどうやって計算するんですか？

うん，まず **図10** の㋐の図で最初の $+1\,C$ の点電荷を持ち上げるのに要する仕事はいくらかな？　電位の定義（p.66）に戻って考えてみて。

> ㋐では，まだ電位差 $0\,V$ だから，必要な仕事は $0\,J$ です。

そうだ。同じく㋒の図で，最後の $+1\,C$ の点電荷を持ち上げるのに要する仕事はいくらかな？

> ㋒では，もうほとんど電位差は $V\,[V]$ になっているから，必要な仕事はほぼ $V\,[J]$ です。

じゃあ，㋐から㋒まで<u>平均すると</u>，<u>$+1\,C$ あたり</u>を持ち上げるのに投入した仕事はいくらになるかな？

> ㋐と㋒の平均，つまり，<u>中間地点の㋑を考えて</u>，$\dfrac{1}{2}V\,[J]$ となります。

そうだ。そして，全部で $Q\,[C]$ だけ電気を持ち上げたから，全部で投入した仕事の和 $U\,[J]$ は，その Q 倍となるね。だから，

$$U \;=\; \underbrace{\dfrac{1}{2}V}_{\text{平均して}+1\,C\text{あたりを持ち上げるのに投入した仕事}} \times \; Q$$

となる。この式に，**公式❷** より，$Q=CV$，$V=\dfrac{Q}{C}$ を代入すると，

$$\boxed{\,U=\dfrac{1}{2}CV^2=\dfrac{1}{2}\dfrac{Q^2}{C}\,}$$

となる。

以上をまとめてみよう。

POINT3 コンデンサーの4大公式

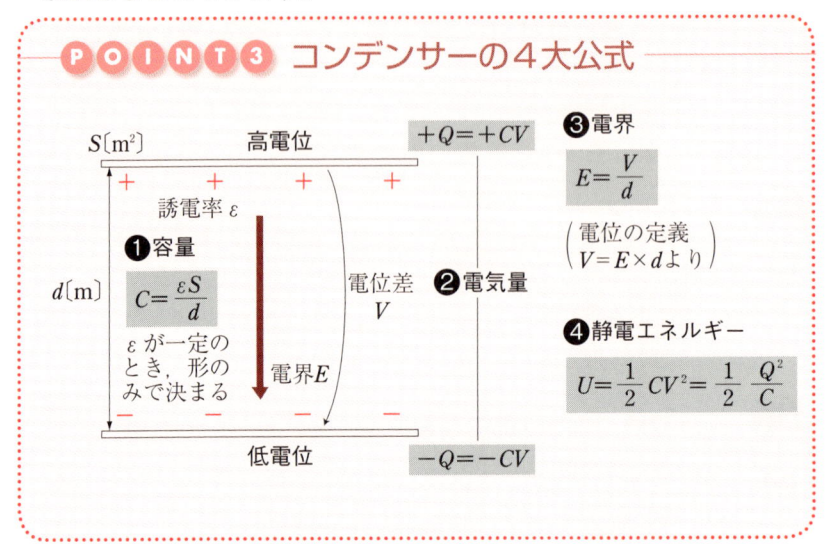

❶容量
$$C = \frac{\varepsilon S}{d}$$
εが一定のとき，形のみで決まる

❷電気量
$$+Q = +CV$$
$$-Q = -CV$$

電位差 V

電界 E

❸電界
$$E = \frac{V}{d}$$
$$\begin{pmatrix} 電位の定義 \\ V = E \times d より \end{pmatrix}$$

❹静電エネルギー
$$U = \frac{1}{2}CV^2 = \frac{1}{2}\frac{Q^2}{C}$$

▶(2) 4大公式を求める戦略

《4大公式》の中で **1つだけ** 仲間はずれがいる。それは何かな？

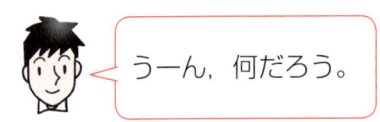

> うーん，何だろう。

それはズバリ，**公式❶** の容量の公式だ。この式だけは，蓄えられた電気量 Q や，電位差 V によらず，ε が一定のとき，完全にコンデンサーの形のみで決まってしまうからだ。

> すると，問題文に書いてある，極板の面積と間隔だけで，何よりも先にまず容量 C は決めてしまうことができますね。

そうだ。そして，次に，**残り3つの公式は，ある1つの文字さえ分かってしまえば決まってしまう**けど，それは何かな？ ヒントは，残り3つの公式に共通に含まれる文字だ。

126　物理の電気

> え〜と，共通に含まれる文字……　あ！　電位差 V です！

よーく気づいたね。　　$Q=CV$，$E=\dfrac{V}{d}$，$U=\dfrac{1}{2}CV^2$

のように，Q も E も U もすべて共通の文字 V を含んでいるね。すると，コンデンサーの4大公式は何さえ分かれば求まることになるかい？

> V さえ分かれば求まります。

その通り！　だから，**コンデンサーでは，V さえ分かれば，すべての問題が解けてしまう**ことになるのだ。「V さえ分かれば V サイン」なんてね（笑）。

POINT❹　4大公式の求め方の戦略

(1) まず，何よりも先に，問題文から極板の面積 S，間隔 d，誘電率 ε を読みとり，

$$容量\ C = \frac{\varepsilon S}{d}$$

を求める。

(2) あとは，V さえ分かれば，残り3つの公式は，

$$Q=CV,\quad E=\frac{V}{d},\quad U=\frac{1}{2}CV^2$$

と求まってしまう。

第10章　コンデンサーの解法

Story ③ Vの求め方

これまでの話で，コンデンサーの問題を解くには，「電位差Vさえ求まれば勝ち！」ということを見てきたね。

> でも，その肝心のVを求めるには，どうしたらいいんですか。

待ってました，その質問！　そう，そこで，今度は電位差Vの求め方を伝授しよう。

例として，図11のように，起電力Vの電池と，容量C_1，C_2のコンデンサーからなる回路を考えよう。はじめ，すべてのコンデンサーの電気量は0であるとするね。

スイッチを入れると，電池（ポンプ）によって，図11のように電気が運ばれて，正と負のペアの電気が蓄えられるようになるね。

このとき，図12のように，C_1，C_2の電位差をV_1，V_2と勝手に仮定しよう。

次に，図12のように，高いと仮定した極板には，$+Q=+CV$，低いと仮定した極板には，$-Q=-CV$の正と負のペアの電気量を書こう。

あとは，ここで仮定した2つの未知数V_1，V_2を求めるために，次の①②2つの式を立てる。

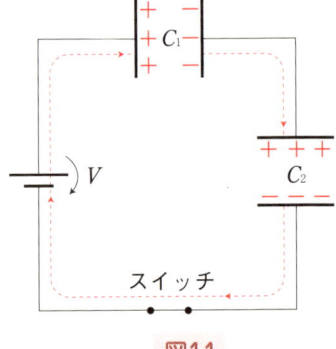

図11

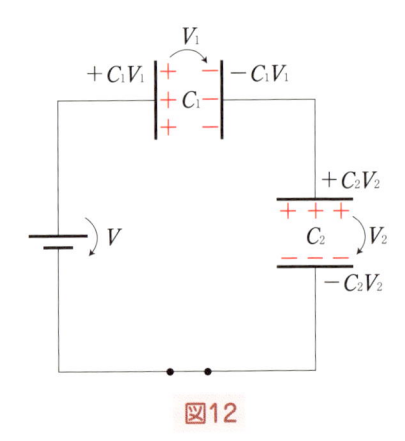

図12

128　物理の電気

① 閉回路1周の電圧降下の和＝0の式

　じつはこの式は，**2章**のp.25で見たものと全く同じ式だ。

　図13のように，点線に沿って，1周指でなぞっていこう。この指が，「電位が下がった」と感じたら＋の符号を，「電位が上がった」と感じたら－の符号をつけて，電圧降下の和をとっていこう。すると，

$$\circlearrowright ; \underbrace{+V_1}_{\substack{C_1で\\V_1下降}} \underbrace{+V_2}_{\substack{C_2で\\V_2下降}} \underbrace{-V}_{\substack{電池で\\V上昇}} = \underbrace{0}_{\substack{もとの高\\さに戻る}} \quad \cdots ①$$

という式が得られるね。
$\circlearrowright$ は閉回路1周を表す記号だよ。

図13

② 孤立部分の全電気量保存の式

　図14で，点線で囲まれた部分は周囲から孤立して浮いている。このように，**まわりから孤立していて，電気が出入りできない部分**(本書では「島」とよぶ)**の全電気量は必ず保存する**よ。

　図14の「島」の全電気量は，
　　$-C_1V_1+C_2V_2$〔C〕
となっているね。

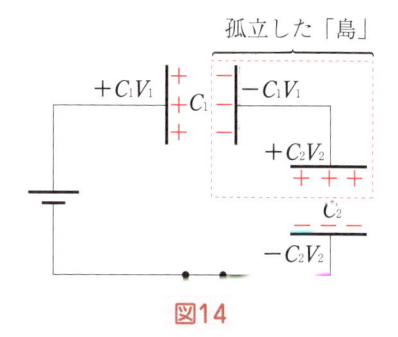

図14

一方，**図15**のように，スイッチを入れる前のこの「島」の全電気量は，

　　$0+0=0$ C

だった。よって，この「島」の全電気量保存の式は，

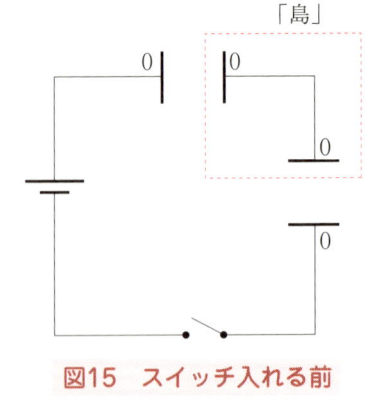

　　□ ; $\underbrace{-C_1V_1+C_2V_2}_{\substack{今の \\ 全電気量}} = \underbrace{0}_{\substack{はじめの \\ 全電気量}}$ …②

となる。
□は「島」を表す記号だよ。

図15 スイッチ入れる前

　以上①②式を連立すると，

$$\begin{cases} +V_1+V_2-V=0 \\ -C_1V_1+C_2V_2=0 \end{cases}$$

で，これを解くと，

$$V_1 = \frac{C_2}{C_1+C_2}V$$

$$V_2 = \frac{C_1}{C_1+C_2}V$$

*V*ゲット！

と求まって，Vさえわかれば，あとは，**POINT4**《4大公式の求め方の戦略》(p.127)を使って，すべての問いに答えることができるんだ。

　以上をまとめると，次のように，コンデンサーのワンパターン解法が得られるね。

POINTS コンデンサーの解法

Step 1 形と誘電率 ε から容量 $C=\dfrac{\varepsilon S}{d}$ を求める。

Step 2 電気の流れをイメージし，電位差 V を仮定する。高電位の極板には $+CV$，低電位の極板には $-CV$ の電気量を書く。

Step 3 (1) 閉回路をみつけて，そこに閉回路1周の電圧降下の和＝0の式を立てる。
(2) 孤立部分（島）を見つけて，そこに全電気量保存の式を立てる。

Step 4 (1)と(2)の連立方程式を解き，電位差 V を求めたら，公式
電気量　$Q=CV$
電界　$E=\dfrac{V}{d}$
静電エネルギー　$U=\dfrac{1}{2}CV^2$
で答が出る。

なぜワンパターンとなってしまうのか，その理由をよく考えてね。

チェック問題 ① コンデンサーの4大公式 易 7分

極板面積S，間隔$2d$のコンデンサーを起電力Vの電池につないで，スイッチを入れた。真空の誘電率をε_0とする。

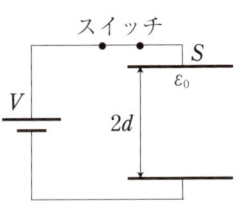

(1) このコンデンサーの容量C，電気量Q，電界E，静電エネルギーUを求めよ。

(2) 次にスイッチを切って，極板間隔をdにした。このときの電位差V'，電界E'を求めよ。

解説 《コンデンサーの解法》(p.131)に忠実に解いていこう。

(1) **Step 1** まず容量は与えられた形と誘電率より，

$$C = \frac{\varepsilon_0 S}{2d} \cdots ① \quad \cdots\cdots \text{答}$$

Step 2 図aのように，電池によって，上には正，下には負の電気が蓄えられる。よって，上が高電位で，下が低電位。その電位差をV_1と仮定する。上には$+CV_1$，下には$-CV_1$の正と負のペアの電気となる。

Step 3 閉回路1周について，

$\circlearrowleft : +V_1 - V = 0$

よって，$V_1 = V$　　　Vゲット！

Step 4 よって，4大公式より，

$$\boxed{Q = CV_1} = \frac{\varepsilon_0 SV}{2d} \cdots\cdots \text{答}$$

$$\boxed{E = \frac{V_1}{2d}} = \frac{V}{2d} \cdots\cdots \text{答}$$

$$\boxed{U = \frac{1}{2}CV_1^2} = \frac{\varepsilon_0 SV^2}{4d} \cdots\cdots \text{答}$$

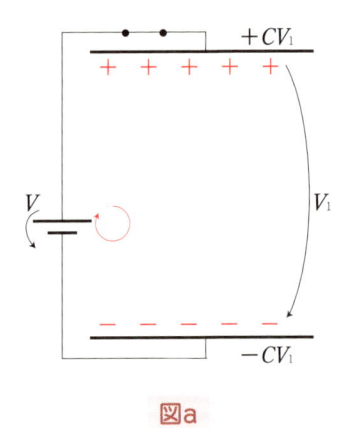

図a

(2) **Step1** 図bのように，スイッチを切った後，間隔をdにすると容量C'は，
$$C' = \frac{\varepsilon_0 S}{d} \cdots ②$$
となる。

Step2 図bのように，上には＋の電気がとり残されるので，下の－の電気も動けない。よって，上が高電位で，下が低電位。その電位差をV'と仮定する。
　　上には$+C'V'$，下には$-C'V'$の電気がある。

Step3 今回はスイッチを切ったので，閉回路は存在しない。その代わりに，上の極板が孤立して「島」となっている。その「島」の電気量保存の式より，

$$\boxed{} : \underbrace{C'V'}_{\text{(2)の電気量}} = \underbrace{CV}_{\text{(1)の電気量}}$$

$$\therefore V' = \frac{C}{C'} V$$

$$\underset{\text{①②より}}{=} \frac{\frac{\varepsilon_0 S}{2d}}{\frac{\varepsilon_0 S}{d}} V$$

Vゲット！

$$= \frac{1}{2} V \cdots \text{答}$$

Step4 よって，4大公式より，

$$\boxed{E' = \frac{V'}{d}}$$
$$= \frac{V}{2d} \cdots \text{答}$$

図b 「島」

第10章　コンデンサーの解法

チェック問題 2　3枚の極板　　標準 10分

面積Sの3枚の金属板A，B，Cを等間隔dで並べ，図のように起電力Vの電池と結ぶ。ただし，はじめ，すべての電荷は0とし，真空の誘電率をε_0とする。

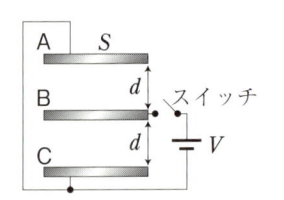

(1) まず，スイッチを入れた。このときのBの極板の全電気量を求めよ。

(2) 次にスイッチを切って，Bを下にxだけ下げた。このときのBC間の電界Eと，全体の静電エネルギーUを求めよ。

解説　《コンデンサーの解法》(p.131)で解く。

うーん，3枚の金属板A，B，Cをどうやって扱えばいいんですか？

(1) **Step 1**　この問題のように，中に金属板を挿入したタイプの問題では，中に入っている**Bの極板を図aのように上下に分離させることがコツ**。すると，AB間，BC間をそれぞれ

$$C = \frac{\varepsilon_0 S}{d} \cdots ①$$

のコンデンサーとみなせるね。

Step 2　図aのように電池によってBには正，AとCには負の電気が蓄えられる。

よって，B側が高電位，AとC側が低電位となる。電位差V_1，V_2を仮定する。Bには$+CV_1$，$+CV_2$，Aには$-CV_1$，Cには$-CV_2$の電気がある。

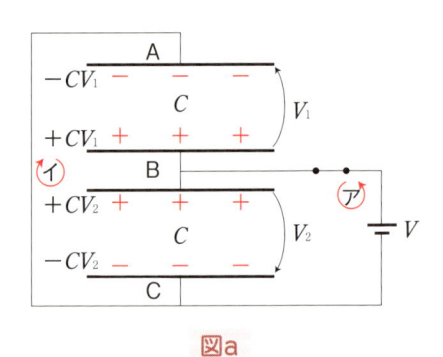

図a

Step 3 閉回路1周について，

㋐：$+V_2-V=0$

㋑：$+V_2-V_1=0$

∴ $V_1=V_2=V\cdots$② 〔Vゲット！〕

Step 4 よって，Bの全電気量は，

$+CV_1+CV_2 \underset{①②より}{=} \dfrac{2\varepsilon_0 S}{d}V$ ……**答**

(2) 次にスイッチを切り，Bを下に x だけ下げた後について，

Step 1 AB間，BC間の容量は，それぞれ

$C_1=\dfrac{\varepsilon_0 S}{d+x}\cdots$③

$C_2=\dfrac{\varepsilon_0 S}{d-x}\cdots$④

Step 2 図bのように，Bには正の，AとCには負の電気が残るので，V_3，V_4を仮定し，電気量を書き込む。

Step 3 閉回路は㋒のみにある。

㋒：$+V_4-V_3=0\cdots$⑤

また，図bの▭の部分が孤立しているので，

▭：$\underset{図b}{+C_1V_3+C_2V_4} = \underset{図a}{+CV_1+CV_2}\cdots$⑥

②，⑤，⑥より，

$V_3=V_4=\dfrac{2CV}{C_1+C_2}\underset{①③④より}{=}\dfrac{d^2-x^2}{d^2}V\cdots$⑦ 〔$V$ゲット！〕

Step 4 よって，4大公式より，

$E=\dfrac{V_4}{d-x}\underset{⑦より}{=}\dfrac{d+x}{d^2}V$（下向き）……**答**

$U=\dfrac{1}{2}C_1V_3^2+\dfrac{1}{2}C_2V_4^2\underset{③④⑦より}{=}\dfrac{\varepsilon_0 S(d^2-x^2)}{d^3}V^2$……**答**

第10章　コンデンサーの解法

もう一度，このタイプの問題のポイントをまとめておこう。

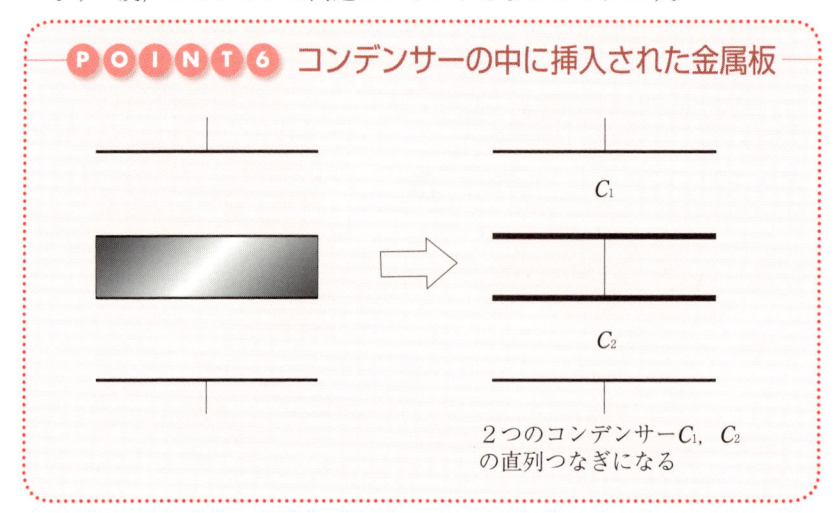

POINT 6　コンデンサーの中に挿入された金属板

2つのコンデンサー C_1, C_2 の直列つなぎになる

コンデンサーについて，だんだんわかってきたかな？

チェック問題 ❸ コンデンサー回路　　標準 12分

容量 C, $2C$, $3C$ のコンデンサーと, 起電力が V の電池で図の回路をつくった。次のときの容量 $2C$ のコンデンサーの上側の電気量を求めよ。はじめ, すべての電荷は0とする。

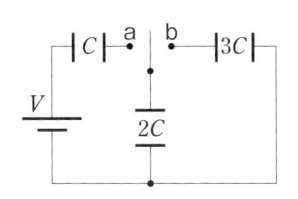

(1) スイッチを a 側に入れる。
(2) (1)の後, スイッチを b 側に入れる。
(3) (2)の後, スイッチを a 側に入れる。

解説　《コンデンサーの解法》(p.131) で攻めつづけよ！

(1) **Step1**　電気容量は分かっている。
　Step2　図aのように, 電池によって C の左側は正, $2C$ の下側は負の電気が蓄えられる。よって, 図のように, 電位差 V_1, V_2 を仮定する。
　Step3　左半分の回路について,
　　㋐：$V_1 + V_2 - V = 0$
　　また, 図の ㋐ に注目して,
　　㋐：$-CV_1 + 2CV_2 = 0$
　　　　　　図a　　　　はじめ
　　∴ $V_1 = \dfrac{2}{3}V$, $V_2 = \dfrac{1}{3}V$ …①　V ゲット！
　Step4　よって, $2C$ の上側の電気量は,
　　　$2CV_2 = \dfrac{2}{3}CV$ ……**答**

図a

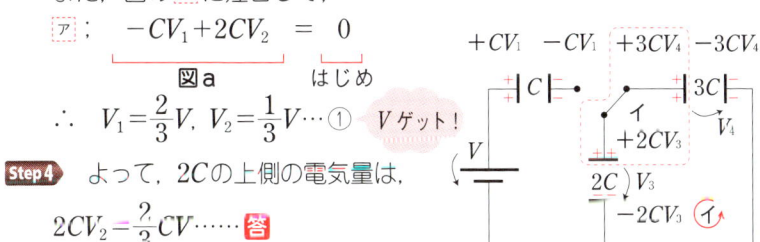

(2) **Step1**　電気容量は分かっている。
　Step2　図bのように, $2C$ の上側と $3C$ の左側がつながって, $2C$ の上側にあった電気の一部が $3C$ の左側へ移った。

図b

よって，図bのように電位差 V_3, V_4 を仮定する。**C の右側は孤立して $-CV_1$ の電荷が残る。**

Step 3 右半分の回路について，

㋑：$V_3 - V_4 = 0$

また，図の㋑に注目して，

㋑：$\underbrace{+2CV_3 + 3CV_4}_{\text{図b}} = \underbrace{+2CV_2 + 0}_{\text{図aの}2C\text{の上側}+3C\text{の左側}}$

∴ $V_3 = V_4 = \dfrac{2}{5}V_2 \underset{①より}{=} \dfrac{2}{15}V \cdots ②$ 💬 V ゲット！

Step 4 よって，$2CV_3 \underset{②より}{=} \dfrac{4}{15}CV$ ……**答**

(3) **Step 1** 電気容量は分かっている。

Step 2 図cのように，$3C$ の左側が孤立するので，$+3CV_4$ の電荷が残る。

図のように電位差 V_5, V_6 を仮定する。

Step 3 左半分の回路について，

㋒：$+V_5 + V_6 - V = 0$

また，図の㋒に注目して，

㋒：$\underbrace{-CV_5 + 2CV_6}_{\text{図c}} = \underbrace{-CV_1 + 2CV_3}_{\text{図bの}C\text{の右側}+2C\text{の上側}}$

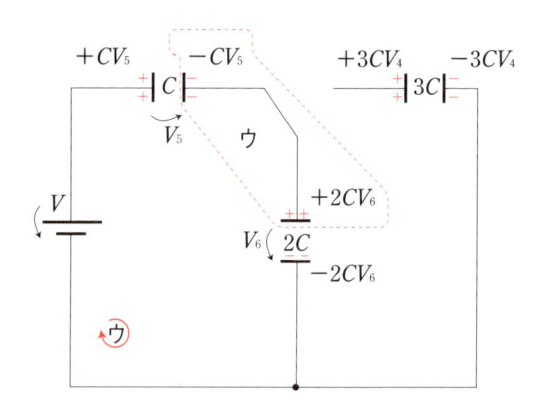

∴ $V_6 = \dfrac{1}{3}(-V_1 + 2V_3 + V) \underset{①②より}{=} \dfrac{1}{5}V$ 💬 V ゲット！

Step 4 よって，$2CV_6 = \dfrac{2}{5}CV$ ……**答**

● 第10章 ●
ま と め

1 コンデンサーとは，向かい合う2枚の金属板に $+Q$, $-Q$ のペアで電気を蓄える「器」である。

2 コンデンサーの4大公式

(1) 容量 $C = \dfrac{\varepsilon S}{d}$　←コンデンサーの形のみで決まる

(2) 電気量 $Q = CV$

(3) 電界 $E = \dfrac{V}{d}$

(4) 静電エネルギー $U = \dfrac{1}{2}CV^2$

$\qquad\qquad\qquad = \dfrac{1}{2}\dfrac{Q^2}{C}$

Vさえ分かれば勝ち！

3 Vの求め方の2大原則
(1) 閉回路1周
　　➡ 電圧降下の和＝0の式
(2) 孤立部分（島）
　　➡ 全電気量保存の式

第11章 コンデンサーの容量

▲器はデザインも大切だけど容量が命

Story ❶ コンデンサーの合成容量

▶(1) こんなコンデンサーの容量はどうやって求める？

第10章で，コンデンサーの問題を解くには，**何よりも先に，その容量 C を求める必要がある**ということを見てきたよね。

では，**図1**のようなコンデンサーの容量を求めてみてね。

> ヒェー，中途半端すぎて，どうやって手をつけたらいいか，分っかりませ〜ん。

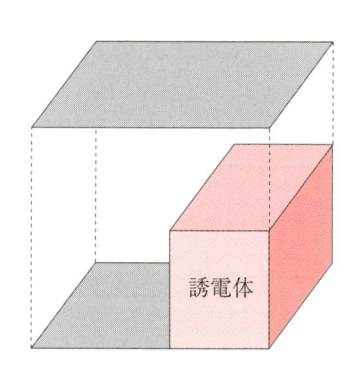

図1 容量を求めよ

たしかに，そうだよね。

そこで，本章では，このような誘電体が部分的に挿入されたコンデンサーの容量を求めることが目標だ。そのためには，

① **コンデンサーの合成容量**
② **誘電体を挿入したコンデンサーの容量**

という，2つの容量について理解することが必要なんだ。

▶(2) コンデンサーの合成容量には2タイプある

コンデンサーの合成容量を求めるというのは，複数のコンデンサーを1つのコンデンサーと同等とみなしたときに，そのコンデンサーの容量を求めるということだ。合成のやり方には，並列合成と直列合成の2タイプがあるよ。

❶ 並列合成容量

図2で「よこ」につながった2つのコンデンサー C_1，C_2 を1つのコンデンサー $C_並$ と同等とみなす。このとき大切なのは，**極板の対応関係**だ。左側の図のA，Bがそれぞれ右側の図のA，Bの極板に対応しているね。

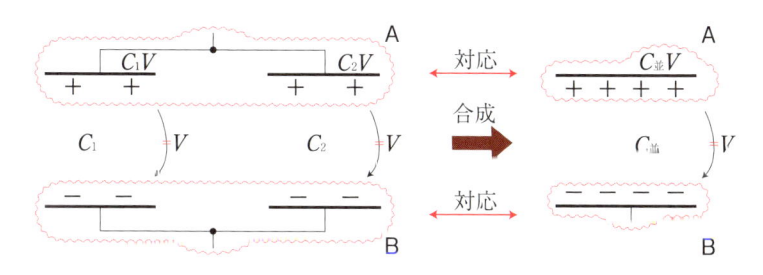

図2 並列合成容量

いま，AB間の電位差を左右の図ともにすべてVとして，各コンデンサーの電気量の式$Q=CV$を書き込む。ここで，Aに蓄えられている全電気量どうしを比べて，

$$\underbrace{C_1V+C_2V}_{\substack{\text{図2の左側の図の}\\ \text{Aの全電気量}}} = \underbrace{C_{\text{並}}V}_{\substack{\text{図2の右側の図の}\\ \text{Aの電気量}}}$$

対応

$$\therefore\quad C_{\text{並}}=C_1+C_2\quad（和）$$

となる。この式のもつイメージは？

> 並列につながると「面積が横に増えた」ということで，容量が大きくなるので，「和」となります。

いいよ。そのイメージがあると，ケアレスミスはしなくなるぞ！

❷ 直列合成容量

図3で「たて」につながったコンデンサーC_1，C_2を1つのコンデンサー$C_{\text{直}}$と同等とみなす。このときの極板の対応関係は，左側の図のA，Bがそれぞれ右側の図のA，Bに対応している。

今，A，Bの電気量をそれぞれ$+Q$，$-Q$として，各コンデンサーの電気量の式$Q=CV$から，電位差

$$V=\frac{Q}{C}$$

を書き込む。

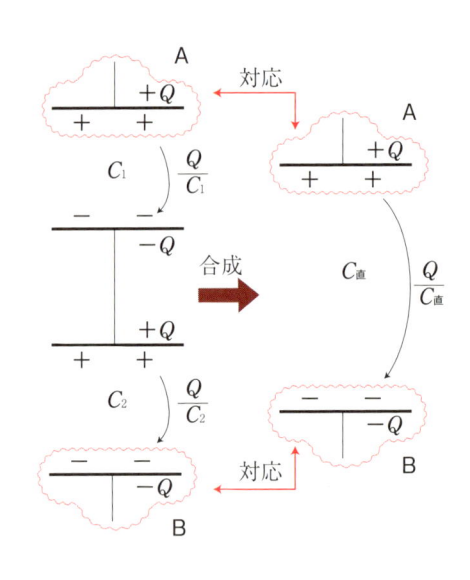

図3　直列合成容量

ここで、AとBの間の全電位差どうしを比べて、

図3の左側の AB間の全電位差: $\dfrac{Q}{C_1}+\dfrac{Q}{C_2}$

$=$ (対応)

図3の右側の AB間の電位差: $\dfrac{Q}{C_{直}}$

$$\therefore\ C_{直}=\dfrac{1}{\dfrac{1}{C_1}+\dfrac{1}{C_2}}\quad（逆数和の逆数）$$

となる。この式のイメージは？

> 直列に足すと「極板間隔が広がる」ということで、容量としては減ってしまうから、「逆数和の逆数」をとります。

いいぞ！ そのイメージがあると、スムーズに公式が使えるからね。

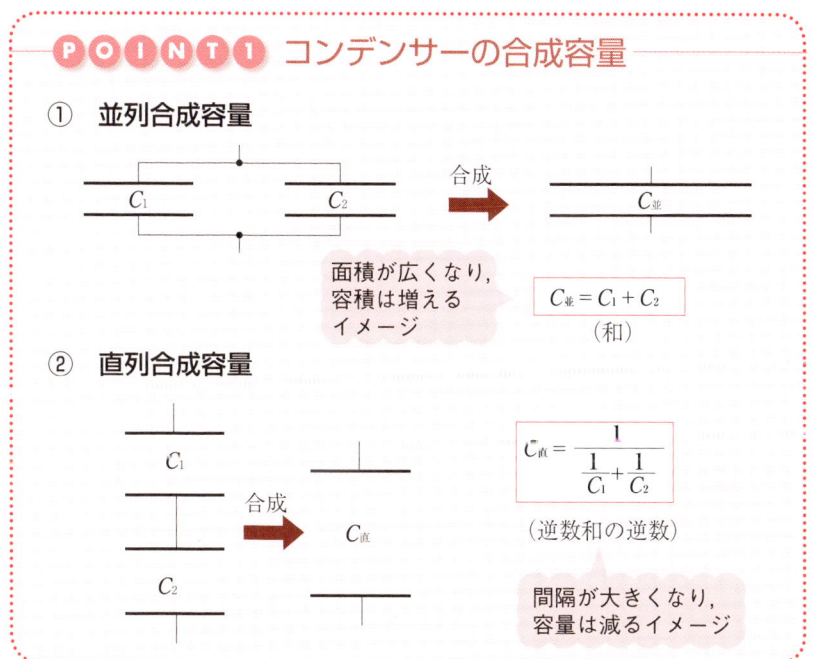

POINT コンデンサーの合成容量

① **並列合成容量**

面積が広くなり、容積は増えるイメージ

$$C_{並}=C_1+C_2\quad（和）$$

② **直列合成容量**

$$C_{直}=\dfrac{1}{\dfrac{1}{C_1}+\dfrac{1}{C_2}}$$

（逆数和の逆数）

間隔が大きくなり、容量は減るイメージ

第11章 コンデンサーの容量

Story ② 誘電体を入れたコンデンサーの容量

第1章（p.14）で見たように，誘電体とは，プラスチックやゴムなどの電気を通さない絶縁体のことだったね。

> こんなものをコンデンサーの中に入れて，何の役に立つんですか？

ズバリ，　コンデンサーのパワーアップ　つまり，容量が増大するのに役立つんだよ。今から，そのしくみについて見ていこうね。

まず，図4のように，中が真空のコンデンサーを用意するぞ。その極板面積を S，間隔を d，真空の誘電率を ε_0 とすると，その容量 C は，

$$C = \frac{\varepsilon_0 S}{d} \cdots ①$$

となるね。このコンデンサーの電位差を V とすると，

電気量　$Q = CV \cdots ②$

電界　$E = \dfrac{V}{d} \cdots ③$

となるね。

次に，図5のように，この中に誘電体を挿入する。すると，図5のように，上の極板の＋の電気の近くには－の電気が，下の極板の－の電気の近くには＋の電気が引きよせられて現れるね。

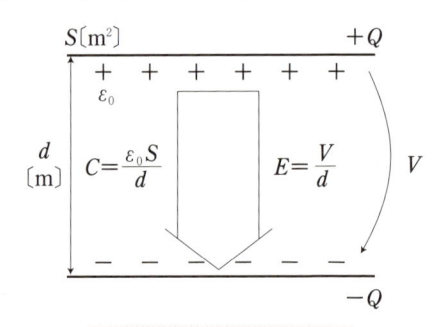

図4　中が真空のとき

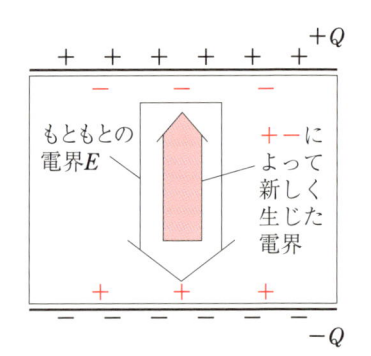

図5　誘電体を挿入すると

さて、この新しく現れた+と-の電気によって、コンデンサー内の電界Eは強められる？ それとも弱められる？

> えーと、図5を見ると、もともとの電界は下向きにEだったなあ。そして、新しく現れる+-によって……お！ 上向きの電界がつくられる。これらは、お互い逆向きどうしで弱め合うぞ！ 結局、合成すると図6みたいに弱い電界E'になっちゃいます。

このように、**中が真空のときの電界Eよりも、中が誘電体で満たされているときの電界E'のほうが弱くなる**んだ（たとえば、$E'=\dfrac{1}{2}\times E$や$E'=\dfrac{1}{5}\times E$や$E'=\dfrac{1}{100}\times E$のように）。よって、1より大きい定数$\varepsilon_r$を使って、

$$\boxed{E'=\dfrac{1}{\varepsilon_r}\times E} \quad \cdots ④$$

と書けるんだ。

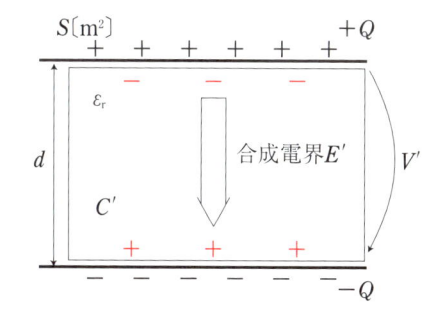

図6　C, E, Vが変化した

このε_rの値は誘電体の種類で決まる定数で**比誘電率**というよ。

さらに、図6のように、**電界が$E \to E'$へと弱められるのに応じて、極板間の電位差も$V \to V'$へと小さくなる**。ここで、電位の定義(p.66)に戻ってV'を求めてみて。

> えーと、+1Cの点電荷を電界E'に逆らって、d〔m〕持ち上げるのに要する仕事がV'だから、$V'=E'\times d$です。

いいぞ。その$V'=E'\times d$に④式を代入して、

第11章　コンデンサーの容量

$$V' = \frac{1}{\varepsilon_r} E \times d$$

ここに，③式より $E \times d = V$ を代入して，

$$V' = \frac{1}{\varepsilon_r} \times V \cdots ⑤$$

となって，V' も V より小さくなってしまっている。

つまり，**電位差も誘電分極によって現れた電荷＋or－によって打ち消されて，小さくなってしまっている**のだ。

よって，誘電体が挿入されたコンデンサーの容量を C' とすると，$Q = C' \times V'$ より，

$$C' = \underbrace{\frac{Q}{V'}}_{⑤より} = \underbrace{\varepsilon_r \times \frac{Q}{V}}_{②より} = \underbrace{\varepsilon_r \times C}_{①より} = \boxed{\varepsilon_r \times \varepsilon_0 \frac{S}{d}}$$

結局，C' は，中が真空のときのコンデンサーの容量 C の ε_r 倍に増えていることが分かるね（たとえば，比誘電率 $\varepsilon_r = 100$ の誘電体を挿入するだけで，容量は100倍にパワーアップするのだ）。

もう一度 今までの流れをまとめてみると，

誘電体を入れると ➡ 電界 E は $\frac{1}{\varepsilon_r}$ 倍になる（ε_r の定義）。

➡ 電位差 $V = E \times d$ も $\frac{1}{\varepsilon_r}$ 倍になる。

➡ 容量 $C = \frac{Q}{V}$ は逆に ε_r 倍になる。

POINT 2 誘電体を挿入したコンデンサーの容量 C'

$C' = \varepsilon_r \text{〔倍〕} \times C$ 　（ε_r：**比誘電率**）

　　$= \varepsilon_r \times \varepsilon_0 \dfrac{S}{d}$ 　（ε_0：**真空の誘電率**）

　　$= \varepsilon \dfrac{S}{d}$ 　（$\varepsilon_r \times \varepsilon_0 = \varepsilon$：**誘電率という**）

1文字違いで大違い

チェック問題 1　コンデンサーの容量　　標準 6分

図のコンデンサーの容量 C を求めよ。ただし，誘電体は極板内の右下 $\dfrac{1}{4}$ の体積を占めているものとする。

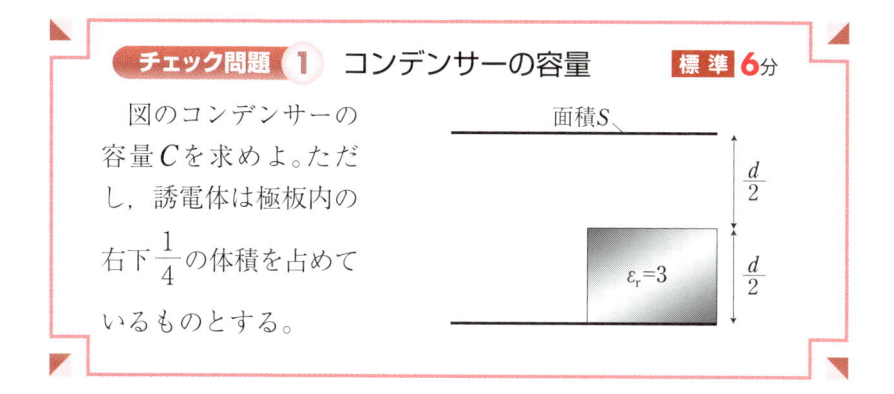

解説　このように，中途半端に誘電体が挿入されたコンデンサーの容量を求めるには，次の2つの手順で攻めよう。

手順1　コンデンサーを各部分に分解し，それぞれの容量を求めておく。

図aのように，コンデンサーを3つの部分 C_1，C_2，C_3 に分解する。それぞれの容量は，

$$C_1 = \dfrac{\varepsilon_0 \dfrac{S}{2}}{d} = \dfrac{\varepsilon_0 S}{2d}$$

$$C_2 = \dfrac{\varepsilon_0 \dfrac{S}{2}}{\dfrac{d}{2}} = \dfrac{\varepsilon_0 S}{d}$$

$$C_3 = \dfrac{3\varepsilon_0 \dfrac{S}{2}}{\dfrac{d}{2}} = \dfrac{3\varepsilon_0 S}{d}$$

となるね。

ここまでは，いいかな？

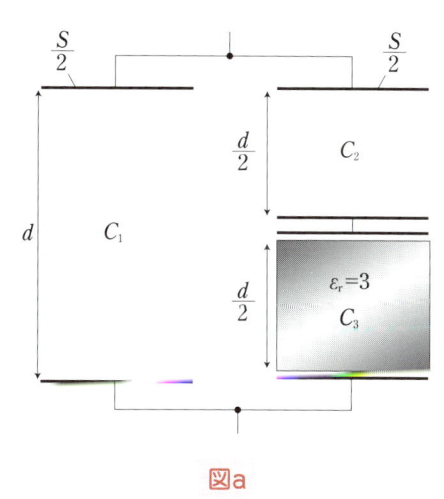

図a

第11章　コンデンサーの容量

手順2 各コンデンサーを順に合成していき，全体の容量Cを求める。

まず，図aのC_2，C_3のコンデンサーを直列と考え，その合成容量をC_4とする。ここで，直列合成容量の公式(p.143)より<u>逆数和の逆数</u>をとって，

$$C_4 = \frac{1}{\dfrac{1}{C_2}+\dfrac{1}{C_3}}$$

$$= \frac{1}{\dfrac{d}{\varepsilon_0 S}+\dfrac{d}{3\varepsilon_0 S}}$$

$$= \frac{3\varepsilon_0 S}{4d}$$

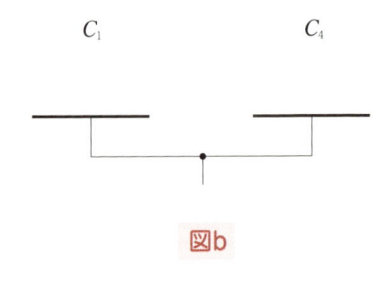

次に，図bのように，このC_4とC_1のコンデンサーの合成容量C(図c)を求める。

並列合成容量の公式(p.143)より<u>和</u>をとって，

$$C = C_1 + C_4$$

$$= \frac{\varepsilon_0 S}{2d}+\frac{3\varepsilon_0 S}{4d}$$

$$= \frac{5\varepsilon_0 S}{4d} \cdots\cdots \text{答}$$

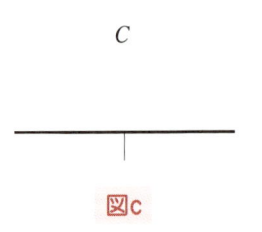

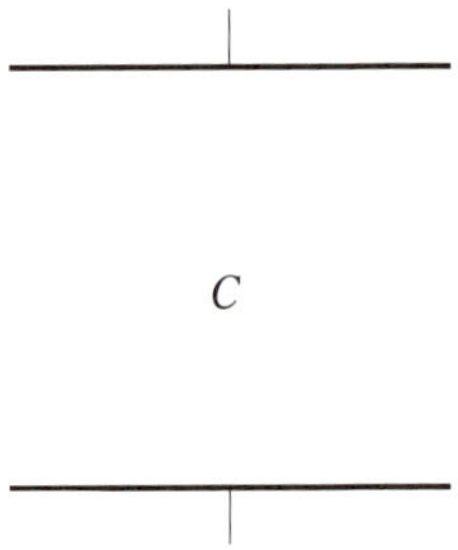

図b

図c

ここで，誘電体が中途半端に挿入されたコンデンサーの容量の求め方をまとめておこう。

POINT 3 誘電体が挿入されたコンデンサーの容量の求め方

1 並列タイプ

例 ① → まず分解 → ② → 次に並列(和をとる)
$$C = C_左 + C_右 = \frac{\varepsilon_0 S_1}{d} + \frac{\varepsilon S_2}{d}$$

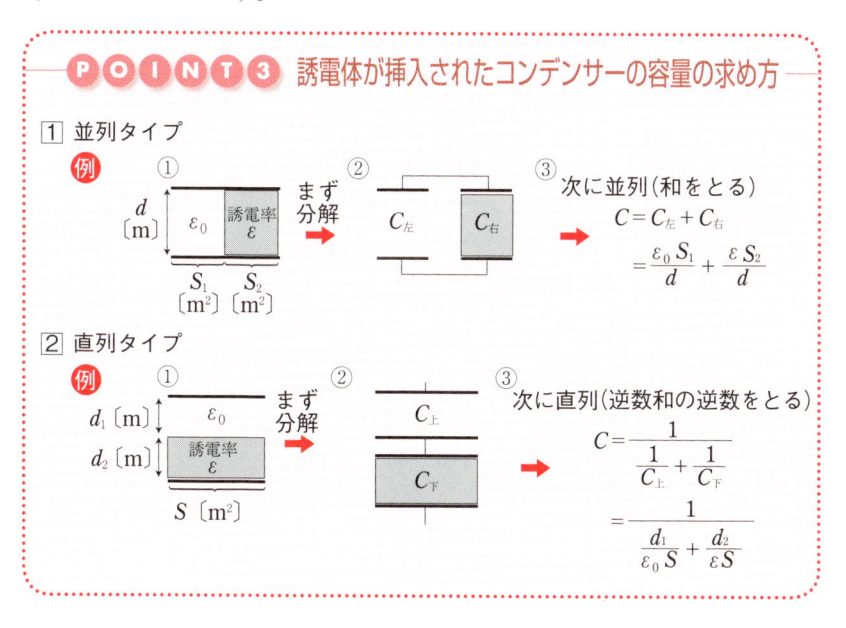

2 直列タイプ

例 ① → まず分解 → ② → 次に直列(逆数和の逆数をとる)
$$C = \frac{1}{\frac{1}{C_上} + \frac{1}{C_下}} = \frac{1}{\frac{d_1}{\varepsilon_0 S} + \frac{d_2}{\varepsilon S}}$$

チェック問題 2　誘電体が挿入されたコンデンサー　標準 6分

図のように，同じ大きさの3枚の金属板A，B，Cを等間隔に平行に配置し，誘電体をAB間に入れたコンデンサーがある。これに電池およびスイッチを接続した。はじめ，各コンデンサーに電荷はなかった。

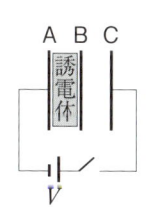

スイッチを入れ，AC間に電圧Vを加えたら，Cの電気量は$\frac{2}{3}CV$になった。誘電体の比誘電率ε_rはいくらか。ただし，このときのBC間のコンデンサーの容量をCとする。

解説

> コンデンサーの中に誘電体が入っているだけで、イヤーな感じがするんです。

大丈夫、いつも、**まず何よりも先に、全体の合成容量を求めておくのが、おきまりのやり方**だ。

手順1 図aのように、面積Sと間隔dを仮定し、AB間、BC間のコンデンサーの容量をそれぞれC_{AB}, C_{BC}とすると、

$$C_{AB} = \frac{\varepsilon_r \varepsilon_0 S}{d}$$

$$C_{BC} = \underbrace{\frac{\varepsilon_0 S}{d}}_{\text{条件より}} = C$$

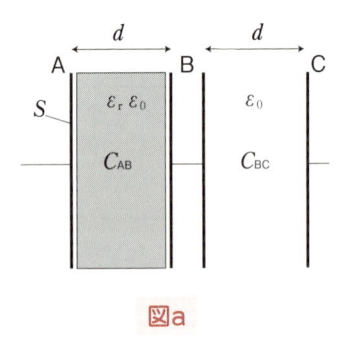

よって、$C_{AB} = \varepsilon_r C$とおける。

図a

手順2 AC間全体の容量C_{AC}はC_{AB}, C_{BC}を直列合成したものなので、

$$C_{AC} = \frac{1}{\dfrac{1}{C_{AB}} + \dfrac{1}{C_{BC}}} = \frac{1}{\dfrac{1}{\varepsilon_r C} + \dfrac{1}{C}} = \frac{\varepsilon_r}{\varepsilon_r + 1} C \cdots ①$$

となる。これで、準備完了だ。

図bのように、このコンデンサーに電圧Vの電池をつなぐと、その電気量は、

$$C_{AC} V = \frac{\varepsilon_r}{\varepsilon_r + 1} CV$$

となるね。そして、これが、極板Cの電気量だ。これは、条件より$\dfrac{2}{3}CV$と等しくなる必要があるから、

$$\frac{\varepsilon_r}{\varepsilon_r + 1} CV = \frac{2}{3} CV$$

$3\varepsilon_r = 2\varepsilon_r + 2$
∴ $\varepsilon_r = 2$ ……**答**

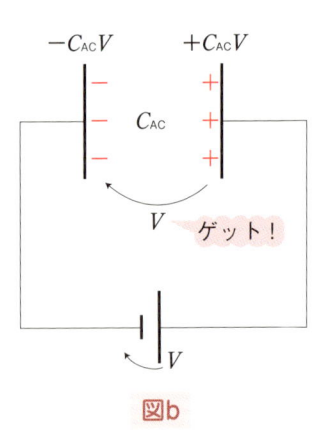

図b

● 第11章 ●
まとめ

1 コンデンサーの合成容量

(1) 並列　$C_{並} = C_1 + C_2$　（和）

(2) 直列　$C_{直} = \dfrac{1}{\dfrac{1}{C_1} + \dfrac{1}{C_2}}$　（逆数和の逆数）

2 誘電体を挿入したコンデンサーの容量

$$C' = \varepsilon_r \times C$$
$$= \varepsilon_r \times \varepsilon_0 \dfrac{S}{d}$$
$$= \varepsilon \dfrac{S}{d}$$

ε_r：比誘電率
ε_0：真空の誘電率
ε：誘電率

区別せよ

3 中途半端に誘電体が挿入されたコンデンサーの容量を求める手順

手順1　コンデンサーを各部分に分解し，それぞれの容量を求める。

手順2　各コンデンサーを順に合成していき，全体の容量を求める。

合成容量はまず分解，そして合成だよ！

第12章 直流回路

▲川の流れのように電流をイメージしよう

(本章に入る前に，この章の基礎となる「第2・3章」に目を通しておいてください。)

Story ① 物理での電流と抵抗

▶(1) 電流とは何か？

　『物理基礎』(第2章，第3章)で，簡単な回路の解法を見てきたね。一方，『物理』では，これまで，電界や電位の考え方を導入したね。そこで，もう一回，電流や抵抗の各公式の意味を再確認し，より応用的な問題を解いていこう。
　まずは，電流の定義を思い出そう。

POINT 1 電流の定義

電流 I [C/s] = [A] とは，次のようなベクトル量である。
① 向　き：正の電気の流れる向き(電子〈負の電気〉の流れとは逆)
② 大きさ：1秒あたりに断面を通過する電気量

152　物理の電気

ここで大切なのは「1秒あたり」だ。たとえば，$I=3\,\mathrm{A}$ というのは，断面を1秒あたり3Cの電気量が通過することを意味するよ。

▶(2) 抵抗の3大公式

抵抗についても，**2**, **3** の公式を3大公式として思い出そう。

POINT 2 抵抗の3大公式

1 抵 抗 値　$R = \rho \times \dfrac{l}{S}$

2 オームの法則　$V = I \times R$

3 消 費 電 力　$P = I \times V = I^2 R = \dfrac{V^2}{R}$

断面積 $S\,[\mathrm{m}^2]$　長さ $l\,[\mathrm{m}]$　抵抗率 $\rho\,[\Omega \cdot \mathrm{m}]$

ここで，この式のうち，**2** と **3** の意味を「物理」の視点から見ていこうね。

2　電位差　$V = IR$　（オームの法則）

図1のように，電流の上流側が高電位で，下流側が低電位(川の流れと同じだね)となり，それらの電位差(電圧ともいうよ)Vは，流れる電流Iに比例する。その比例定数を抵抗値$R\,[\Omega]$という。

高　$I\,[\mathrm{A}]$　$R\,[\Omega]$　$V\,[\mathrm{V}] = I \times R$　低

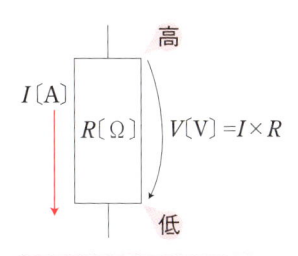

図1　オームの法則

3　消費電力　$P = IV = I^2 R$

図2のように，
(i)　+1Cの点電荷が通過するたびに，その+1Cの点電荷がもつ電気量による位置エネルギーは$V\,[\mathrm{J}]$だけ失われ，それが熱として発生する（《電位の定義（その2）》(p.70)を見よ）。
(ii)　1秒あたりに$I\,[\mathrm{C}]$の電気量が通過する（《電流の定義》(p.152)より）。

以上の(i)(ii)を総合すると，1秒あたりに$I \times V = I^2 R\,[\mathrm{J}]$の熱が

発生することが分かるね。この<u>1秒あたりに発生する熱エネルギーを消費電力</u>という。

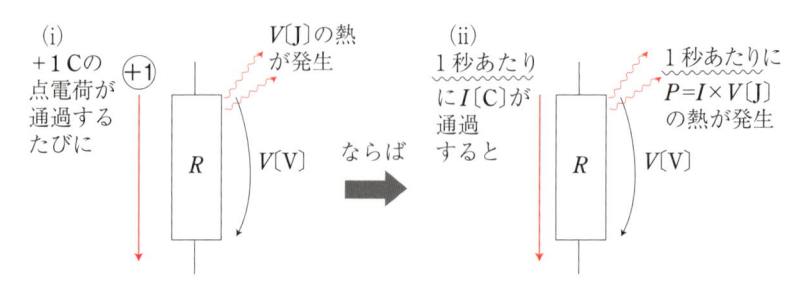

図2 消費電力の導き方

(i) +1Cの点電荷が通過するたびに V〔J〕の熱が発生 ならば

(ii) 1秒あたりに I〔C〕が通過すると 1秒あたりに $P=I\times V$〔J〕の熱が発生

▶(3) 直流回路の解法

直流回路の解法についても，第2章でやった解法をもう一度まとめておこう。

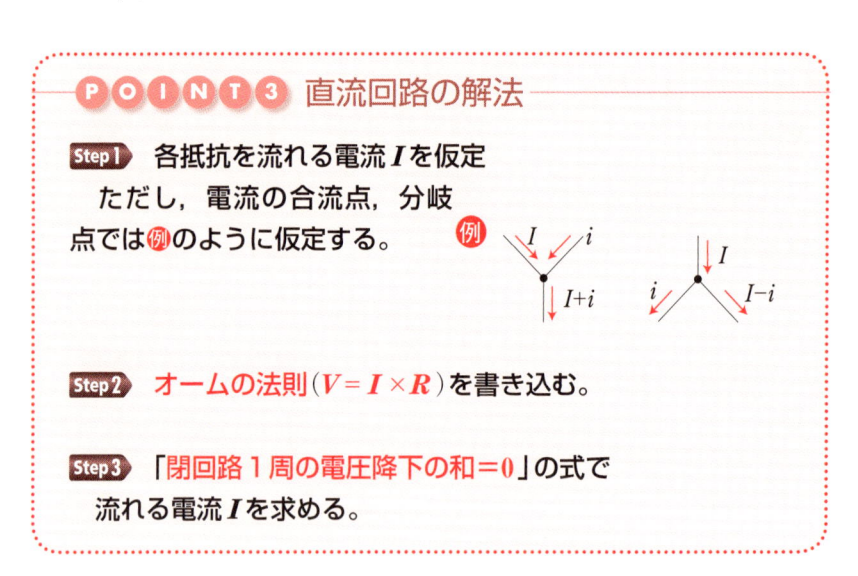

POINT 3　直流回路の解法

Step 1 各抵抗を流れる電流 I を仮定
ただし，電流の合流点，分岐点では例のように仮定する。

例： $I+i$ ，　$I-i$

Step 2 オームの法則（$V = I \times R$）を書き込む。

Step 3 「閉回路1周の電圧降下の和＝0」の式で流れる電流 I を求める。

154　物理の電気

チェック問題 ① 対称性のある回路　　標準 10分

抵抗値 R の抵抗を図のように15個つなぎ，起電力 V の電池を接続した。

(1) 電池を流れる電流を求めよ。
(2) aj 間の全抵抗を求めよ。
(3) 全消費電力を求めよ。

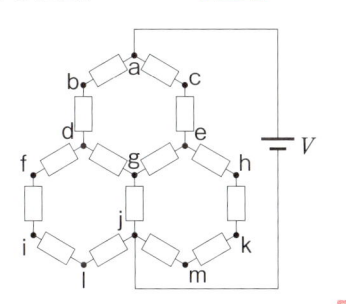

解説 (1)

ヒエー，15個の抵抗！　どうやって，電流を仮定したらいいんですか？

大丈夫，**対称性のある回路にはうまいやり方**があるんだよ。
それは，回路を次の2つのルールで**図a**のように単純化することだ。

ルール1
対称な位置にある抵抗には同じ大きさの電流が流れる。

ルール2
直列の抵抗は合成する（和）。

この**図a**で十分に楽になったところで，《直流回路の解法》に入る。

Step 1 図のように電流を仮定。
オームの法則を書き込む。

Step 2 ㋐：$+IR+2IR-(i-I)4R=0$
Step 3 ㋑：$+i\cdot 2R+(i-I)4R-V=0$

∴ $i=\dfrac{7V}{26R}$ …①, $I=\dfrac{2V}{13R}$

よって，電池を流れる電流は，

$2i=\dfrac{7V}{13R}$ ……**答**

図a

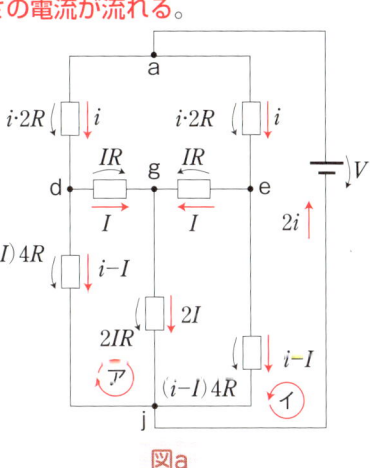

第12章　直流回路

(2)
<全抵抗と言っても，まさか……合成抵抗の公式は……使えませんね。>

この**図a**以上に合成することはできないね。そこで，**合成抵抗のもともとの定義に戻る**んだ。定義を言ってごらん。

<合成抵抗とは，全体を1つの抵抗とみなすことです。>

そうだ。そこで，aj間を1つの抵抗とみなすと，全抵抗$R_{全}$は，

$$R_{全} = \frac{\text{aj間の電位差}}{\text{aに流れ込む電流}} = \underbrace{\frac{V}{2i}}_{\text{①より}} = \frac{13}{7}R \cdots\cdots \boxed{答}$$

(3)
<15個のすべての抵抗の消費電力の和をとるのはメンドウだな……。>

そこで，**発想の転換**だ。抵抗から発生しているジュール熱は，結局，何が供給してくれていたんだっけ。

<電池……あ！　そうか，電池が1秒あたりにする仕事を調べればいいんだ！>

よって，各抵抗の消費電力の和Jは，

$$\begin{aligned}
J &= (\text{電池の供給電力}) \\
&= (\text{電池に流れ込む電流}) \times (\text{電池の起電力})
\end{aligned}$$

$$= \underbrace{2i}_{\text{①より}} \cdot V = \frac{7V^2}{13R} \cdots\cdots \boxed{答}$$

チェック問題 ② 抵抗率・ブリッジ回路　標準 **12**分

抵抗器R_1，R_2，電位差V〔V〕の電池D，断面積が同じで長さがd〔m〕の導体棒L_1，長さが$2d$〔m〕の導体棒L_2，検流計Ⓖ，スイッチSで図のような回路をつくる。抵抗器R_1，R_2の電気抵抗はそれぞれR〔Ω〕，$2R$〔Ω〕，導体棒L_1，L_2の電気抵抗はそれぞれ$3R$〔Ω〕，R〔Ω〕である。

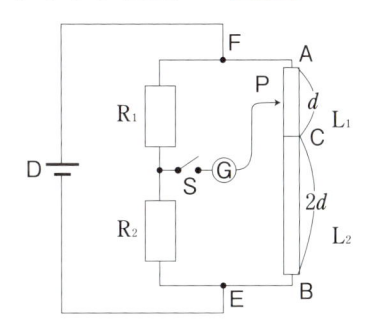

はじめ，スイッチSは開いておく。導体棒L_1の上端をA，導体棒L_2の下端をB，L_1とL_2の境界をCとする。

(1) 導体棒L_1を流れる電流iはいくらか。
(2) 図の接続点FとEの間の抵抗器R_1とR_2，導体棒L_1とL_2全体の合成抵抗はいくらか。
(3) 導体棒L_1の抵抗率ρ_1は，導体棒L_2の抵抗率ρ_2の何倍か。
(4) 抵抗器R_1の消費電力Pはいくらか。

次に，スイッチSを閉じる。検流計Ⓖの−端は接点Pで導体棒の表面と接触しながら移動できるようになっている。

(5) 検流計Ⓖを流れる電流が0になる接点Pの位置は，上端Aから測っていくらの距離xにあるか。

解説 (1)《直流回路の解法》(p.154)で攻める。
Step1 図aのように，流れる電流を仮定する。
Step2 各抵抗のオームの法則を書き込む。

Step3 小外: $+IR+I\cdot 2R-V=0$

大外: $+i\cdot 3R+iR-V=0$

∴ $I=\dfrac{V}{3R}$ …① $\quad i=\dfrac{V}{4R}$ …② ……**答**

(2) **FE間の合成抵抗 R_{FE}**
$$=\dfrac{(\text{FE間の電位差}\ V)}{(\text{Fに流れ込む電流}\ I+i)}$$

$=\dfrac{12}{7}R$ ……**答**

①②より

別解 合成抵抗の公式(p.37)を使って，

R_1とR_2の直列合成抵抗（和）は，
$R+2R=3R$

L_1とL_2の直列合成抵抗（和）は，
$3R+R=4R$

これらの並列合成抵抗（逆数和の逆数）は，

$\dfrac{1}{\dfrac{1}{4R}+\dfrac{1}{3R}}=\dfrac{12}{7}R$ ……**答**

図a

(3) L_1，L_2の抵抗率をρ_1，ρ_2，断面積をSとすると，抵抗の3大公式(p.153)の**1**より，

L_1について $\quad 3R=\rho_1\times\dfrac{d}{S}$

L_2について $\quad R=\rho_2\times\dfrac{2d}{S}$ $\quad\therefore\ \dfrac{\rho_1}{\rho_2}=6$

よって，ρ_1はρ_2の6倍……**答**

(4) 公式**3**より，$P=I^2R\underset{①より}{=}\dfrac{V^2}{9R}$ ……**答**

(5) まずは，AP間，PB間の抵抗を求めておこう。いま，接点PはAC間にあると仮定しよう。そして，$\overline{AP}=x$，$\overline{PC}=d-x$ とする。

抵抗は長さに比例するので，

AP間の抵抗 r_1 はAC間の抵抗 $3R$ を $\dfrac{\overline{AP}}{\overline{AC}}=\dfrac{x}{d}$ 倍したもので，$r_1=3R\dfrac{x}{d}$ …③

PB間の抵抗 r_2 はAC間の抵抗 $3R$ を $\dfrac{\overline{PC}}{\overline{AC}}=\dfrac{d-x}{d}$ 倍したものと，CB間の抵抗 R を直列合成（和）したもので，$r_2=\underbrace{3R\dfrac{d-x}{d}}_{PC間}+\underbrace{R}_{CB間}$ …④

次に，《直流回路の解法》で，

Step 1 図bのように電流を仮定
Step 2 各抵抗のオームの法則を書き込む
Step 3 ㋐：$+IR-ir_1=0$
∴ $IR=ir_1$
㋑：$+I\cdot 2R-ir_2=0$
∴ $I\cdot 2R=ir_2$
辺々割って，
$2=\underbrace{\dfrac{r_2}{r_1}}_{③④より}=\dfrac{d-x}{x}+\dfrac{d}{3x}$

よって，$x=\dfrac{4}{9}d$ ……**答**

図b

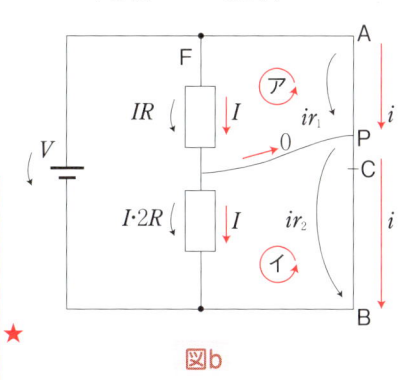

ここで，$x<d$ なので，接点PがAC間にあるという仮定は正しいことになるね。(5)のように，抵抗の中間どうしを導線でつないで，そのつないだ導線に電流が流れなくなる条件から，未知の抵抗の抵抗値や長さを求める回路を**ホイートストンブリッジ回路**という。上の★の式変形は，「**ホイートストンブリッジ回路ではお決まり**」となっているんだ。

第12章 直流回路

Story ② 電流計・電圧計

▶ いったい何を測っているのか？

> 電流計，電圧計について問われるとイヤなんです。だって，何やら複雑なしくみの装置なんでしょ。どうやって扱ったらいいのですか？

　全然難しくないよ。電流計も電圧計も，その中には抵抗(**内部抵抗**)が入っているだけなんだ。だから結局は，**抵抗と全く同じように扱えばいいんだよ**。ただし，**電流計と電圧計が何を測っているか(何を指針から読みとれるのか)は，はっきりさせておく必要があるよ**。その読みとれるもの(**読み**)とはズバリ，

> 電流計Ⓐでは，内部抵抗r_Aに流れる電流I〔A〕を読んでいる。
> 電圧計Ⓥでは，内部抵抗r_Vに加わる電圧V〔V〕を読んでいる。

である。ここで，内部抵抗というのは，装置の中に入っている抵抗のこと。電流計と電圧計の作図のポイントをまとめておくね。

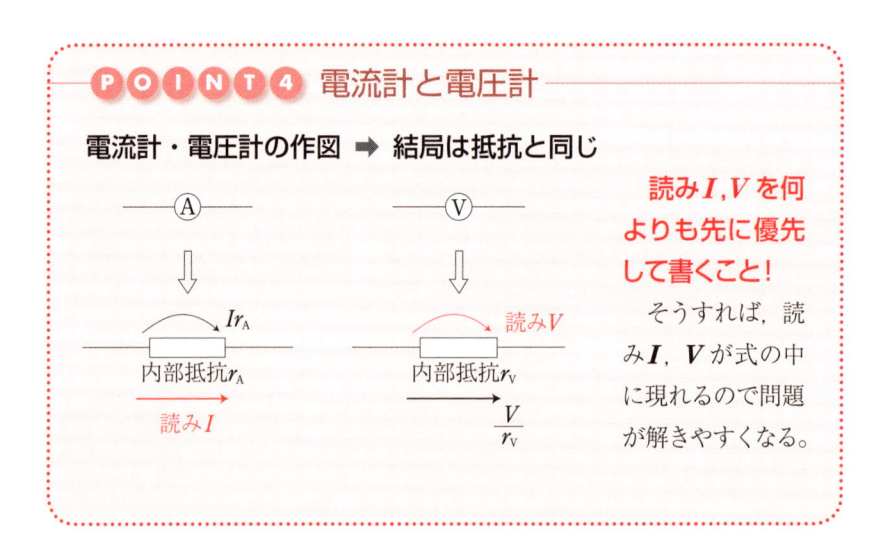

POINT 4 電流計と電圧計

電流計・電圧計の作図 ➡ 結局は抵抗と同じ

Ⓐ ⇩ 内部抵抗r_A，Ir_A，読みI

Ⓥ ⇩ 内部抵抗r_V，読みV，$\dfrac{V}{r_V}$

読みI, Vを何よりも先に優先して書くこと！

　そうすれば，読みI, Vが式の中に現れるので問題が解きやすくなる。

チェック問題 ❸ 抵抗の測定誤差 標準 10分

電流計(内部抵抗r_A)と電圧計(内部抵抗r_V)を抵抗Rに接続し，その抵抗の真の値Rを抵抗の測定値$R'=\dfrac{V}{I}$から求めるために，右の図(a), (b)の2通りの接続を考えた。

(1) (a)の場合，IをV, R, r_Vで表し，これからR'および相対誤差$\dfrac{|R'-R|}{R}$をR, r_Vで表せ。

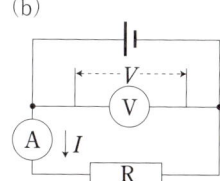

(2) (b)の場合，VをI, R, r_Aで表し，これからR'および相対誤差$\dfrac{|R'-R|}{R}$をR, r_Aで表せ。

解説 このタイプの問題は，電流計・電圧計問題の定番となっているよ。ポイントは，次の⑦，④の値を区別できることだ。

> ⑦ **抵抗の真の値R**：実際の抵抗の値R
> ④ **抵抗の測定値R'**：電圧計の読みVと電流計の読みIとで，公式どおり$R'=\dfrac{V}{I}$と求めた値

⑦のR，④のR'には必ずズレ$|R'-R|$がある。そのズレが，真の値Rの何%になるかを示すのが相対誤差$\dfrac{|R'-R|}{R}$であり，測定の正確さの目安となるんだ。

第12章 直流回路

(1) (a)の場合，**図a**のように，**何よりも先に⒜に読みIを，Ⓥに読みVを与えよう。**

ここで，⒜の電流Iのうち，Ⓥには$\dfrac{V}{r_V}$が，Rには残りの$I - \dfrac{V}{r_V}$が流れる。

$\circlearrowleft : +V - \left(I - \dfrac{V}{r_V}\right)R = 0$

$\therefore\ I = \dfrac{V}{R} + \dfrac{V}{r_V} \cdots ①$ ……**答**

よって，**抵抗の測定値R'は，**

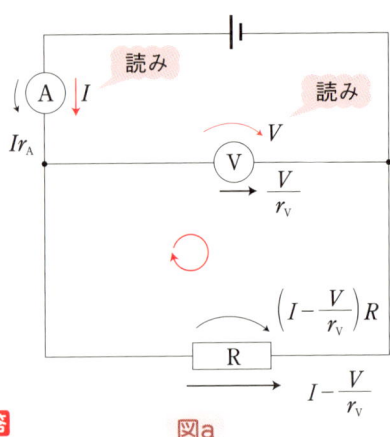

$R' = \dfrac{V}{I} \underset{①より}{=} \dfrac{R r_V}{R + r_V} \cdots ②$ ……**答**

よって，抵抗の相対誤差は，

$\dfrac{|R' - R|}{R} \underset{②より}{=} \dfrac{R}{R + r_V}$ ……**答** （R→小でr_V→大ほど，誤差→小）

誤差の原因は，①式のように，⒜がⒶに流れる電流$\dfrac{V}{r_V}$まで含めて測っていることにあるよ。

(2) (b)の場合も，**図b**のように，**読みを優先させて**作図しよう。

$\circlearrowleft : +V - IR - I r_A = 0$

$\therefore\ V = IR + I r_A \cdots ③$ ……**答**

よって，**抵抗の測定値R'は，**

$R' = \dfrac{V}{I} \underset{③より}{=} R + r_A \cdots ④$ ……**答**

よって，抵抗の相対誤差は，

$\dfrac{|R' - R|}{R} \underset{④より}{=} \dfrac{r_A}{R}$ ……**答** （R→大でr_A→小ほど，誤差→小）

誤差の原因は，③式のように，Ⓥが⒜にかかる電圧$I r_A$まで含めて測っていることにあるよ。

チェック問題 4 測定範囲の増大　　標準 8分

内部抵抗1Ω，最大測定電流10 mAの電流計がある。
(1) この電流計を最大1Aまで測定できる電流計として使うためには ① Ωの抵抗を ② につなげばよい。
(2) この電流計を最大測定電圧10Vの電圧計として用いるためには ③ Ωの抵抗を ④ につなげばよい。

解説 (1)

「10 mAまでしか測れないのに，どうやったら1Aまで測れるようになるんですか？　無理ですよ。」

それには，**バイパスを使う，つまり「う回」させて余分な電流を回す**んだ。次の①②③の3つの順を1つひとつ追ってみよう。

〈電流計のパワーアップ法〉

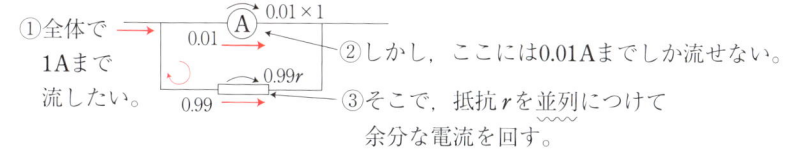

①全体で1Aまで流したい。
　　0.01×1
　0.01 Ⓐ
　0.99　0.99r
②しかし，ここには0.01Aまでしか流せない。
③そこで，抵抗rを並列につけて余分な電流を回す。

↻ : $0.01 \times 1 - 0.99r = 0$ ∴ $r \fallingdotseq 0.01\ \Omega$

① 0.01　　② 並列 ……**答**

(2)

「電流計だったものを電圧計にするなんて，ムチャじゃないですか。」

いいや，**電流計も電圧計も，中味は全く同じ**なんだ。ただ，指針の意味を読みかえるだけで，電圧計に変身できるんだ。
次の①②③④の順を1つひとつ追ってみよう。

〈電圧計のパワーアップ法〉

①全体として10Vまで測りたい。
　9.99
　0.01　Ⓐ　0.01
③つまり，ここには$0.01 \times 1 = 0.01\ \text{V}$までしか電圧を加えられない。
②しかし，ここには0.01Aまでしか流せない。
④よって，ここに抵抗を**直列**につけて余分な電圧をかける。その抵抗値は，図より $\dfrac{9.99}{0.01} = 999\ \Omega$

③ 999　　④ 直列 ……**答**

第12章　直流回路

Story ③ オームの法則の証明

▶ 電流の正体とは？

いきなり，3択の問題だ。図3の導線には右向きに電流 I〔A〕が流れているよ。このとき，図3の3つの電子㋐，㋑，㋒の中で，今から1秒以内に断面Sを通過できる電子が1つだけあるとすると，それはどれかな？

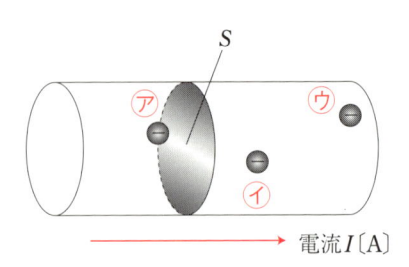

図3 Sを通るのはどれ？

＜えーと，断面Sに一番近いから，㋐ですか？

ブブー！ 引っかかったな。電流の向きと電子の流れる向きとは……

＜ア！ 逆だった！ 電子は左向きに走るんだ。じゃあ，㋐はますます断面Sから遠ざかる。すると，Sの右側で一番近い㋑です。

そうだ。電子の速さをvとすると，図4のように，断面Sから右に **v〔m〕以内に入っている電子●なら，1秒以内にSを通れる**よ。

ここで，この導線の金属中$1m^3$中に含まれる自由電子の数（自由電子密度）をn〔個/m^3〕，断面積をS〔m^2〕とすると，1秒以内に断面Sを通過できる電子●の数は，図4の高さv，底面積Sの円柱の中の

$(\underbrace{vS}_{体積} \times \underbrace{n}_{密度})$ 個

となるね。

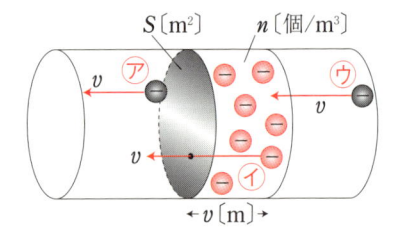

図4 1秒以内にSを通る電子

そうすると，この vSn が電流 I と等しいのですか？

いいや，ちょっと違うよ。vSn は，あくまでも 1 秒あたりに断面を通過する電子⊖の数だ。一方，電流 I は 1 秒あたりに断面を通過する電気量だよ。

すると，この vSn に電子 1 個の電気量の大きさ e をかけた，$vSn \times e$ が電流になるんですね。

まさにその通りだ。まとめてみると，

POINT 5 電流と電子の速さの関係

電流 I の大きさとは 1 秒あたりに断面 S を通過する電気量であり，

$$I = \underset{\text{1秒あたりに通過する電子の数}}{vSn} \times \underset{\text{電子1個の電気量の大きさ}}{e}$$

この式を $\underset{\text{アイ アム ブスネー}}{I = vSne}$ と頭に入れるやり方もあるけど (笑)。

それは，あくまでも，以上のようにして導けることが前提でのチェックのつもりでいてね。

さて，ここまでの話に関する有名な証明問題にチャレンジしよう。

この問題はオームの法則 $V = I \times R$ と，抵抗率の式 $R = \rho \times \dfrac{l}{S}$ を電子 1 個 1 個を考えることで証明してしまうという超頻出問題で，**そのまま試験に出るオイシイ問題**なので，自力で解けるようにしておこう。

第 12 章 直流回路

チェック問題 5　オームの法則の証明問題　標準 20分

次の文の　(1)　～　(10)　をうめよ。

断面積 S，長さ l の一様な導体Aの両端に電圧 V を加えると，導体内には強さ　(1)　の一様な電界が生じる。この導体内を移動する電荷 $-e$，質量 m の自由電子は電界から電界の向きと逆向きに大きさ　(2)　の力を受けて加速される。電界以外から力を受けなければ電子は加速度　(3)　の等加速度運動をする。しかし実際には，電子は熱振動する陽イオンとの衝突等のため，平均として電子の速さ v に比例する抵抗力 kv（k は比例定数）を受け，その結果 v が一定の等速度運動をするようになると考えられる。電界による力と抵抗力がつり合う速さは　(4)　である。いま，導体A中に単位体積あたり n 個の自由電子があるとすると，導体の断面を毎秒通過する電子の数は　(5)　個で，この導体を流れる電流は　(6)　と表される。また，この電流を S，n，e，k，l，V を用いて表せば　(7)　となり，電圧 V に比例することになって，オームの法則が成り立つ。一般に，一様な物質でつくられ，一様な断面積をもつ導体の抵抗は導体の長さに　(8)　し，その断面積に　(9)　する。このときの比例定数をその導体の抵抗率という。導体Aの抵抗率 ρ を k，e，n を用いて表すと $\rho =$ 　(10)　となる。

この問題は，覚えるくらいやろう！

解説 (1) 電圧 V と電界 E の関係ときたら，いつでも《電位の定義（その１）》(p.66)に戻って考えよう。

電位 V の定義を図aを見ながら言ってみて。

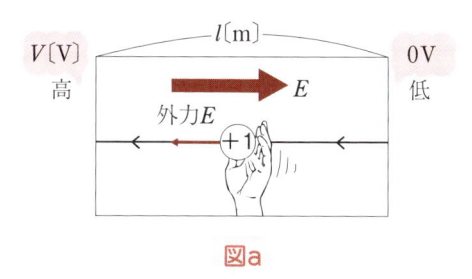

図a

ハイ，+1 C の電気を，電界 E に逆らって，外力 E [N] を左向きに加えながら l [m] 運ぶのに要する仕事が，V [J] ということです。

いいぞ！　すると，仕事は「力×距離」だから，

$$\underbrace{V}_{仕事} = \underbrace{E}_{力} \times \underbrace{l}_{距離}$$

$$\therefore\ E = \frac{V}{l} \cdots ① \quad \text{……答}$$

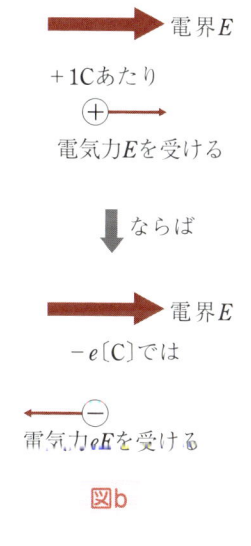

(2) (1)で求めた電界 E 中に，$-e$ [C] の電気を置いたときに受ける電気力は，どの向きにいくらの大きさ？

えーと，正の電気の +1 C あたりが受ける力が電界 E だから，負の電気の $-e$ [C] では，電界 E と逆向きに大きさ eE の力を受けます。図bです。

good！　定義にしっかり戻って考えてるね。

すると，

$$eE \underset{①より}{=} e\frac{V}{l} \quad \text{……答}$$

図b

第12章　直流回路

(3) 図cのように，もし仮に，電子には電気力のみしかはたらかないとすると，運動方程式より，加速度 a は，

$$ma = e\frac{V}{l} \quad \therefore \quad a = \frac{eV}{ml} \cdots\cdots \text{答}$$

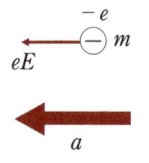

となる。これは大変なことになってしまうけど分かるかい？

> 加速度が正で一定ということは，いつまでも速度が増しつづけるぞ！ ヒェー，電流 I はだんだん増して無限大になってしまうよ！ ありえない！

だから，**電気力を妨げる抵抗力が必ずはたらく必要がある。**

(4) ここでの抵抗力とは，**図d**のように，電子⊖が金属の陽イオン⊕との衝突をくり返して受ける力のことだ。当然速くなるほど，「1秒あたりに受ける力積」(つまり，力)も大きくなるので，その力は，比例定数を k として(k が大きい金属ほど衝突頻度が大きい) kv と書ける。

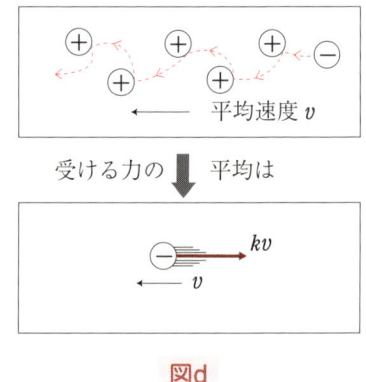

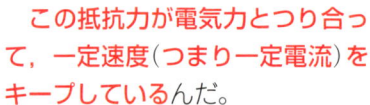

この抵抗力が電気力とつり合って，一定速度(つまり一定電流)をキープしているんだ。

　図eより，力のつり合いの式は，
$eE = kv$
①より，
$e\dfrac{V}{l} = kv$

$$\therefore \quad v = \frac{eV}{kl} \cdots ② \quad \cdots\cdots\text{答}$$

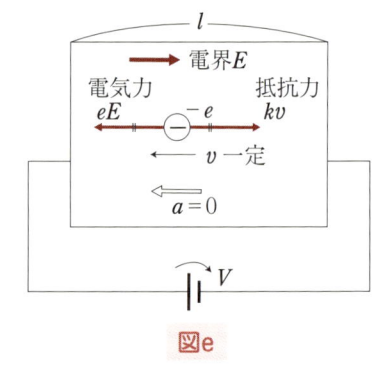

(5) Story ③ (p.164)と同様に考えて，断面Sを1秒間に通過できる電子の数は，

$$\underbrace{vS}_{\text{1秒間に通過できる電子が存在する体積}} \times \underbrace{n}_{\text{密度}} \text{個} \cdots\cdots \boxed{答}$$

(6) Story ③ (p.164)と同様に考えて，電流Iは，

$$I = \underbrace{vSn}_{\text{(5)より}} \times \underbrace{e}_{\text{電子1個の電気量の大きさ}} \cdots ③ \cdots\cdots \boxed{答}$$

(7) さて，③式の中のvはすでに(4)の②式で計算してあったね。そこで，③に②を代入して，

$$I = \frac{eV}{kl} \times Sne = \frac{e^2nS}{kl} \times V \cdots ④ \cdots\cdots \boxed{答}$$

(8), (9), (10)
④より，

$$V = \frac{kl}{e^2nS} \times I$$

となって，VはIに比例するけど，この比例定数って何？

> VがIに比例……あ！　オームの法則$V = R \times I$の抵抗値Rです！

よく気づいたね。そこで，

$$R = \frac{k}{e^2n} \times \frac{l}{S} \cdots ⑤$$

とおくと，

$$\boxed{V = R \times I}$$

となって，オームの法則が証明できたことになるね。

次に，⑤式をもう1回見てね。すると，抵抗値Rは，抵抗の形を表す量のうち，何に比例し，何に反比例しているかな？

> ハイ！　長さlに比例し，断面積Sに反比例しています。

第12章　直流回路

⑤式で，その比例定数（抵抗率）ρ を $\rho = \dfrac{k}{e^2 n}$ とおくと，

$$\boxed{R = \rho \times \dfrac{l}{S}}$$

という抵抗率の式が証明できたことになるね。

　要は，抵抗を決める要素のうち，抵抗の形以外の抵抗の材質のみで決まる部分のことを抵抗率というんだ。

　以上により，

(8)　比例……**答**

(9)　反比例……**答**

(10)　$\dfrac{k}{e^2 n}$ ……**答**

> スゴイ！　なんと，電子1個1個の運動を考えるだけで，今までの公式が説明できちゃうんですね。

　そう。これが，大学で勉強するところの「物性物理学」なんだ。ミクロの世界の原子，分子，電子の運動から，目に見える，さまざまな現象（超伝導，磁性など）を解明していこうという，メチャクチャおもしろい学問なのだよ。

● 第12章 ●
ま と め

1 抵抗の3大公式
① 抵抗率　$R = \rho \dfrac{l}{S}$
② オームの法則　$V = IR$
③ 消費電力　$P = IV = I^2 R = \dfrac{V^2}{R}$

2 直流回路の解法手順
① 電流の仮定　　② オームの法則の記入
③ 「回路1周の電圧降下の和＝0」の式

3 電流計・電圧計の作図法

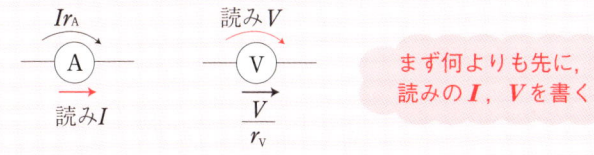

まず何よりも先に，読みの I，V を書く

4 電子1個1個から抵抗の公式を証明するストーリー
① 電界　$E = \dfrac{V}{l}$
② 電気力と抵抗力のつり合い　$e\dfrac{V}{l} = kv$ ➡ $v = \dfrac{eV}{kl}$
③ 1秒間に断面を通過する電気量（電流 I）
　$I = vSn \times e$
④ ②③より，$I = \dfrac{eV}{kl} Sne$　∴　$V = \left(\dfrac{k}{e^2 n} \times \dfrac{l}{S}\right) \times I$
⑤ $R = \dfrac{k}{e^2 n} \times \dfrac{l}{S} = \rho \times \dfrac{l}{S}$

第13章 コンデンサーを含む直流回路

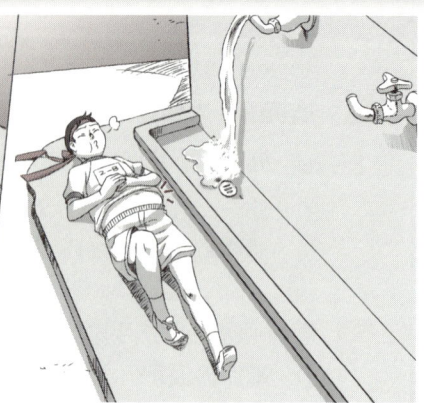

▲直後はカラカラ，十分時間後は満プク

Story ❶ スイッチの切りかえ

▶(1) スイッチ操作直後

　今，キミがカラッポのペットボトルを水道の蛇口に持っていった。そして，図1のようにキュッと蛇口の栓をひねった直後，ペットボトルはいっぱいになっているかな？

> まだ，たまるヒマがないですから，ほぼカラッポのままですよ。

　そうだね。直後では，水の流れはあるけれど，まだ，たまってはいないよね。

図1　ひねった直後

172　物理の電気

これは，図2のような，カラッポのコンデンサーを充電しようとスイッチをONにした直後と似ている。電流 I は流れ込むけれど，まだ，コンデンサーは電気量0のままだね。

一般に，スイッチを操作した直後のコンデンサー回路について次のことが言えるね。

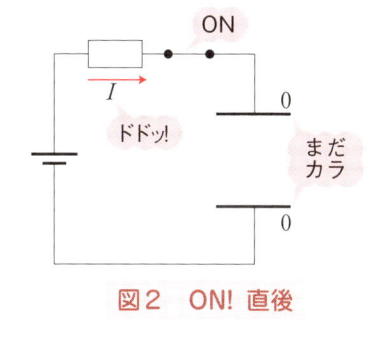

図2　ON! 直後

POINT1　スイッチ操作 直後

コンデンサーに電流は流れるが，スイッチ操作の直後は，コンデンサーの電気量はもとの電気量と同じまま。

▶(2)　十分時間後はどうなるか

次は，蛇口の栓をひねってペットボトルに水を入れてから，図3のように，十分に時間が経った後を考えよう。このとき，ペットボトルに水は入るかな？

いいえ，もう満タンだからこれ以上入りません。

図3　十分時間後

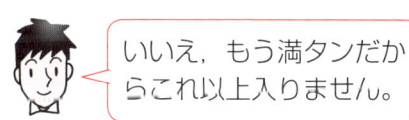

そうだね。これは，図4のように充電後，十分に時間が経った後のコンデンサーと似ている。

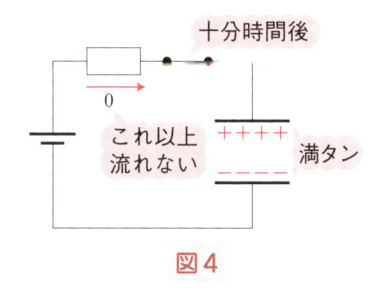

コンデンサーの電気量はこれ以上変化しないので，もうこれ以上電流は流れ込まないよね。

図4

第13章　コンデンサーを含む直流回路

> **POINT 2** スイッチ操作 十分時間後
>
> コンデンサーに電流は流れず，コンデンサーの電気量はもうこれ以上変化できない。

　これから，チェック問題に入るけれど，問題文中の2つのキーワード「直後」と「十分時間後」には波線を引いてあるので，注意して読んでね。

「直後」「十分時間後」
2つのキーワード
に注目だ！

チェック問題 ❶ スイッチON直後，十分時間後 標準 7分

図の回路で，はじめ，コンデンサーの電荷は0であるとする。

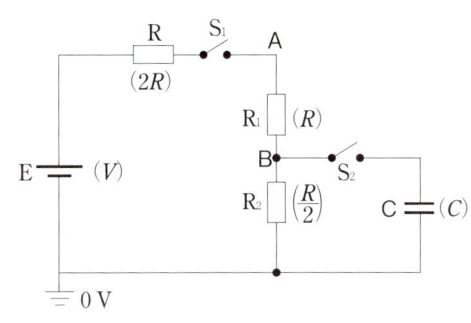

(1) S_1 だけ閉じたとき，電池を流れる電流 I および，B点の電位 V_B はいくらか。

(2) 次に，S_2 も閉じた直後，R_2 を流れる電流および，Bの電位 V_B はいくらか。

(3) (2)の十分時間後，Cに蓄えられた電気量 Q はいくらか。

解説

「⏚って何の記号ですか？」

それはアース（接地）といって，回路の一部が地面に接続されているところなんだ。さらに，約束として，電位0Vの基準点を表すんだ。「標高0mの看板」のようなものだね。

(1) 図aのように作図する。

$\circlearrowleft : +I \cdot 2R + IR + I \cdot \dfrac{R}{2} - V = 0$

$\therefore\ I = \dfrac{2V}{7R}$ …① ……答

また，図aで点Bは0V点よりも $I \cdot \dfrac{R}{2}$ だけ高いところにあるので，

$V_B = I \cdot \dfrac{R}{2} \underset{①より}{=} \dfrac{1}{7}V$ ……答

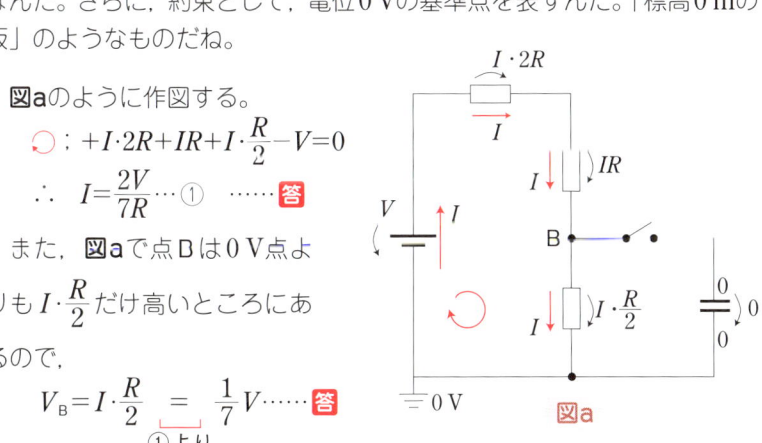

図a

(2) 「スイッチS_2を閉じた直後」とあるので、コンデンサーにも電流は流れ込むね。とは言っても、図bのように、まだ電気量は0で電位差は0のままだね。つまり、コンデンサーは、電位差0で電流を流す「ただの導線」とみなせる。

よって、R_2も電位差0となり、流れる電流も0……答
となる。

$$V_B = 0 \cdot \frac{R}{2} = 0 \cdots\cdots 答$$

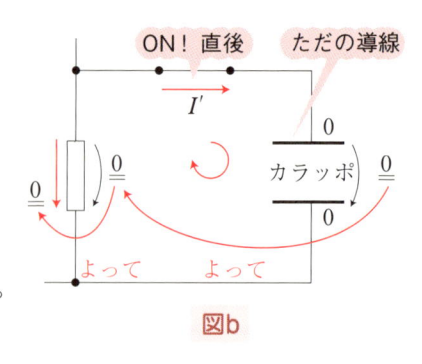

(3) 「十分時間後」とあるので、コンデンサーに電流は流れないぞ。

よって、すべての電流は再びR_2に流れるようになるね。これは図aの状態と全く同じであるので、R_2に流れる電流Iは①式と同じになるよ。図cより、

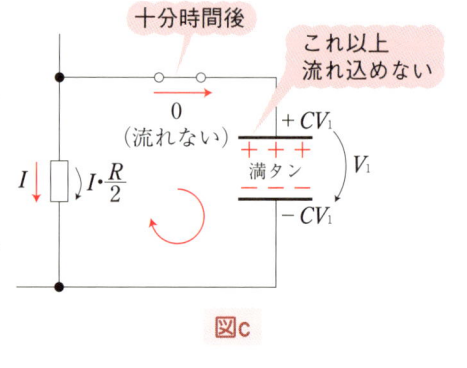

$$\circlearrowleft : +V_1 - I \cdot \frac{R}{2} = 0$$

$$\therefore V_1 = \underbrace{I \cdot \frac{R}{2}}_{①より} = \frac{1}{7}V \quad \text{Vゲット！}$$

よって、$Q = CV_1 = \frac{1}{7}CV \cdots\cdots 答$

チェック問題 ❷ コンデンサーのスイッチの切りかえ　標準 10分

はじめ，すべての電気量は0である。図の回路で，
(1) スイッチを閉じた直後に$2R$の抵抗を流れる電流Iを求めよ。
(2) 十分時間後のコンデンサーCの電気量Qを求めよ。
(3) (2)の後，スイッチを開いた直後にRの抵抗に流れる電流を求めよ。

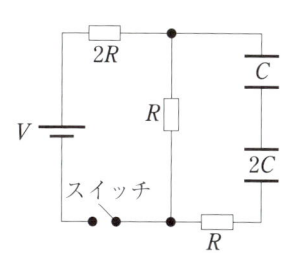

解説　(1)「スイッチを閉じた直後」というのは「コンデンサーに電流が流れ込み始めたが，まだ電気量は0である」ということだね。図aのように作図する。$2R$に流れている電流Iの一部がiに，残りが$I-i$となっていることに注目しよう。

㋐：$+2RI+iR-V=0$
㋑：$+0+0+(I-i)R-iR=0$
∴ $I=\dfrac{2V}{5R}$ ……**答**　$i=\dfrac{V}{5R}$

(2)「十分時間後」というのは「もはやこれ以上コンデンサーに電流は流れ込まない」ということだね。図bのように作図するぞ。

㋐：$+2RI'+I'R-V=0$
㋑：$+V_1+V_2+0-I'R=0$
□：$-CV_1+2CV_2 = 0$
　　　図b　　　　　図a

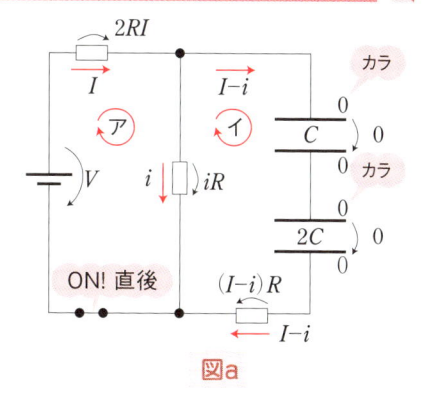

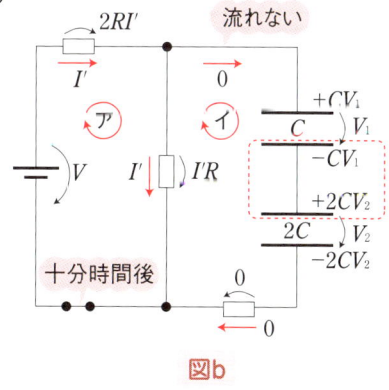

図a

図b

$$\therefore \quad I' = \frac{V}{3R}, \quad V_1 = \frac{2}{9}V, \quad V_2 = \frac{1}{9}V$$

よって，$Q = CV_1 = \dfrac{2}{9}CV$ ……**答**

(3) スイッチを開くと，C の上側の正の電気と，$2C$ の下側の負の電気が引力で引かれ合って，放電が始まる。

「**スイッチを開いた直後**」なので，「**コンデンサーから電流は流れ出すが，まだ時間が経っていないので，電気量に変化はない**」ということ。

よって，図cのように，C の電気量は CV_1，$2C$ の電気量は $2CV_2$ のままで，電流 I_1 が放電している。

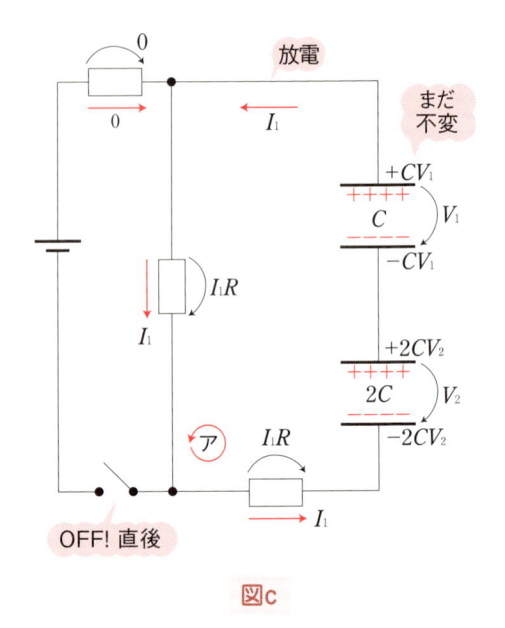

ア：$+I_1R + I_1R - V_2 - V_1 = 0$

$$\therefore \quad I_1 = \frac{1}{2R}(V_1 + V_2)$$
$$= \frac{1}{2R}\left(\frac{2}{9}V + \frac{1}{9}V\right)$$
$$= \frac{V}{6R} \cdots\cdots \text{**答**}$$

図c

● 第13章 ●
ま と め

1 2つのキーワード

① スイッチ操作 直後
「コンデンサーに電流は流れるが，まだ電気量が変化する時間はないので，電気量は直前と変わらない」

② スイッチ操作 十分時間後
「コンデンサーの電気量はもうそれ以上変化しないので，コンデンサーに流れる電流は0」

何度もくり返すけど「直後」「十分時間後」は要チェックだ！

第14章 回路の仕事とエネルギーの関係

▲エネルギーの流れは家計簿のつけ方と同じ

Story ① 回路のエネルギー収支

▶(1) 電池はポンプ

　電池がなければ，ラジコンカーもケータイも動かないねえ。電池の役目とはまさにp.23で見たように，ポンプとして汲み上げることなんだ。

　ポンプが低いところから高いところに水を汲み上げて，水に重力による位置エネルギーを与えるように，電池とは低電位の－極側から高電位の＋極側へ電気を汲み上げて，電気に電気力による位置エネルギーを与えるんだ。

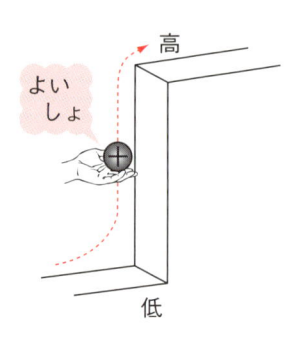

図1　電池とは電気を汲み上げる仕事をしている

▶(2) 電池の仕事

電位の定義(p.66)より，$+1\,\mathrm{C}$ を $V\,[\mathrm{V}]$ 持ち上げるのに要する仕事は $V\,[\mathrm{J}]$ だね。

すると，図2のように，起電力 $V\,[\mathrm{V}]$ の電池が，$\varDelta Q\,[\mathrm{C}]$ の電気量を−極から＋極へ持ち上げるときに投入する仕事 $W_{電池}$ は，その $\varDelta Q$ 倍の

$$W_{電池} = \varDelta Q \times V$$

となるね。

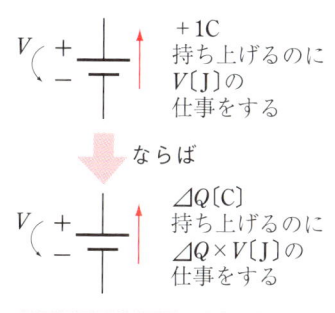

図2 電池の仕事 $W_{電池}$

▶(3) 回路の仕事とエネルギーの関係

いま，図3のように，スイッチ，電池，抵抗，コンデンサー，そして，コンデンサーを変形する手(外力)があるよ。ここで，次の㋰㋥㋬のストーリーを追っていこう。

㋰ はじめ，コンデンサーの静電エネルギーは $U_{前}$ だったとしよう。

㋥ ここで，**手が仕事 $W_{手}$ をし，その間に電池は $W_{電池}$ の仕事をし，そして，抵抗からジュール熱 J が発生していった** とするね。

㋬ その結果，コンデンサーの静電エネルギーが $U_{後}$ となったとしよう。

図3 回路の仕事とエネルギー

第14章 回路の仕事とエネルギーの関係

このとき，次の関係がいつも成り立つよ。

> **POINT 1　回路の仕事とエネルギーの関係**
>
> $\begin{pmatrix} 前のコンデンサーの \\ 静電エネルギー\ U_前 \end{pmatrix} + \begin{pmatrix} 中で手がし \\ た仕事\ W_手 \end{pmatrix} + \begin{pmatrix} 中で電池がし \\ た仕事\ W_{電池} \end{pmatrix}$
>
> $- \begin{pmatrix} 中で抵抗から放出さ \\ れたジュール熱\ J \end{pmatrix} = \begin{pmatrix} 後のコンデンサーの \\ 静電エネルギー\ U_後 \end{pmatrix}$
>
> 放出されるので必ず負（マイナス）　　　$W_手$，J を問うとき用いる

たとえば，はじめ $U_前 = 100\,\mathrm{J}$ だったとして，途中で手と電池が仕事を $W_手 = 50\,\mathrm{J}$，$W_{電池} = 30\,\mathrm{J}$ のように投入して，その間に抵抗から $J = 20\,\mathrm{J}$ の熱が発生したら，最後に残っている $U_後$ はいくらかな？

> カンタン♪　$100 + 50 + 30 - 20 = 160\,\mathrm{J}$ です！

さらに，実際に問題を解くうえで大切なのは，静電エネルギー U の形だ。p.125で見たように，U には次の2つの表し方があったね。

$$U = \frac{1}{2}CV^2 \quad \text{または} \quad U = \frac{1}{2}\frac{Q^2}{C}$$

いつ，どちらの式を使うかな。

> 別に，どちらの式を使おうとかまわないんじゃないですか？

いいや，状況に応じて使い分けよう。次のように使い分けると，計算能率がグッと上がるんだ。つねに，究極の2択をしてほしい。

> **POINT 2　静電エネルギーの形　究極の2択**
>
> ●スイッチが閉じていて V が既知のとき　➡　$U = \dfrac{1}{2}CV^2$ を使う。
>
> ●スイッチが開いていて Q が既知のとき　➡　$U = \dfrac{1}{2}\dfrac{Q^2}{C}$ を使う。

チェック問題 ❶　コンデンサーの充・放電　標準 10分

図の回路で，

(1) スイッチをaに入れコンデンサー C を充電してから十分時間が経つまでに R_1 で発生した全ジュール熱 J_1 はいくらか。

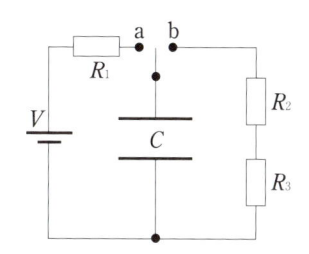

(2) その後スイッチをbに切りかえてから，十分時間が経つまでに R_2，R_3 で発生したジュール熱 J_2，J_3 はそれぞれいくらか。

ただし，はじめの電気量は0とする。

解説　(1) 図aのように，流れる電流はだんだん小さくなっていき，ついには0に近づいていくぞ。

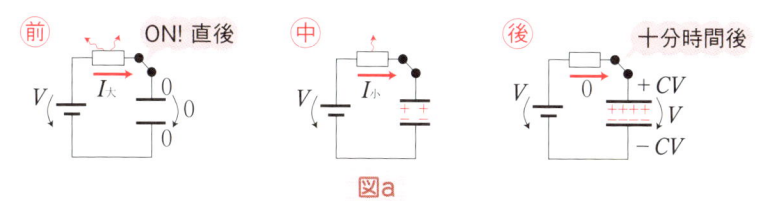

図a

このようなとき，消費電力の公式 I^2R で全ジュール熱を求められるかな？

ムリです。電流 $I_大 \to I_小 \to 0$ と変化していくから，I^2R の式を単純に使えません。

このように，電流 I が一定でないときは，1秒あたり発生するジュール熱の式 I^2R を使って直接全ジュール熱を求めることはできないね。そこで，《回路の仕事とエネルギーの関係》で間接的に求めるしかないのだ。

第14章　回路の仕事とエネルギーの関係　183

$$\underset{\substack{\text{前}\\ \text{コンデンサー}\\ \text{のエネルギー}}}{0} + \underset{\substack{\text{中}\\ \text{電池のした}\\ \text{仕事}}}{CV \times V} + \underset{\substack{\text{中}\\ \text{ジュール熱}}}{(-J_1)} = \underset{\substack{\text{後}\\ \text{コンデンサー}\\ \text{のエネルギー}}}{\frac{1}{2}CV^2}$$

$$\therefore\ J_1 = \frac{1}{2}CV^2 \cdots\cdots \boxed{答}$$

(2) 次にスイッチをbに入れると**図b**のように放電が始まる。やがて，電流はだんだん小さくなっていき，ついには0に近づいていくぞ。

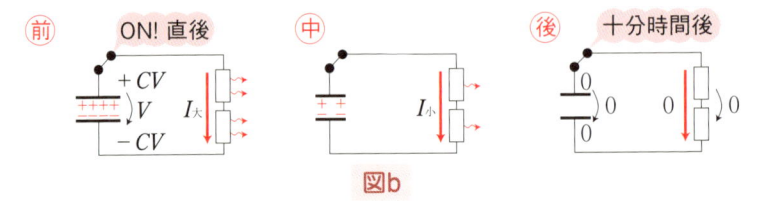

前 ON! 直後　　　　中　　　　　　後 十分時間後

図b

《回路の仕事とエネルギーの関係》より，

$$\underset{\text{前}}{\frac{1}{2}CV^2} + \underset{\text{中 ジュール熱}}{\{-(J_2+J_3)\}} = \underset{\text{後}}{0} \quad \therefore\ J_2+J_3 = \frac{1}{2}CV^2 \cdots ①$$

いまの場合R_2とR_3は直列で，つねに電流が等しい。
よって，(ジュール熱の比)＝(消費電力の比)は，

$$J_2 : J_3 = I^2 R_2 : I^2 R_3 = R_2 : R_3 \cdots ②$$

以上①②式より，

$$J_2 = \frac{R_2}{R_2+R_3} \times \frac{CV^2}{2},\quad J_3 = \frac{R_3}{R_2+R_3} \times \frac{CV^2}{2} \cdots\cdots \boxed{答}$$

チェック問題 ❷ 誘電体の挿入・引き出し 標準 10分

(1) 起電力 V の電池につながれた容量 C のコンデンサーの極板間の下半分に比誘電率2の誘電体をゆっくりと入れた。このときに外力がした仕事 W_1 を求めよ。

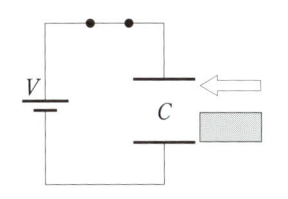

(2) 次にスイッチを開いてこの誘電体を抜いた。このときに外力がした仕事 W_2 を求めよ。

解説 この問題も，直接外力の仕事を「力×距離」と求めることができないので，やはり，間接的に《回路の仕事とエネルギーの関係》で仕事を求めるしかないね。

(1) まず，誘電体挿入後のコンデンサーの容量 C' を求めよう $\left(C = \dfrac{\varepsilon_0 S}{d} \text{とする}\right)$。

図aのように2つに分けてから，直列合成容量の公式を用いると(p.143を見よ)，

$$C' = \dfrac{1}{\dfrac{d/2}{\varepsilon_0 S} + \dfrac{d/2}{2\varepsilon_0 S}} = \dfrac{4\varepsilon_0 S}{3d} = \dfrac{4}{3}C \cdots ①$$

図a

図bのように，一定電圧 V で挿入する。

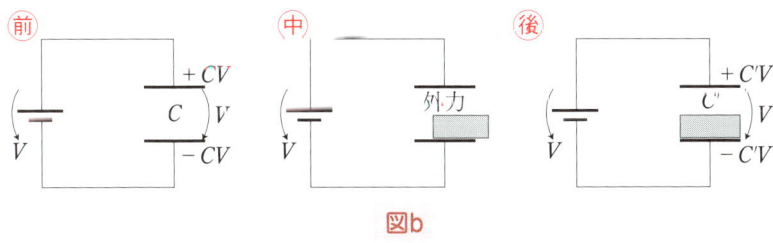

（前） （中） （後）

図b

このとき，電池が送り出した電気量はいくらかな？

> はじめコンデンサーにあった電気量 CV を最後は $C'V$ まで増やしているから，差をとって $C'V-CV$ です。

そうだね。**差をとること**を忘れないでね。

ここで《回路の仕事とエネルギーの関係》(p.182)より，**$V=$一定**なので $U=\dfrac{1}{2}CV^2$ **の式を使うことに注意**して《静電エネルギーの形の究極の２択》(p.182)より，

（前）　　　（中）外力　　（中）電池　　　（後）
$$\frac{1}{2}CV^2 + W_1 + \underbrace{(C'V-CV)}_{\text{送り出した電気量}} \times V = \frac{1}{2}C'V^2$$

$$\therefore\ W_1 = \frac{1}{2}(C-C')\underbrace{V^2}_{\text{①より}} = -\frac{1}{6}CV^2 \cdots\cdots \boxed{答}$$

W_1 が負となっている。これは，誘電体をゆっくりと挿入する際に，外力が（誘電体がコンデンサー内に吸い込まれないように）右向きの力で支えつつ，左向きに挿入しているからだよ。

(2) **スイッチを開いたので電気量** $Q=C'V=\dfrac{4}{3}CV\cdots$ ②**は変化しないので**，

《回路の仕事とエネルギーの関係》で，$U=\dfrac{1}{2}\dfrac{Q^2}{C}$ の式を使うことに注意して，

（前）　　（中）外力　　（後）
$$\frac{1}{2}\frac{Q^2}{C'} + W_2 = \frac{1}{2}\frac{Q^2}{C}$$

$$\therefore\ W_2 = \frac{Q^2}{2}\underbrace{\left(\frac{1}{C}-\frac{1}{C'}\right)}_{\text{①②より}} = \frac{2}{9}CV^2 \cdots\cdots \boxed{答}$$

● 第14章 ●
ま と め

1 電池のする仕事
$W_{電池} = (-極から+極へと送り出した電気量 \Delta Q) \times (起電力 V)$

2 コンデンサー回路で充・放電時に発生するジュール熱 J や，コンデンサーを変形するのに要する仕事 $W_手$ を問われたときに用いる式

《回路の仕事とエネルギーの関係》

$\begin{pmatrix}前のコンデンサーの\\静電エネルギー U_前\end{pmatrix} + \begin{pmatrix}中で手がし\\た仕事 W_手\end{pmatrix} + \begin{pmatrix}中で電池がし\\た仕事 W_{電池}\end{pmatrix}$

$- \begin{pmatrix}中で抵抗から放出さ\\れたジュール熱 J\end{pmatrix} = \begin{pmatrix}後のコンデンサーの\\静電エネルギー U_後\end{pmatrix}$

放出されるので必ず負(マイナス)

3 コンデンサーの静電エネルギー U の形の究極の2択

① スイッチが閉じていて V 既知のとき ➡ $U = \dfrac{1}{2}CV^2$

② スイッチが開いていて Q 既知のとき ➡ $U = \dfrac{1}{2}\dfrac{Q^2}{C}$

いつも 前 + 中 = 後 の形でエネルギーの出入りをまとめよう。

第15章 非オーム抵抗

▲ひねくれものに愛（I）＆平和（ピース：Vサイン）を

Story ① 非オーム抵抗

▶(1) 非オーム抵抗って何？

オームの法則から，抵抗を流れる電流Iと加わる電圧Vの間には，$R=\dfrac{V}{I}$ の関係があることを見てきたね。

もし，抵抗値Rが常に一定の値をとるならば，VとIは比例し，そのI–Vグラフは図1のように原点を通る直線になるはずだよね。このような通常の抵抗をオーム抵抗という。

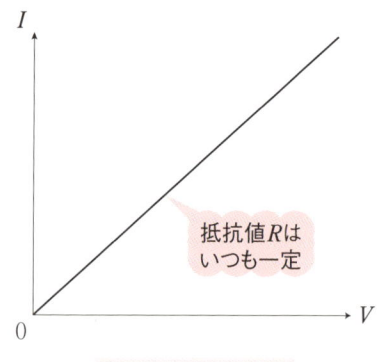

抵抗値Rはいつも一定

図1　オーム抵抗

一方，豆電球やヒーターなどのような抵抗では，その I-V グラフは直線的にはならず，図2のようにグニャッと曲がってしまう。これは，その抵抗値 $R = \dfrac{V}{I}$ の値が，I や V の値とともに変化してしまうためなのだ。

このように，**I-V グラフが曲線となる特殊な抵抗を非オーム抵抗といい，その曲線のことを特性曲線という。**

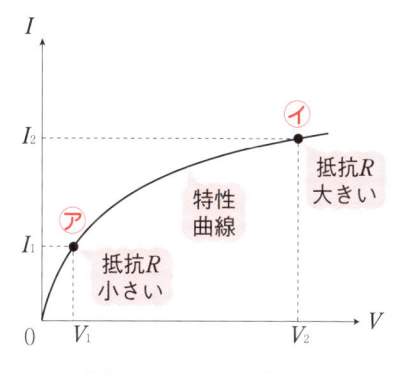

図2　非オーム抵抗

> なぜ，抵抗値 R が変化してしまうんですか？

それをイメージするために，図2の曲線上の2点㋐，㋑の状態を比較しよう。

㋐　この状態では電流 I_1，電圧 V_1 ともに小さく，消費電力 $I_1 \times V_1$ も小さいので，発生する熱も少なく，抵抗は比較的低温となるね。

すると，図3のように，抵抗中の金属の陽イオンの熱振動はおだやかで，陽イオンはきれいに整列している。

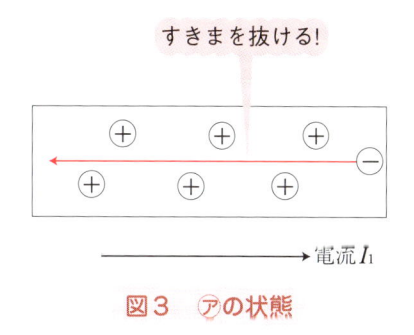

図3　㋐の状態

すると，自由電子はあまり陽イオンと衝突しないで抵抗内を流れることができるので，その抵抗値 $R = \dfrac{V_1}{I_1}$ は小さい。図2のグラフでも，I_1 に対する V_1 の比は小さくなっていることが分かるね。

第15章　非オーム抵抗　189

㋑　この状態では電流 I_2，電圧 V_2 ともに大きく，消費電力 $I_2 \times V_2$ も大きいので，発生する熱も多く，抵抗は比較的高温となるね。

　すると，図4のように，抵抗中の金属の陽イオンの熱振動が激しくなり，陽イオンの配列は乱れてしまう。

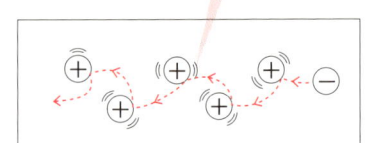

図4　㋑の状態

　すると，<u>自由電子は，ひんぱんに陽イオンとボコボコ衝突しなければ抵抗内を流れることができないので，その抵抗値 $R = \dfrac{V_2}{I_2}$ は大きい</u>。図2のグラフでも，I_2 に対する V_2 の比は大きくなっているね。

　このように，非オーム抵抗では抵抗値 $R = \dfrac{V}{I}$ の値が I や V とともに（正確にいえば温度とともに）変化してしまうことがわかるね。

▶(2)　非オーム抵抗の解法

　非オーム抵抗では，電流 I さえ仮定すれば，その電圧は $V = R \times I$ と，単純に I に比例する形で（たとえば，$V = 20I$ とか $V = 100I$ のように）書けるかな？

> いいえ。I と V は素直に比例せずに，曲線の関係を満たすから，定数 R を使って単純に $V = R \times I$ とは書けませんよ。

　そうだね。そこで，この非オーム抵抗では，複雑に変化する I と V を全くの独立した2つの未知数として仮定するしかないね。そのあとの解法は次の手順で攻めればよい。

POINT1 非オーム抵抗の解法

Step1 何よりも先に，非オーム抵抗に流れる電流 I，かかる電圧 V を仮定する。

> 未知数は I，V と2つ仮定する。よって，解くには2つの式が必要

Step1 （回路図）未知数2つ

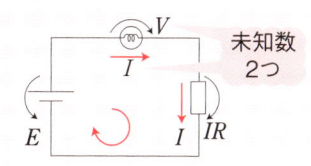

Step2 回路1周について「電圧降下の和」＝0の式で，I と V の関係式…❶を求める。

> 1つめの式は求まった。2つめの式は特性曲線の式。だが，式の具体的な形は不明。そこで次のようにグラフの交点を利用して連立方程式を解くしかないのだ。

Step2 $\circlearrowleft$: $+V+IR-E=0$

$$\therefore I = \frac{E}{R} - \frac{1}{R}V \quad \cdots ❶$$

Step3 ❶を I-V グラフ上にグラフ化し，特性曲線との交点 (V_0, I_0) を求める。
この I_0，V_0 が未知数の答えとなる。

Step3 交点，特性曲線，❶式のグラフ

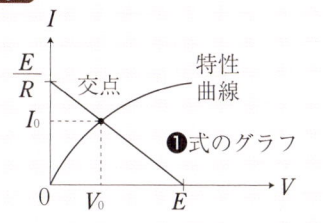

この解法の命は **Step1** だ。

非オーム抵抗（ひねくれもの）に愛（$\dot{I}$）＆平和（$\dot{V}$サイン）を与えると覚えておこう。

チェック問題 ① オーム抵抗と非オーム抵抗　標準 **10**分

図1のように，抵抗Rまたは豆電球Mを電源Eにつなぎ，その両端の電圧V〔V〕と電流I〔mA〕を測定したところ，図2に示す結果が得られた。

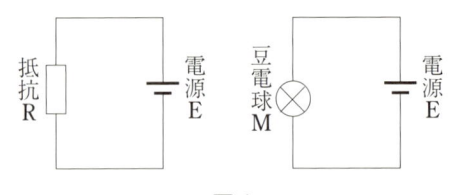

(1) Rの抵抗値Rはいくらか。
(2) 図3のように，RとMを(a)直列または(b)並列につなぎ，電源Eの電圧を7Vとした。電流計Ⓐを流れる電流はそれぞれいくらか。

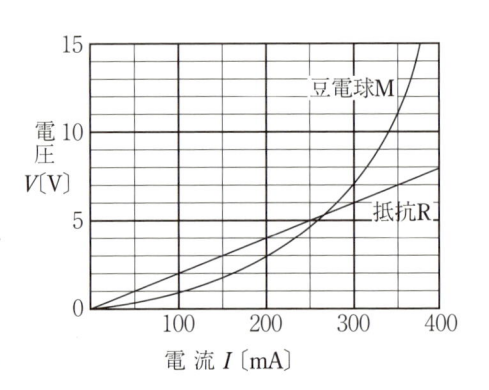

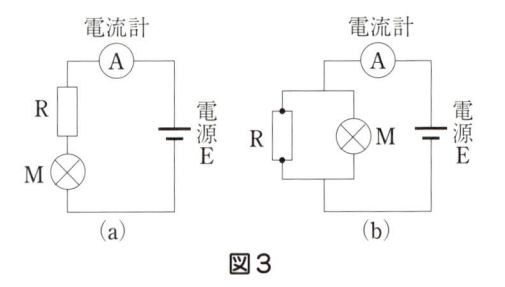

図1

図2

図3

解説 (1) R は通常のオーム抵抗だね。
図2で，抵抗 R は $V=2$ V のとき $I=100$ mA となるので，
$$R=\frac{V}{I}=\frac{2\text{ V}}{100\times 10^{-3}\text{ A}}=20\text{ Ω}\cdots\cdots\boxed{答}$$

(2) 《非オーム抵抗の解法》(p.191) に入ろう。
ポイントは**非オーム抵抗（ひねくれもの）に I（ラブ）＆ V（ピース）を与える**ことだよ。

(a) **Step1** 図aのように豆電球に I と V を仮定する。
Step2
$$\circlearrowright : +20I+V-7=0$$
$$\therefore\ V=7-20I\ [\text{V}]\cdots ①$$
Step3 0.35 A = 350 mA より，図bのように，①式のグラフは (0, 7) (350, 0) を通る。
　①と特性曲線のグラフの交点より
$$I=200\text{ mA}\cdots\cdots\boxed{答}$$

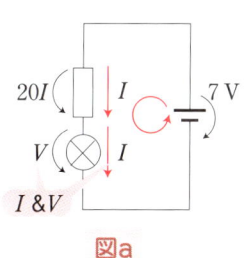

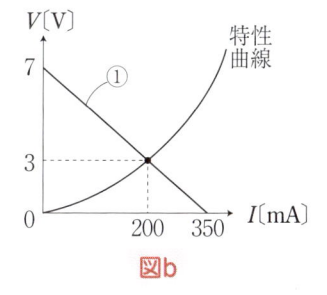

(b) **Step1** 図cのように I と V を仮定。
Step2
$$\text{大外}: +20i-7=0$$
$$\therefore\ i=\frac{7}{20}=0.35\text{ A}=350\text{ mA}$$
$$\circlearrowright : +V-7=0$$
$$\therefore\ V=7\text{ V}\cdots ②$$
Step3 図2の特性曲線で，$V=7$ V となるときの電流 I の値は，
$$I=300\text{ mA}$$
以上より，
$$i+I=350+300$$
$$=650\text{ mA}\cdots\cdots\boxed{答}$$

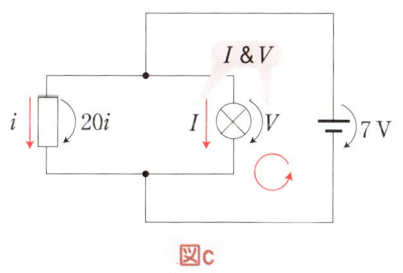

チェック問題 ❷ 非オーム抵抗の直列，並列つなぎ　標準 10分

電球の電流 I-電圧 V 特性曲線が右のグラフのようになっている電球がある。次の各場合に電池に流れる電流を求めよ。

(1) 電球2個を直列にして，20Ω の抵抗と $100\,\mathrm{V}$ の電源と直列につなぐ。
(2) 電球2個を並列にして，10Ω の抵抗と $50\,\mathrm{V}$ の電源と直列につなぐ。

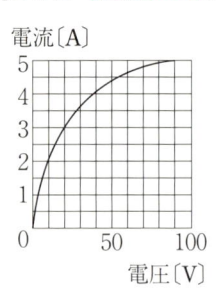

解説 (1) 《非オーム抵抗の解法》(p.191)で解く。
回路図は**図a**のようになるね。

> ゲゲッ，電球が2つもあります。2つあると難しく感じるなあ。

大丈夫。2つの電球は**全く同じものだから，対称性が使える**よ。

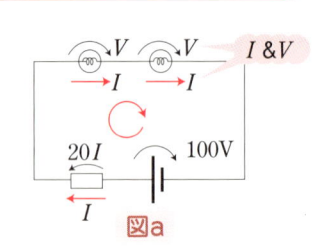

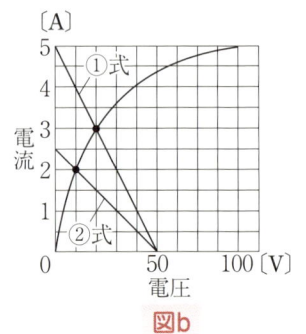

Step1 図aで直列だから，I は共通で，同じ特性曲線をもつので，同じ電圧 V がかかると仮定できる。

Step2 ↻：$+20I + V + V - 100 = 0$
∴ $I = 5 - \dfrac{1}{10}V$ …①

Step3 ①式をグラフ化し，**図b**で交点を求めると，$V = 20\,\mathrm{V}$，$I = 3\,\mathrm{A}$
よって，求める電流は
$I = 3\,\mathrm{A}$ ……**答**

図a

図b

(2) **Step 1** 図cで並列だから，Vは共通で，同じ特性曲線をもつので，同じ電流Iが流れると仮定できる。

Step 2 ↻: $+2I\times 10+V-50=0$

∴ $I=2.5-\dfrac{1}{20}V$ …②

Step 3 ②をグラフ化し，図bで交点を求めると，

$V=10\,\text{V}$, $I=2\,\text{A}$

よって，求める電流は$2I=4\,\text{A}$……**答**

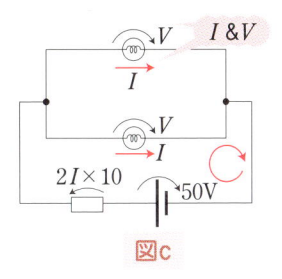

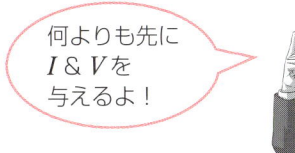

図c

何よりも先に $I\,\&\,V$ を 与えるよ！

第15章 非オーム抵抗

● 第15章 ●
ま と め

1 I-Vグラフが →原点を通る直線
 　　　　　　　　→ オーム抵抗
 　　　　　　　　　（抵抗 R は一定）
 　　　　　　→原点を通る直線にはならない（特性曲線）
 　　　　　　　　→ 非オーム抵抗
 　　　　　　　　　（抵抗 R が I や V とともに変化）
 　　　　　　　　　例　電球, ヒーター, ダイオード

2 非オーム抵抗の解法

Step 1 非オーム抵抗に I と V を仮定（2つの未知数）
　　　　（ひねくれもの）　　（ラブ&ピース）

Step 2 ○で I と V の関係式を求める　……★

Step 3 ★の式を I-V グラフ上に図示して, 特性曲線との交点(V_0, I_0)を求める。このV_0, I_0 が 2 つの未知数の答えとなる。

> 物理の電気は, ココまで。
> わからないところは, もう一度読み返してみよう。

物理の磁気

- 第16章 電流と磁界（物理）
- 第17章 ローレンツ力
- 第18章 電磁誘導（物理）
- 第19章 コイルの性質
- 第20章 電気振動回路
- 第21章 交流回路

第16章 電流と磁界（物理）

▲右手の「パー」でプッシュ！「グー」でパーンチ！

（本章に入る前に，この章の基礎となる「第4章」に目を通しておいてください。）

Story ① 磁界を表す言葉

▶(1) 基本は２つだ

「第4章」で電流と磁界の関係を見てきたね。そこでの基本は２つで，

> ① 電流$\vec{I}$は，その周囲に磁界$\vec{H}$をつくる《右手のグー》
> ② 電流$\vec{I}$は，磁界$\vec{H}$から力（電磁力）$\vec{F}$を受ける《右手のパー》

であった。ただし，「第4章」ではつくられる磁界$\vec{H}$の向きと，受ける電磁力$\vec{F}$の向きの決め方だけを見てきたね。

そこで本章では，向きだけではなくて，具体的にその大きさまで計算することを考えていこう。そのために，まずは言葉の定義をしっかりしておこう。

物理の磁気

▶(2) 磁気量の単位

「4」では，磁界$\vec{H}$の向きを，そこに置かれる方位磁針のN極の向く向きで決めたね。本章では，もう少し精密に定義しよう。そのために電気量を表す単位〔C〕（クーロン）に対応する，磁気量（磁石の極の強さ）を表す単位〔Wb〕（ウェーバー）を定義しよう。

図1のように，たとえば，「お！ 強いN極だ。+100 Wbだ」とか，「あーあ，弱いS極だ。−0.03 Wbしかないな」などのように，正の値のときはN極，負の値のときはS極を表すと約束しよう。

図1　磁気量

┈┈┈┈ **POINT 1** 磁気量の単位 ┈┈┈┈
〔Wb〕（ウェーバー）注 正の値はN極を表し，負の値はS極を表す。

▶(3) 磁界の定義

電界$\vec{E}$〔N/C〕の定義は，「その点に置かれる+1Cの点電荷が受ける電気力」だったね。全く同じように磁界$\vec{H}$〔N/Wb〕の定義は「その点に置かれる+1Wb（単位の強さのN極）の受ける磁気力」となるよ。

図2のように，N極とS極で挟まれた空間に，+1Wbを置く。このとき，たとえば，受ける力の向きが右向きで，その力の大きさが100 Nなら，ここには右向きに大きさ100 N/Wbの磁界$\vec{H}$が走っていることになるんだ。

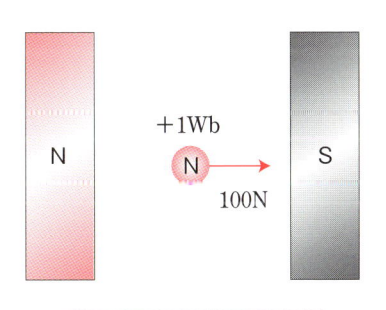

図2　$H=100$ N/Wb

第16章　電流と磁界（物理）

POINT 2　磁界 $\vec{H}$ の定義

● 磁界（磁場）$\vec{H}$ 〔N/Wb〕（＝〔A/m〕）
：その点に置かれる＋1Wbの受ける磁気力（ベクトル量）
　　　単位の強さのN極

▶(4) 磁束密度って何？

　第4章で磁力線（p.43）を見てきたね。この磁力線と同様に，磁界の様子を表す線に<u>磁束線</u>というものがある。磁束線は，ほぼ磁力線と同じものと考えていいよ。

　このとき，「1 m²あたりを垂直に貫く磁束線の本数」のことを，その点での<u>磁束密度 B</u> 〔Wb/m²〕＝〔T（テスラ）〕（または〔本/m²〕）という。

　例えば**図3**のように，1 m²あたり5本の磁束線が走っているときには，$B=5$ 本/m² となるね。磁束密度 B が大きい空間

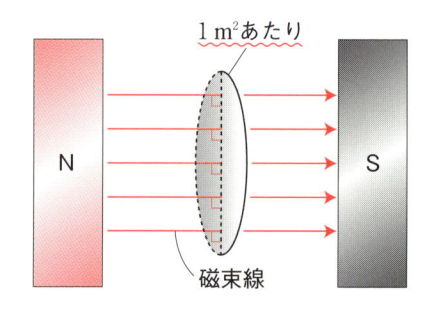

図3　磁束密度 $\vec{B}$ ＝5本/m²

ほど，磁束線の密度が濃い空間となり，強い磁界 H となる。一般に，磁束密度 B と磁界 H は比例しており，

　　$B \iff H$
　　　　比例

　そこで，<u>まわりの空間をみたす物質で決まる比例定数</u>を μ として，

$$B = \mu \times H$$

と書ける。この比例定数 μ のことを<u>透磁率</u>という。とくに，まわりが真空のときは，真空の透磁率 μ_0 を用いるよ。たとえば，まわりが鉄で満たされていれば，鉄の透磁率 $\mu_鉄$ を用いるよ。

物理の磁気

> **POINT③ 磁束密度 $\vec{B}$ の定義**
>
> - 磁束密度 $\vec{B}$ 〔Wb/m²〕（=〔T〕）（=〔本/m²〕）
>   - 向き：基本的には磁界 $\vec{H}$ と同じ向き
>   - 大きさ：1 m²あたりを垂直に貫く磁束線の本数
>
> - 磁界 $\vec{H}$ との関係
> $$B = (\underbrace{透磁率 \mu}_{\text{その空間をみたす物質で決まる定数}}) \times H$$

まだ，いまいち，BとHの違いが分からないんですけど。

いい質問だ。例えば，**電磁石では中に鉄しんを入れるとパワーアップする**ことは経験上知っているよね。それはなぜかと言えば，真空の透磁率μ_0に比べて，鉄の透磁率$\mu_{鉄}$のほうが何百倍も大きいからなんだ。

鉄の透磁率$\mu_{鉄}$がそのように大きくなる理由については，大学レベルの話になるので，ここでは，触れないでおくよ。とりあえず，BとHの違いのイメージだけをつかんでおこう。

BとHの違いは次のページで。

図4の2つのコイルは全く同じ形で，同じ電流で，全く同じ磁界 H であっても，それらの磁束密度 B は，

$B_{真空} = \mu_0 \times H$

$B_{鉄} = \mu_鉄 \times H$

となって，ケタ違いに $B_{鉄}$ のほうが $B_{真空}$ より大きく，パワーアップしているんだ。

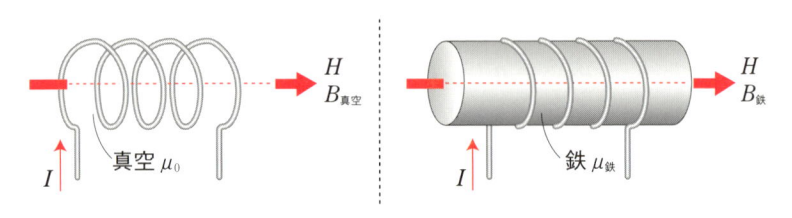

図4　磁界 H は全く同じ，でも磁束密度 B はケタ違い

つまり，磁束密度 B という量の中には，「まわりの空間がどんな物質で満たされているか」という情報も含まれているんだ。つまり，B のほうが H より濃い内容を含んでいるんだ。シャープペンシルの芯の濃さと同じ。その芯は，B のほうが H より濃いってことだね（笑）。

POINT 4　磁界 H と磁束密度 B の違い

磁界 H：まわりの空間の状態は関係なく，電流のみで決まる量
磁束密度 B（$=\mu H$）：まわりの空間の状態まで含めて考えた量

Story ❷ 電流Iはそのまわりに磁界Hをつくる

Story ❶で言葉の定義ができたので，さっそく「電流と磁界の関係」の完全版をつくるよ。第4章でやった《右手のグー》(p.44)を思い出そう。

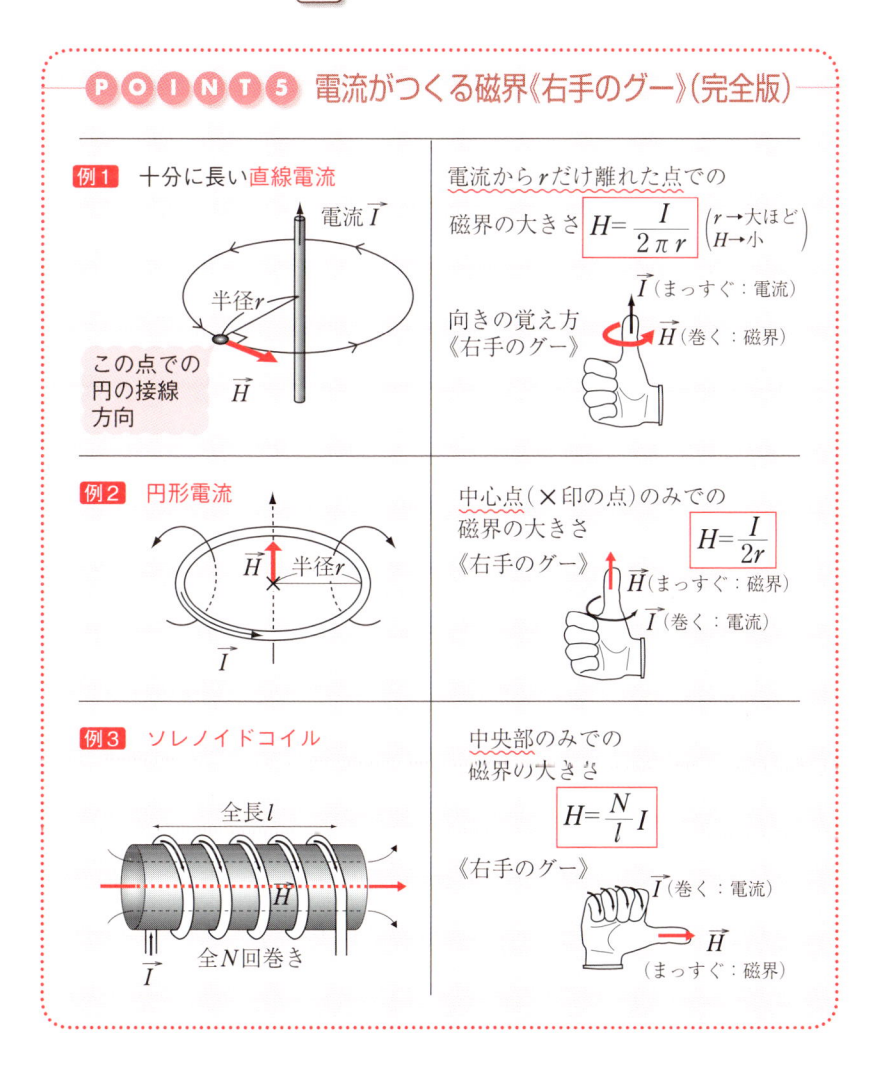

POINT 5 電流がつくる磁界《右手のグー》(完全版)

例1 十分に長い直線電流

電流からrだけ離れた点での磁界の大きさ $H = \dfrac{I}{2\pi r}$ $\begin{pmatrix} r \to 大ほど \\ H \to 小 \end{pmatrix}$

向きの覚え方《右手のグー》
$\vec{I}$（まっすぐ：電流）
$\vec{H}$（巻く：磁界）

例2 円形電流

中心点（×印の点）のみでの磁界の大きさ 《右手のグー》 $H = \dfrac{I}{2r}$

$\vec{H}$（まっすぐ：磁界）
$\vec{I}$（巻く：電流）

例3 ソレノイドコイル

全長l、全N回巻き

中央部のみでの磁界の大きさ $H = \dfrac{N}{l} I$

《右手のグー》
$\vec{I}$（巻く：電流）
$\vec{H}$（まっすぐ：磁界）

第16章 電流と磁界（物理）

POINT5 の磁界の大きさ H の公式は，すべて同じ単位をもっていることが分かるかい？

えーと，$\dfrac{I(A)}{2\pi r(m)}$，$\dfrac{I(A)}{2r(m)}$，$\dfrac{N}{l(m)} \times I(A)$
あ！ すべて〔A/m〕です。

そうなんだ。だから，磁界の単位は〔N/Wb〕だけではなくて，〔A/m〕と書いてもいいんだよ。

Story ③ 電流 I は磁界 H から電磁力 F を受ける

第4章でやった電流 I が磁界 H から受ける電磁力 F《右手のパー》(p.46)についてもその向きと大きさを含む完全版をつくろう。

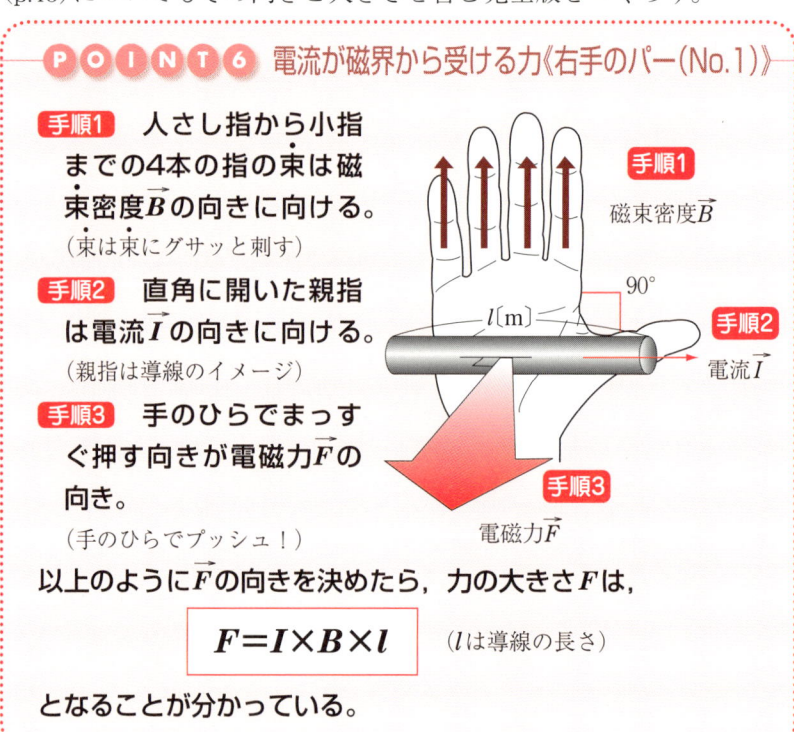

POINT 6 電流が磁界から受ける力《右手のパー(No.1)》

手順1 人さし指から小指までの4本の指の束は磁束密度 $\vec{B}$ の向きに向ける。
（束は束にグサッと刺す）

手順1 磁束密度 $\vec{B}$

手順2 直角に開いた親指は電流 $\vec{I}$ の向きに向ける。
（親指は導線のイメージ）

手順2 電流 $\vec{I}$

手順3 手のひらでまっすぐ押す向きが電磁力 $\vec{F}$ の向き。
（手のひらでプッシュ！）

手順3 電磁力 $\vec{F}$

以上のように $\vec{F}$ の向きを決めたら，力の大きさ F は，

$$F = I \times B \times l$$

（l は導線の長さ）

となることが分かっている。

単純に，$I×B×l$ と3つかければいいんですね。
カンタンだ！

そうだ。そのために，磁束密度 B を導入したのだからね。

さあ！　これで，電流と磁界の関係を，その向きだけではなくて，その大きさまで含めて分析できるようになったね。

チェック問題 1　電流と磁界の関係　標準 10分

紙面に垂直に3本の直線導線A，B，Cが間隔 l で置かれている。導線AとBには表→裏，Cは裏→表を向く大きさ I の電流が流れている。透磁率を μ とする。

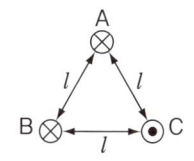

(1) B，CがそれぞれAの位置につくる磁界 $\vec{H_B}$，$\vec{H_C}$ の大きさを求めよ。

(2) BとCがAの位置につくる合成磁界 $\vec{H}$ の大きさを求めよ。

(3) Aの単位長さあたりが $\vec{H}$ から受ける力の大きさを求めよ。

解説　(1) 図a，bのように，B，Cがそれぞれつくる磁界 $\vec{H_B}$，$\vec{H_C}$ の向きは，《右手のグー》(p.203)で親指をそれぞれの電流の向き（B：表→裏，C：裏→表）に向けたときの，人さし指の先が向かう向きに巻く円を考えたとき，その円の点Aでの接線方向を向き，大きさはともに

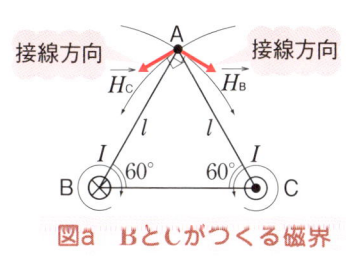

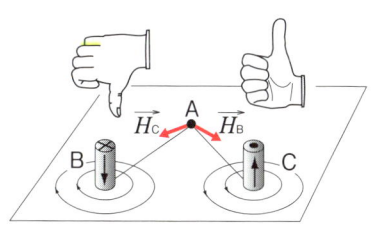

$$|\vec{H_B}| = |\vec{H_C}| = \frac{I}{2\pi l} \cdots ① \quad \cdots\cdots \text{答}$$

図a　BとCがつくる磁界

図b　図aの立体的イメージ

(2) 図cより合成磁界 $\vec{H}$ の向きは図の下向きで，その大きさは，$\vec{H_B}$，$\vec{H_C}$ のベクトル和を考え，

$$|\vec{H}| = |\vec{H_B}|\cos60° + |\vec{H_C}|\cos60°$$

$$\underset{①より}{=} \frac{I}{2\pi l} \times \frac{1}{2} + \frac{I}{2\pi l} \times \frac{1}{2}$$

$$= \frac{I}{2\pi l} \cdots ② \quad \cdots\cdots 答$$

図c　磁界の合成

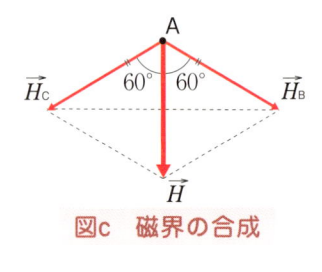

(3) 《右手のパー(No.1)》(p.204)で導線Aの1mあたりが受ける電磁力 $\vec{F}$ の向きは図d，eで，親指を電流の向き $\vec{I}$（表→裏），人さし指から小指までの束を磁界 $\vec{H}$ に当てたときに，手のひらでまっすぐ押す向き（左向き）で，大きさは，

$$|\vec{F}| = I|\vec{B}|\cdot 1$$

$$\underset{|\vec{B}|=\mu|\vec{H}|より}{=} I\mu|\vec{H}|\cdot 1$$

$$\underset{②より}{=} I\mu\frac{I}{2\pi l}$$

$$= \frac{\mu I^2}{2\pi l} \cdots\cdots 答$$

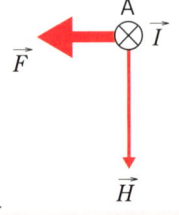

図d　Aが受ける力

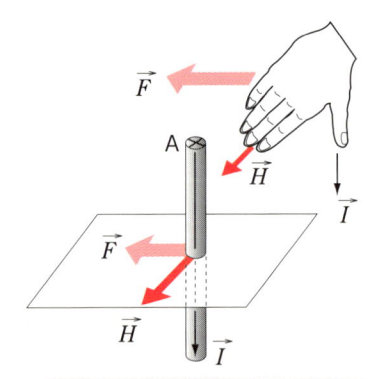

図e　図dの立体的イメージ

● 第16章 ●
ま と め

1 磁界 $\vec{H}$: そこに置かれる＋1Wb あたりが受ける磁気力

2 磁束密度 $\vec{B}$
　① 向き：$\vec{H}$ と同じ向き
　② 大きさ：1m^2 あたりを貫く磁束線の本数

3 $\vec{B}$ と $\vec{H}$ の関係：$\vec{B}$ =（透磁率 μ）× $\vec{H}$
　　　　　　　　　　　まわりの物質で決まる定数

4 電流 $\vec{I}$ は磁界 $\vec{H}$ をつくる
　① 向き《右手のグー》
　② 大きさ

　　（i） 直線電流　　$H = \dfrac{I}{2\pi r}$

　　（ii） 円形電流　　$H = \dfrac{I}{2r}$

　　（iii） ソレノイドコイル　$H = \dfrac{N}{l} I$

5 電流 $\vec{I}$ は磁界（磁束密度 $\vec{B}$）から力（電磁力）$\vec{F}$ を受ける
　① 向　き：《右手のパー（No.1）》
　② 大きさ：$F = I \times B \times l$

第17章 ローレンツ力

▲ローレンツ力で魔球「らせん運動ボール」

Story ① ローレンツ力

▶(1) ローレンツ力って何？

第16章では電流が磁界から受ける力を見てきたね。また，第12章で電流の正体は，導線中を流れる電子⊖という荷電粒子（電気の粒）の流れだということを見てきたね。

> $I = vSne$ ですね。
> アイ アム ブ ス ネ ー

そうだ。覚え方だけじゃなくて，ちゃんとその式を導けるかな？で，以上を合わせると，電流が磁界から力を受けるというのは，結局ミクロの目で見ると，何が力を受けていることになるかい？

> えーと，導線の中を走る荷電粒子の電子です。

208　物理の磁気

すると，磁界中を走る荷電粒子は磁界から力を受けることになるね。この力のことをローレンツ力というんだ。このローレンツ力もp.204の電磁力同様《右手のパー》でまとめることができるよ（ただし，p.204と区別するために(No.2)としている）。

POINT 1 ローレンツ力《右手のパー(No.2)》

手順1 磁束密度$\vec{B}$の向きに人さし指から，小指までの4本の指の束を合わせる。
（束は束にグサッと刺す）

手順2 ㋐正電荷$+q$の速度$\vec{v}$の向きに親指を向ける。
㋑もし，負電荷$-q$の場合には速度と逆向きに親指を向ける。

手順3 手のひらでまっすぐ押す向きにローレンツ力$\vec{f}$を受ける。
（手のひらでプッシュ！）

このようにローレンツ力の向きを決めたら，力の大きさは，

$$f = q \times v \times B$$

と決まる。

どうして，$+q$と$-q$では親指の当て方が違うんですか？

第17章　ローレンツ力

いい質問だね。まさに，そこがポイントなんだ。

それは，次の理由だよ。まず，**図1**のように上向きの磁界$\vec{B}$中を電流$\vec{I}$が右向きに流れているときは《右手のパー(No.1)》(p.204)より，その電流$\vec{I}$が受ける力$\vec{F}$の向きは，手前側だよね。これをミクロの目で見るとき，もし，流れている荷電粒子が正電荷⊕の場合は，⊕は電流と同じ右向きに走っているので，**図2**のように，1つひとつの⊕は《右手のパー》の親指と同じ向きに速度$\vec{v}$を向けていることが分かるね。逆に，流れている荷電粒子が負電荷⊖だった場合は，⊖は電流とは逆向きに走る(p.152)から図3のように，1つひとつの⊖は《右手のパー》の親指とは逆向きに速度$\vec{v}$を向けていることになるね。これが，$+q$と$-q$でその速度$\vec{v}$と親指の向きの当て方が異なる理由なんだ。

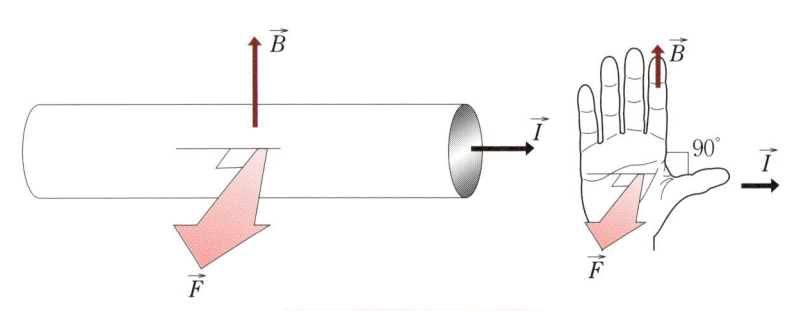

図1　電流が受ける力

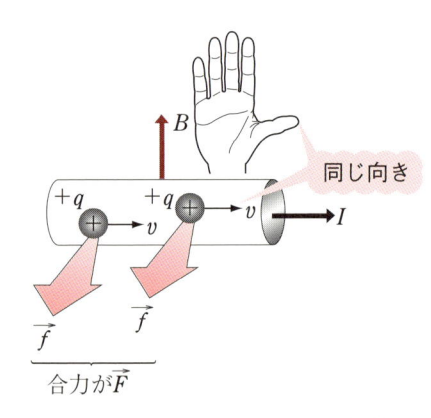

図2　正電荷が流れているとき

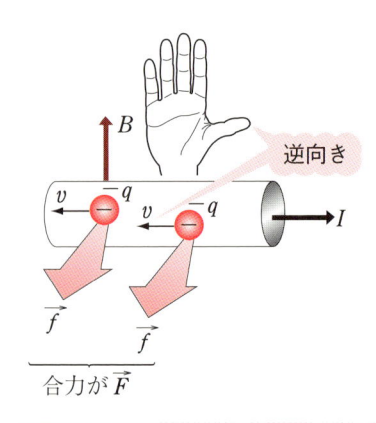

図3　負電荷が流れているとき

▶(2) $\vec{B}$ と $\vec{v}$ が斜めの場合

> もし，磁束密度 $\vec{B}$ の向きと荷電粒子の速度 $\vec{v}$ の向きが直角じゃなかったら，ローレンツ力はどうやって求めるんですか？

これまた，いい質問だ。そのときには，

まず，図4にあるように，斜めの速度 $\vec{v}$ を分解して，

㋐ $\vec{B}$ と垂直の $v\sin\theta$
㋑ $\vec{B}$ と平行の $v\cos\theta$

に分解するよ。

次に，$\vec{B}$ と平行な成分㋑をもった荷電粒子は全く力を受けないので，㋑はポイッと捨て，㋐のみを考えるんだ。

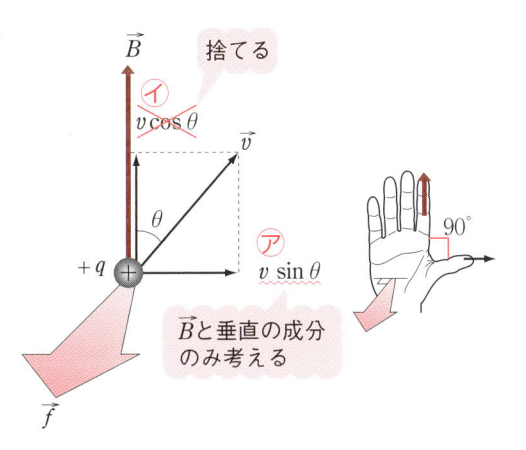

図4 斜めの速度の場合

すると，図4のように，《右手のパー(No.2)》より，ローレンツ力は $f=qv\sin\theta B$ と決まるんだ。

> 以上で，⊕だろうと⊖だろうと，どの向きの $\vec{v}$ をもっていようと，自由自在にローレンツ力が求まりますね。

その通りだよ！ 次のチェック問題で確かめてほしい。

> 束は束にグサッと……
> 親指は電流
> 手のひらでプッシュ！

第17章 ローレンツ力

> **チェック問題 1　ローレンツ力**　　易 3分

(1)(2)で荷電粒子⊕，⊖が磁束密度の大きさ B の磁界から受けるローレンツ力 $\vec{f}$ の向きと大きさをそれぞれ求めよ。

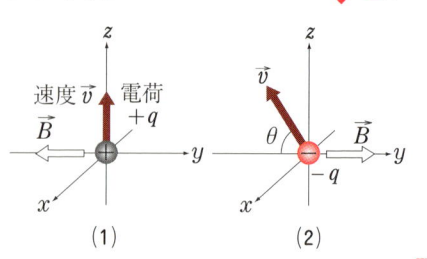

解説　《右手のパー(No.2)》(p.209)で求めるのみ。

(1) 図aのように正電荷なので $\vec{v}$ と同じ $+z$ 方向に親指を向ける。

このとき，手のひらで押す向きの
$+x$ 方向……**答**に，
ローレンツ力 $f = qvB$ ……**答**
を受ける。

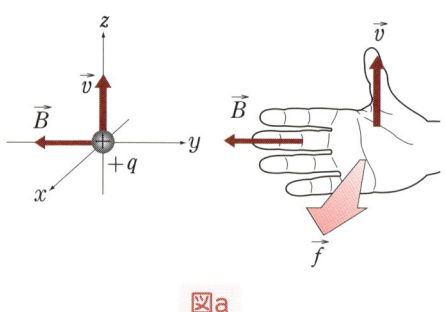

図a

(2) 図bのように速度を分解する。そのうち，$\vec{B}$ と平行な成分 $v\cos\theta$ は捨て，垂直な成分 $v\sin\theta$ のみ考える。そして，今度は**負電荷なので，親指は $v\sin\theta$ とは逆の $-z$ 方向に向ける。**

このとき，手のひらで押す向きの $+x$ 方向……**答**に，
ローレンツ力
$f = qv\sin\theta B$ ……**答**
を受ける。

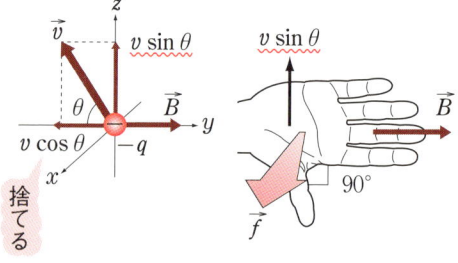

図b

Story ❷ ローレンツ力を受ける等速円運動

▶(1) なぜ等速円運動するのか？

まず，図5を見て，❶〜❻の順番に1つひとつ考えていこう。

❶ 荷電粒子⊕は磁界から《右手のパー(No.2)》(p.209)によりローレンツ力 $f=qvB$ を下向きに受ける。

❷ そのローレンツ力を受け，⊕は下へカーブする。

❸ ローレンツ力は移動方向とつねに直交しているので，仕事をしない。よって，運動エネルギーは一定。つまり，速さ v は変わらない(等速)。

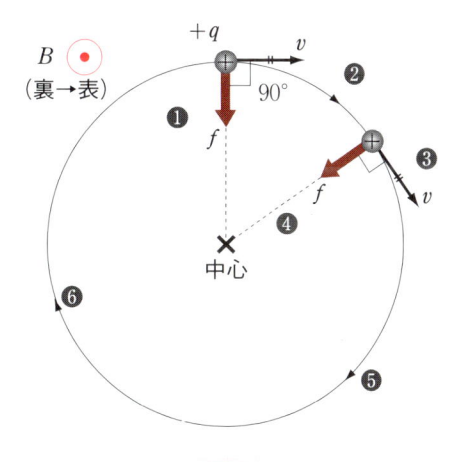

❹ よって，⊕が受けるローレンツ力の大きさ $f=qvB$ も変わらない。

❺ したがって，カーブの曲がり具合(曲率半径)は，つねに一定となる。

❻ よって，円運動をして戻ってくる。

以上から，ローレンツ力を受ける荷電粒子が等速円運動することが分かったね。

> まるで，ローレンツ力が透明な糸の張力となって中心に引っ張っているみたいぐすね。

その通り！　いいイメージだ。

POINT❷ ローレンツ力を受ける等速円運動

磁界と垂直の初速度をもつ荷電粒子は，ローレンツ力を向心力とする等速円運動をする。

第17章　ローレンツ力

チェック問題 ❷ ローレンツ力を受ける円運動 やや難 15分

チェック問題 ❶ (p.212)で，荷電粒子の質量をmとするとき，粒子はその後どのような運動をするか。(1)(2)それぞれについて述べよ（中心，半径，周期は明記せよ）。

解説 **POINT❷**で見たように等速円運動をするけども，どの点を中心とする等速円運動になるかな？

> ハイ！ ローレンツ力$\vec{f}$を向心力とする円運動だから，円の中心はローレンツ力$\vec{f}$のベクトルの矢印の先にあります。

いいぞ！ 円運動の解法より（力学・熱力学編 **第14章** をご覧ください）

Step 1 中心，半径r，速さvを求める。

Step 2 「回る人」から見た遠心力$m\dfrac{v^2}{r}$を作図

Step 3 半径方向の力のつり合いの式を立てる

を使って解こう。

(1) 図aのように$-y$方向から見るよ。ローレンツ力の向きはp.212で求めたように$+x$方向を向き，その大きさは，
$$f = qvB$$
となったね。

Step 1 円の中心は**$\vec{f}$の矢印の向く先の×にとる**。半径はrと仮定。速さはvである。

Step 2 「回る人」から見て，遠心力$m\dfrac{v^2}{r}$を書くよ。

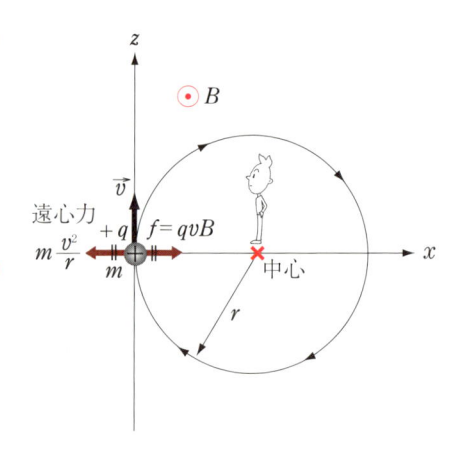

図a　$-y$方向から見る

Step 3 半径方向の力のつり合いの式は,

$$m\frac{v^2}{r} = qvB$$

となるので, この式より円運動の半径 r は,

$$r = \frac{mv}{qB} \cdots ①$$

以上より, 求める運動は, 点 $\left(\frac{mv}{qB}, 0, 0\right)$ を中心とする, 半径 $\frac{mv}{qB}$ の等速円運動で, その周期は,

$$T = \frac{2\pi r}{v} = \frac{2\pi m}{qB} \cdots\cdots \boxed{答}$$ となる。

(2) ゲゲ! 斜めの速度でスタートすると, その後一体どんな運動になるんでしょうか? はじめの一歩が分かりません!

放物運動を思い出してごらん。解法のポイントは何だったっけ?

ハイ! 初速度 $\vec{v}$ を水平方向と鉛直方向に分解して, 水平方向は等速度運動, 鉛直方向は等加速度運動に完全に分けて考えます。

全く同じように $\vec{v}$ を ㋐ $\vec{B}$ と平行な成分($-y$ 方向)と ㋑ $\vec{B}$ と垂直な成分($+z$ 方向)に**完全に分けて考える**よ(**図b**)。

㋐ もし, 粒子が $-y$ 方向に速さ $v\cos\theta$ で走ると, **全くローレンツ力を受けずに, そのまま, 等速直線運動するね。**

㋑ もし, 粒子が $+z$ 方向に速さ $v\sin\theta$ で走ると, **図b**のように, (p.212でやった)$+x$ 方向にローレンツ力 $f = qv\sin\theta B$ を受けるね。
この力が向心力となって, 粒子は**等速円運動**するよ。

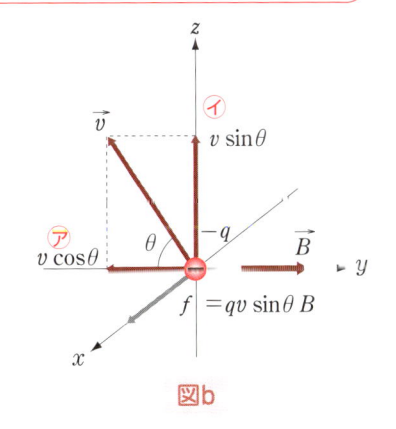

図b

第17章 ローレンツ力

この㋑の円運動について$-y$方向から見ると**図c**で，

Step 1 中心は$\vec{f}$の矢印の先の×にとる。半径はrと仮定。速さは$v\sin\theta$だね。

Step 2 「回る人」から見て，遠心力
$$m\frac{(v\sin\theta)^2}{r}$$ を書くよ。

Step 3 半径方向の力のつり合いの式は，
$$m\frac{(v\sin\theta)^2}{r}=qv\sin\theta B$$
$$\therefore\ r=\frac{mv\sin\theta}{qB}\cdots ②$$

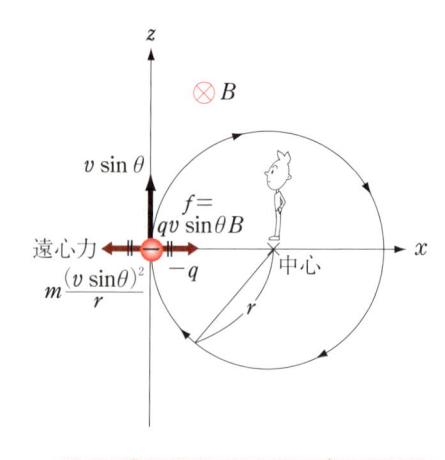

図c ㋑の運動を$-y$方向から見る

以上の㋐と㋑を合わせると，**図d**のように，**$-y$方向に速さ$v\cos\theta$で運動しながら，回転していくらせん運動**になる。

らせんの中心軸は，
$$x=\frac{mv\sin\theta}{qB},\ z=0$$
にあり，半径は，
$$r=\frac{mv\sin\theta}{qB}\text{で}.$$
その周期は，
$$T=\frac{2\pi r}{v\sin\theta}\underset{②より}{=}\frac{2\pi m}{qB}\cdots\cdots\boxed{答}$$

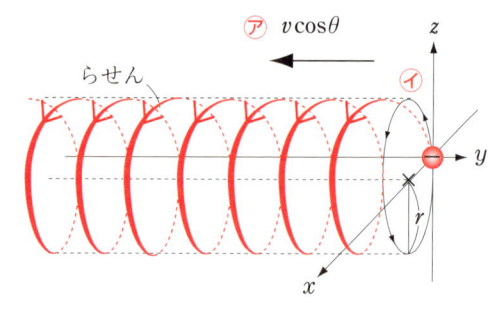

図d ㋐+㋑ はらせん運動

となり，周期だけは，(1)と同じになるね。周期は，qとmとBのみで決まり，初速度の大きさや向きにはよらないことは覚えておいて損はないよ。

● 第17章 ●
まとめ

1 磁界中を走る荷電粒子はローレンツ力を受ける。
①向　き：《右手のパー (No.2)》
②大きさ：$f = q \times v \times B$
　注　正電荷と負電荷で親指の当て方が逆向きになる。
　注　$\vec{B}$ と $\vec{v}$ が斜めの場合には $\vec{v}$ を分解し，$\vec{B}$ と垂直な成分のみローレンツ力を受ける。

2 ローレンツ力を受ける荷電粒子の運動
ローレンツ力を向心力とする等速円運動をする。
　注　$\vec{B}$ と $\vec{v}$ が斜めの場合には，$\vec{v}$ を ㋐ $\vec{B}$ と平行，㋑ $\vec{B}$ と垂直な成分にそれぞれ分解し，
　　┌ ㋐ $\vec{B}$ と平行な向きにはローレンツ力を受けず等速度運動
　　└ ㋑ $\vec{B}$ と垂直な向きにはローレンツ力を受けて等速円運動
　　→ ㋐＋㋑は，らせん運動になる。

力学の復習をしながら，勉強するとよいかも！

第18章 電磁誘導（物理）

ただの棒が… 電池に！？

▲ただの棒が電池に化けるマジック！

（本章に入る前に，この章の基礎となる「第5章」に目を通しておいてください。）

Story ① 磁界中を運動する導体棒

▶(1) 棒が電池に化ける？

図1のように上向きの磁束密度Bの磁界中を，長さlの導体棒PQが速さvで直角に横切りながら走っているよ。この導体棒は，じつは「電池」と全く同じモノと見なせるんだ。

どーして，こんなタダの棒が電池になるんですか？

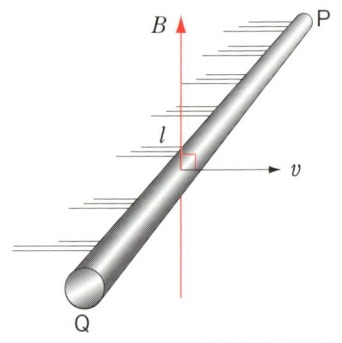

図1　磁界中を走る導体棒

たしかにそう思えるね。
しかし，これから見ていくように，**17**でやったローレンツ力を考えると，この棒がまさに「電池」（ローレンツ力電池）となることが分かるんだ。

▶(2) そもそも起電力Vの電池って何のこと？

ここでは，まず起電力の定義に戻ってみよう。p.180で見たように，電池とは一種の「ポンプ」のことで，−極側から＋極側へ電気を「汲み上げる」装置のことだったよね。

この電池が起電力V〔V〕をもつということはどういうこと？

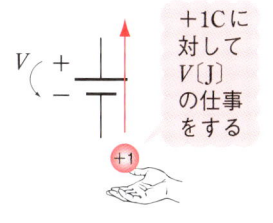

> たしかp.181(2)で見たように，＋1Cを−極側から＋極側へ「持ち上げる」ときに，V〔J〕の仕事をする能力をもつということでした。図2のイメージです。

図2　V〔V〕の電池とは

OK！ ＋1Cに対し1.5 Jの仕事をできるのが1.5 Vの乾電池で，＋1Cに対して6 Jの仕事をできるのが6 Vのリチウムイオン電池だ。

▶(3) ローレンツ力によって棒は電池になる。

もう一度，図1に戻ってみよう。この棒PQが＋1Cに対していくらの仕事をする能力をもつかを調べるために，図3のように棒の上に＋1Cを乗せてみよう。

すると，この＋1Cは棒とともに磁界中を動くので……。

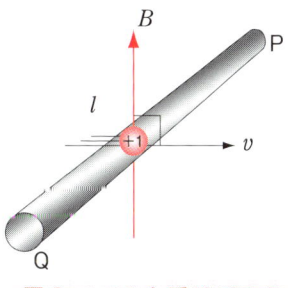

図3　＋1Cを乗せてみる

> 磁界中を走る＋1C……そう！ローレンツ力を受けます。

　その通り。＋1Cは棒と同じ速度vで磁界中を動くので，図4のように《右手のパー(No.2)》(p.209) を用いると，P→Qの向きに大きさ$f=1\cdot vB$のローレンツ力を受けることが分かるね。

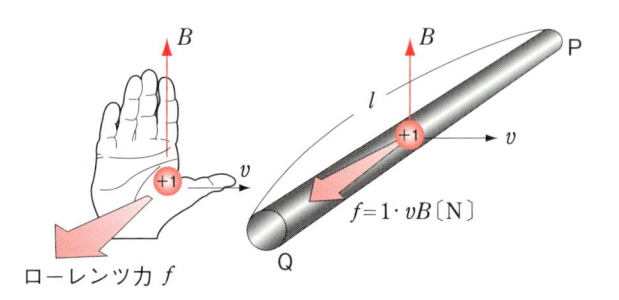

図4　棒の上の+1Cが受けるローレンツ力 f

　このローレンツ力$f=1\cdot vB$〔N〕は＋1Cを棒に沿ってPからQまでl〔m〕だけ運ぶ際に，

$$\underset{\text{力}}{1\cdot vB}\times \underset{\text{距離}}{l}=vBl\ \text{〔J〕}$$

だけの仕事を＋1Cに対してすることができる。

　ここで，(2)で見たように起電力V〔V〕の電池とは「－極側から＋極側へ，＋1Cを運ぶ際にV〔J〕の仕事をすることができる装置」であるから，図4の棒PQは図5のようなPを－極側，Qを＋極側とする起電力であり，

$$V=1\cdot vB\times l=vBl\ \text{〔V〕}$$

の電池と同等とみなせるね。

物理の磁気

+1Cに対して
$V = 1 \cdot vB \times l = vBl$ 〔J〕
の仕事能力をもつ

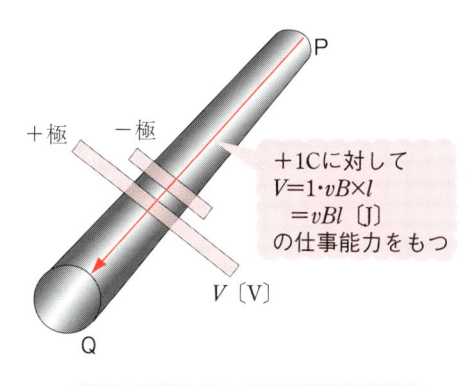

+極　−極

P
Q
V〔V〕

図5　図4はこんな電池と同等

　これは，ローレンツ力を動力源とする電池であるので，本書では「ローレンツ力電池」とよぶことにするよ。

POINT1 「ローレンツ力電池」

① 起電力の向きの決め方
　導体棒の上に**+1Cを乗せた**とき，《右手のパー(No.2)》(p.209)で受けるローレンツ力の向きが起電力の向き

② 起電力の大きさV〔V〕の決め方
　①のローレンツ力によって+1Cを棒に沿って運んだときに，ローレンツ力がする仕事（=力×距離）が起電力の大きさVとなる。

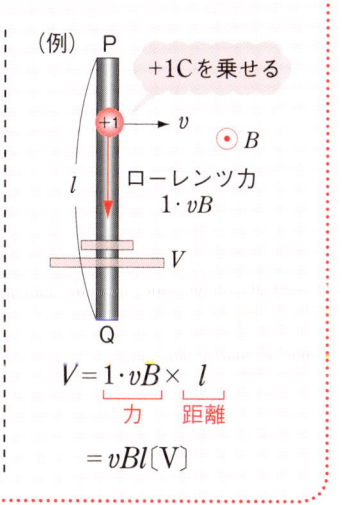

（例）
+1Cを乗せる
P
Q
l
ローレンツ力 $1 \cdot vB$
v
B
V

$V = 1 \cdot vB \times l$
　　力　　距離
$= vBl$〔V〕

チェック問題 ❶ ローレンツ力電池の起電力　♥8分

磁束密度Bの磁界中を速さvで平行移動する長さlの導体棒に生じる起電力の向きと大きさVを求めよ。

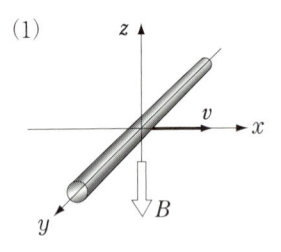

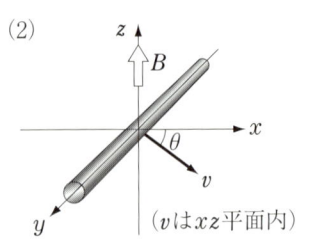

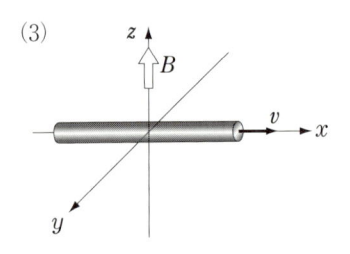

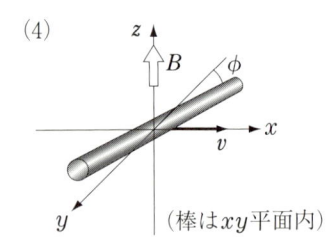

(1)

(2) （vはxz平面内）

(3)

(4) （棒はxy平面内）

解説 (1) 棒に+1Cを乗せると図aのように《右手のパー(No.2)》(p.209)で$-y$方向にローレンツ力$1 \cdot vB$を受ける。このローレンツ力が+1Cを運ぶ仕事が起電力Vになる。

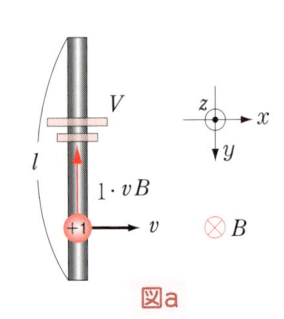

$$V = \underbrace{1 \cdot vB}_{\text{力}} \times \underbrace{l}_{\text{距離}} = vBl \ [\text{V}] \cdots \text{答}$$

図a

(2) $\vec{v}$ を分解して，ローレンツ力を受けない $\vec{B}$ と平行な速度成分 $v\sin\theta$ は捨て，$v\cos\theta$ のみを残す。

棒に +1C を乗せると，図bのように《右手のパー(No.2)》で $+y$ 方向にローレンツ力 $1\cdot v\cos\theta\, B$ を受ける。このローレンツ力が +1C を運ぶ仕事より，

$$V = \underbrace{1\cdot v\cos\theta\, B}_{\text{力}} \times \underbrace{l}_{\text{距離}} = vBl\cos\theta \ [\text{V}] \cdots\cdots\text{答}$$

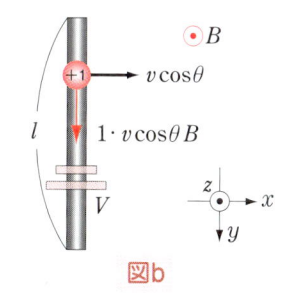

(3) 棒に +1C を乗せると，図cのように《右手のパー(No.2)》で $+y$ 方向にローレンツ力 $1\cdot vB$ を受ける。しかし，このローレンツ力は棒に沿った方向とは直角なので，棒に沿って +1C を運べない。よって，

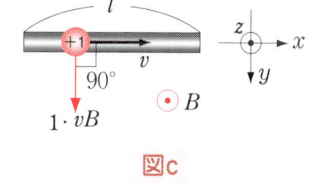

$$V = 0 \ [\text{V}] \cdots\cdots\text{答}$$

つまり，棒が「ブチブチ」磁束線を横切らないと起電力は生じないんだ。

(4) 棒に +1C を乗せると，図dのように《右手のパー(No.2)》で $+y$ 方向にローレンツ力 $1\cdot vB$ を受ける。ただし，この力のうち棒に沿った成分 $1\cdot vB\cos\phi$ だけが仕事をするので，

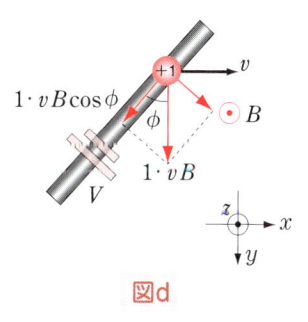

$$V = \underbrace{1\cdot vB\cos\phi}_{\text{力}} \times \underbrace{l}_{\text{距離}} = vBl\cos\phi \ [\text{V}] \cdots\cdots\text{答}$$

Story ❷ 電磁誘導の法則（物理）

▶(1) 磁束って何？

第5章で，電磁誘導の法則について見てきたね。そこでは，コイルに磁石を近づけたり，遠ざけたりすると，コイルの中を貫く磁束線の本数が変化し，その変化を妨げる向きに，誘導起電力が生じていた。

第5章では，生じる誘導起電力の向きだけを決めてきたけど，本章ではいったい何〔V〕の誘導起電力が生じるのか，その大きさまで決めていこう。

そのために，まずは磁束Φ〔Wb〕（=〔本〕）という量を定義しよう。ここで，Φは「ファイ」と読むよ。

POINT 2 磁束Φ〔Wb〕（=〔本〕）

ある面を（垂直に）貫く磁束線の総本数を磁束Φ〔Wb〕（=〔本〕）という。

特に，磁束密度B〔本/m²〕が面積S〔m²〕の面を垂直に貫いているときは，

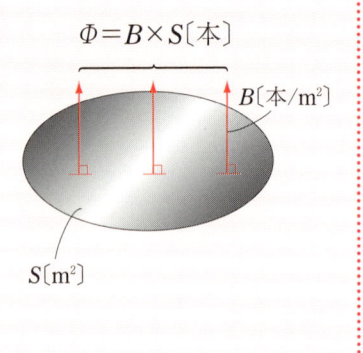

$$\Phi = \underset{1m^2 あたりの本数}{B} \times \underset{面積}{S} 〔本〕$$

$\Phi = B \times S$〔本〕
B〔本/m²〕
S〔m²〕

磁束Φの単位は〔Wb〕（ウェーバー）なんですか？　それとも，〔本〕なんですか？

もちろん，正式には〔Wb〕だよ。だけど，（磁束Φ）=（貫く磁束線の本数）という定義なので，この本数というイメージと合うように〔本〕という単位を実用上使っているんだ。

▶(2) 発生する誘導起電力の大きさVの求め方

(1)で磁束Φを定義したので，次は，起電力の大きさVを求めよう。第5章のp.52では，Vは1秒あたりの磁力線の本数の変化と，コイルの巻き数に比例することを見てきたね。本章ではより具体的に起電力の大きさVを数値で求められるようにしよう。

じつは，Vの求め方には次の3つの 表現 があるけど，どれも全く同じ意味をもっているんだ。例として，図6のように3秒間で$\Phi=6$本という一定のペースで磁束Φが増していくコイルを見てみよう。

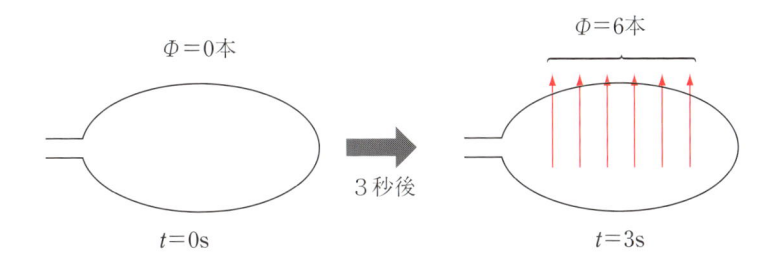

図6 コイルを貫く磁束Φが増加

このときのコイル1巻きあたりに発生する起電力の大きさVは，

表現1　$V=$ 1秒あたりの磁束Φの変化の大きさ

➡ 図6の例では，
$$V=\left|\frac{6本増加}{3秒間で}\right|=2\mathrm{V} \quad となる。$$

表現2　$V=\Phi\text{-}t$ グラフの傾きの大きさ

➡ 図6を$\Phi\text{-}t$グラフにしてみると，図7のようになるが，

この図7の傾きの大きさがVなので，

$$V = \left|\frac{上へ6上がる}{右へ3いって}\right|$$

$$= 2\,\text{V}$$

となって，表現1と一致している。

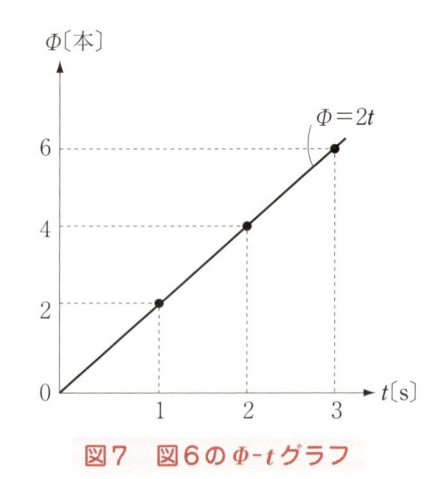

表現3　$V = \left|\dfrac{d\varPhi}{dt}\right|$

> ヒエー！微分ですか。

図7　図6の$\varPhi$-tグラフ

　微分といっても，アワテルことはないよ。単にグラフの傾きを見ているにすぎないんだ。図7の$\varPhi$-tグラフでは，磁束$\varPhi$を時刻tの関数で表すと，$\varPhi = 2t$となるね。この$\varPhi$をtで微分すると……やってごらん。

> $\varPhi = 2t$だから，tで微分すると，$\dfrac{d\varPhi}{dt} = \dfrac{d(2t)}{dt} = 2$
> あ！　同じ。

　そうだね。やっぱり，$V = \dfrac{d\varPhi}{dt} = 2\,\text{V}$となったでしょ。

　以上をまとめると，電磁誘導の法則の完全版ができたことになるね。

POINT 3　電磁誘導の法則（完全版）

貫く磁束が変化するコイルには誘導起電力が生じる。

① コイルに発生する起電力の向きは，コイルを貫く磁束$\varPhi$の変化を妨げようとする向き（p.51）

② コイル1巻きあたりに発生する起電力の大きさV

$V = $ 1秒あたりの磁束$\varPhi$の変化の大きさ

$= \varPhi$-tグラフの傾きの大きさ $= \left|\dfrac{d\varPhi}{dt}\right|$

物理の磁気

▶(3) 「ローレンツ力電池」と《電磁誘導の法則》の関係

> Story ① の「ローレンツ力電池」と Story ② の《電磁誘導の法則》は,どちらも起電力が発生するんですが,何か関係があるのですか?

とってもいい質問だね。じつは,図8のように,電磁誘導の法則の中に「ローレンツ力電池」は含まれているんだ。

> 具体的には,どういうことですか?

図8 ローレンツ力電池と電磁誘導の法則

そうだねえ,たとえば,図9のように磁束密度Bの磁界中で,長さlの棒PQが速さvで右向きに進んでいるとしよう。

これは図5(p.221)で見た棒PQと全く同じ状況だね。図5では「ローレンツ力電池」の考え方を使って,発生する起電力を求めてきたけど,ここでは電磁誘導の法則を使って,①起電力の向き,②起電力の大きさを求めてみようね。

① 発生する起電力の向き

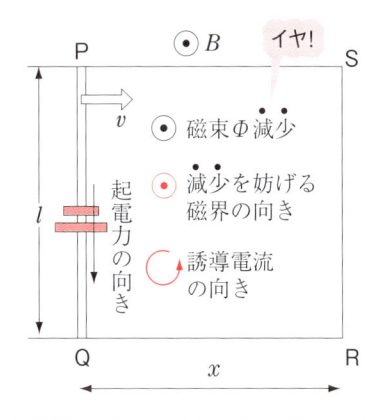

図9 棒PQは図5と全く同じ

図9のように,閉回路PQRSを定める。棒PQが右へ動くと,長方形PQRSの面積lx〔m^2〕はどんどん減少していく。つまり,閉回路PQRSを貫く磁束Φはどんどん減少していく。

よって,このとき発生する起電力の向きは,磁束の減少を妨げる向き,つまり磁束を増加させようという向きで,図9のようにP→Qの向きになる。これは,図5の起電力の向きP→Qと合っているね。

第18章 電磁誘導(物理)

② 発生する起電力の大きさ

図10のように，1秒あたりに閉回路PQRSを貫く磁束は，

$$\underbrace{B}_{\text{1m}^2\text{あたり} \atop \text{の本数}} \times \underbrace{l \times v}_{\text{1秒間に} \atop \text{減る面積}}$$

だけ減少している。

よって，《電磁誘導の法則》より，発生する起電力の大きさはこの減少分と同じで，

$$V = Blv \text{〔V〕}$$

となる。これは，図5（p.221）で，ローレンツ力が+1Cを運ぶ仕事を計算して，求めた起電力 $V = vBl$〔V〕と一致している。

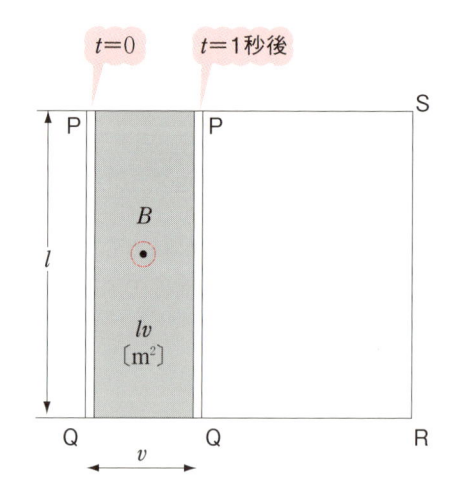

図10　1秒あたりの磁束の減少分

> では，結局「ローレンツ力電池」と《電磁誘導の法則》のどっちを使ってもいいのですか？

少しだけ注意が必要だよ。上の例のように，磁束密度 B が時間変化しないで，棒が「ブチブチ」と磁束線を横切って動く場合は，やはり「ローレンツ力電池」の方が分かりやすく計算も早いので，おすすめだ。

一方，図6（p.225）のように回路が動かず，B が時間変化している場合には，「ローレンツ力電池」で計算することはできないので，電磁誘導の法則で解くしかないね。つまり，次のように使い分けよう。

磁束密度 B が時間変化 ＜ しない ➡「ローレンツ力電池」が楽。
　　　　　　　　　　　　　　する　➡「電磁誘導の法則」しかない。

Story ❸ 電磁誘導問題の解法

以上をまとめると，電磁誘導の問題をバリバリ解く解法が見えてくる。

「ハメ技」のように解けるので，確実に得点源になるよ。

POINT 4 《電磁誘導の解法 起 電 力》

起 ……発生する 起 電力 V を求める。求め方は，次の2択

磁束密度が時間変化を

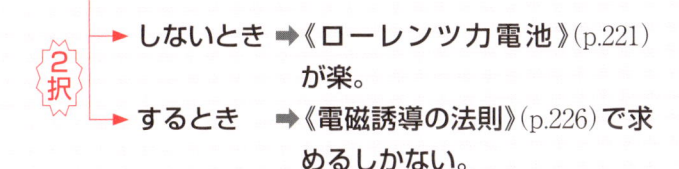

〈2択〉
- しないとき ➡ 《ローレンツ力電池》(p.221) が楽。
- するとき ➡ 《電磁誘導の法則》(p.226) で求めるしかない。

電 ……その起電力 V によって回路に流れる 電 流 I を《直流回路の解法》(p.154) で求める。

力 ……その電流 I が磁界から受ける電磁 力 を《右手のパー (No.1)》(p.204) によって作図する。

あとは，棒やコイルが

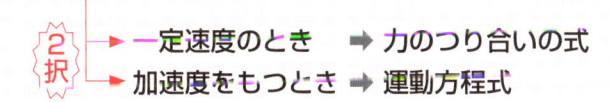

〈2択〉
- 一定速度のとき ➡ 力のつり合いの式
- 加速度をもつとき ➡ 運動方程式

以上の手順を 起 → 電 → 力 と「起電力」に引っかけて頭に入れよう。

チェック問題 ❷ 磁束線を切って進む導体棒　標準 10分

間隔 l の長いレールを水平から角 θ 傾け，端を抵抗 R で結び，磁束密度 B の一様な磁界中に置く。レールに沿ってなめらかに動く質量 m の導体棒PQを放す。その後十分に時間が経った後，棒の速さが v_0 で一定となった。重力加速度を g として，

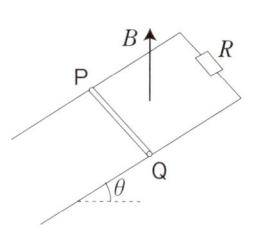

(1) PQ間に発生している起電力の向きと大きさを求めよ。
(2) R に流れる電流の大きさ I を v_0 を含む式で表せ。
(3) v_0 を求めよ。
(4) 抵抗での消費電力 P と棒に重力が単位時間あたりにする仕事 W との関係を式にせよ。

解説 (1) 《電磁誘導の解法 起電力》(p.229) で解く。

起　磁束密度は一定で，棒が磁束線を切っているので，《ローレンツ力電池》の考え方で棒の上に +1C を乗せ起電力を求めよう。図aのように速度 v_0 を分解し，磁束を「ブチブチ」切ることができない成分 $v_0 \sin\theta$ は捨て，切ることができる成分 $v_0 \cos\theta$ のみ考えるよ。発生している起電力の大きさは，+1C をローレンツ力 $1 \cdot v_0 \cos\theta \, B$ 〔N〕で l 〔m〕運ぶときにする仕事より，

$$V = \underbrace{1 \cdot v_0 B \cos\theta}_{力} \times \underbrace{l}_{距離}$$

$$= v_0 B l \cos\theta \,〔V〕\cdots\cdots 答$$

でその向きは，図bのように《右手のパー(No.2)》(p.209) で Q→P の向き……答

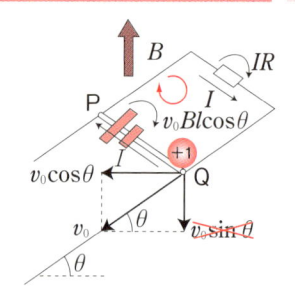

図a

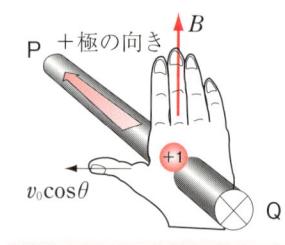

図b　図aの立体イメージ

(2) **電** 図aで流れる電流 I は回路の式より，
$$\circlearrowleft : +IR - v_0 Bl\cos\theta = 0 \cdots ①$$
$$\therefore I = \frac{v_0 Bl\cos\theta}{R} \cdots ② \quad \text{……答}$$

(3) **力** 図aで電流 I が受ける電磁力 F《右手のパー(No.1)》(p.204)の向きを図c，dのように決めると(このとき F の向きを**水平右向き**にすべし。**斜面に沿って上向き**にしてしまう人が多いので注意！)，大きさは $F=IBl$ となる。あとは力学。ここで**棒は一定速度なので力のつり合い**より
$$mg\sin\theta = IBl\cos\theta \cdots ③$$
②を③に代入して v_0 について解くと，
$$v_0 = \frac{mgR\sin\theta}{(Bl)^2 \cos^2\theta} \text{……答}$$

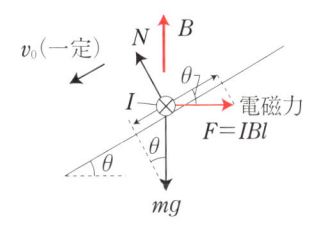

図c　レールを真横から見たもの

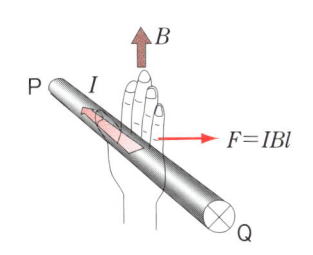

図d　図cの立体イメージ

エネルギー保存の式の求め方の定石

(4) ①式の両辺に I をかけて
$$I^2 R = IBl v_0 \cos\theta \underset{③より}{=} mg\sin\theta\, v_0$$

この式の左辺は消費電力 P，右辺は図eより，
(重力のレール方向の成分 $mg\sin\theta$) × (1秒で進む距離 v_0) から W となる。

よって，$P=W$ ……答 となり，エネルギー保存が成り立っている。

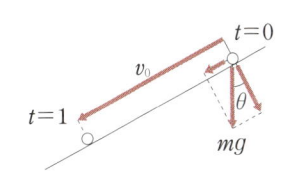

図e　重力が1秒あたりにする仕事

この結果のように，一般に次の関係が成り立つよ。

POINT 5　電磁誘導でのエネルギー収支

$$\begin{pmatrix} \text{外力が1秒あたりに} \\ \text{投入した仕事}\,W \end{pmatrix} = \begin{pmatrix} \text{回路で1秒あたりに} \\ \text{消費される電力}\,P \end{pmatrix}$$

チェック問題 ③ 磁束線を切って進むコイル　標準 **12分**

辺の長さ L, l で抵抗 R をもつ長方形コイル abcd を，一定の速さ v_0 で幅 $2L$ の磁束密度 B の磁界（向きは紙面表→裏）の中を動かす。右辺 bc が磁界中に入ったときを $t=0$ とする。このとき次の量の時間変化を表すグラフを，㋐ $t \leq \dfrac{L}{v_0}$，㋑ $\dfrac{L}{v_0} < t \leq \dfrac{2L}{v_0}$，㋒ $\dfrac{2L}{v_0} < t \leq \dfrac{3L}{v_0}$ に分けてかけ。

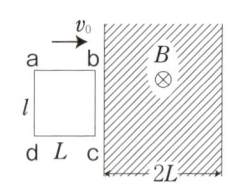

(1) 抵抗に流れる電流 I（a→b 向きを正）
(2) コイルに加えるべき外力 F（右向きを正）

解説 (1) 《電磁誘導の解法 起 電 力》（p.229）で，解こう。

起 ㋐のとき，どんな起電力が発生しているかい？

> えーと，あれ？　今回はコイル全体が動いちゃっている。どうしよう？

そのコイルのうち「ブチブチ」と**磁束線を切っているのは，長方形の４つの辺のうちどの辺かな？**

> あ！　そうか。コイルのうち辺 bc のみが，磁束線を切っているぞ。辺 bc のみが《ローレンツ力電池》になっているぞ！

その通り。

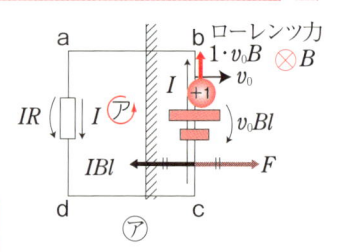

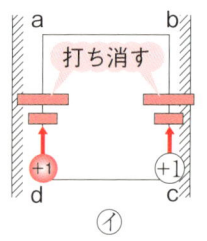

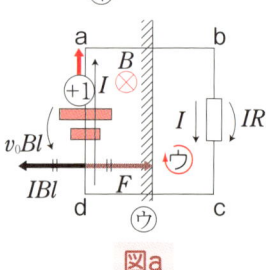

図a

㋐のとき辺bcのみが磁束線を切り，《右手のパー(No.2)》(p.209)で起電力 $\underbrace{1 \cdot v_0 B}_{力} \times \underbrace{l}_{距離} = v_0 Bl$ が図a㋐の向きに発生するね。

㋑のときは，辺bc，辺adともに磁束を切るので，図a㋑のように，発生する起電力が打ち消し合い全体としては0となるよ。

㋒のときは，辺adのみが磁束線を切り，起電力 $v_0 Bl$ が図a㋒の向きに発生しているね。

電 流れる電流をIとすると，㋐のとき図a㋐より，

㋐：$+IR - v_0 Bl = 0$ ∴ $I = \dfrac{v_0 Bl}{R}$ (向きはb→a)

㋑のとき，起電力0で電流も0だ。㋒のとき，図a㋒より，

㋒：$+IR - v_0 Bl = 0$ ∴ $I = \dfrac{v_0 Bl}{R}$ (向きはa→b)

以上より，グラフは図bのようになる。……**答**

(2) 力 《右手のパー(No.1)》(p.204)より，㋐㋒のときのみ電磁力が図a㋐㋒のようにはたらき，その大きさは，$IBl = \dfrac{(Bl)^2 v_0}{R}$

この力と逆向きで同じ大きさの外力Fを加えることによって一定速度を保っている。以上より，グラフは図cのようになる。……**答**

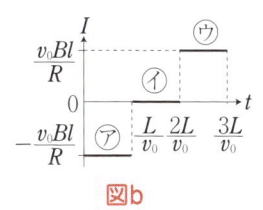

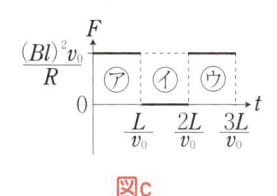

図b

図c

別 解 《電磁誘導の法則》(p.226)より，Φ-t グラフをかくと，図dのようになる。

起電力 $V = (\Phi$-tグラフの傾き$)$より，

㋐のとき，$V = \dfrac{BLl}{\frac{L}{v_0}} = Blv_0$

㋑のとき，$V = 0$

㋒のとき，$V = \dfrac{-BLl}{\frac{L}{v_0}} = -Blv_0$

となって同じ答えがでるね。

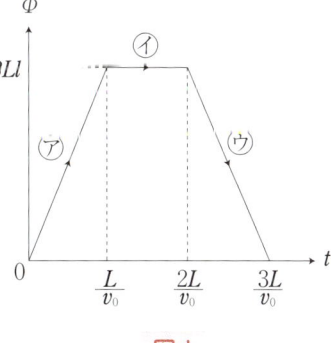

図d

チェック問題 4　回転する導体棒　　やや難　15分

図のように，裏→表向きの一様な磁束密度Bの磁界中に長さrの4本の導体棒と円形リングでつくった車輪がある。いま，このリングに外力Fを作用させて，反時計回りの一定角速度ω（1秒あたりの回転角）で回転させている。この車輪には図のように抵抗Rがつけられている。すべての摩擦やR以外の抵抗は無視できる。

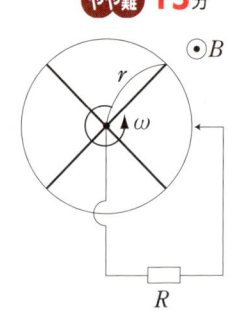

(1) 各導体棒に発生している起電力の向きと大きさVを求めよ。
(2) 抵抗Rを流れる電流（右向き正）を求めよ。
(3) 外力Fの大きさを求めよ。

解説 (1)《電磁誘導の解法 起 電 力》(p.229)で解く。

起 今回も，磁束密度Bは時間変化しないで一定なので《ローレンツ力電池》で解く。

> えー，棒が回転しています。どうやって《ローレンツ力電池》の起電力を求めるの？

いつもと同じで，大丈夫。

図aのように**1秒あたりの棒の動きを図示する**のが**コツ**。図aより棒の**中央**の位置が，棒全体としての**平均**の速さ$v_{平均} = \underbrace{\frac{1}{2}r}_{半径} \times \underbrace{\omega}_{角速度}$で動いていることがわかる。

その位置に+1Cを乗せると，
ローレンツ力$f_{平均} = 1 \cdot v_{平均} B = \frac{1}{2}r\omega B$を円の外向きに受ける。
よって，起電力の大きさは，

$$V = \underbrace{\frac{1}{2}r\omega B}_{平均の力} \times \underbrace{r}_{距離} = \frac{1}{2}Br^2\omega \cdots ① \text{答}$$

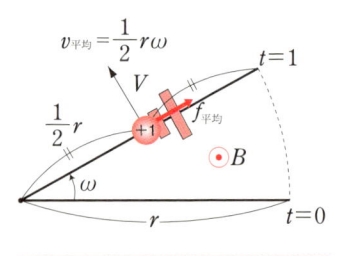

図a　1本の棒の1秒の動き

(2) 電　図bでRに流れる電流をIとして，
$\circlearrowright : +IR - V = 0 \cdots ②$

②より，求める電流は右向き正として，
$$-I = -\frac{V}{R} = -\frac{Br^2\omega}{2R} \cdots ③ \quad \cdots\cdots 答$$
（①より）

図b

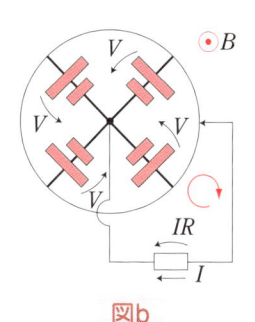

> 図bで，起電力Vの電池が4つあるから，②の式は
> $\circlearrowright : +IR - V\times 4 = 0$ ではないのですか？

ダメダメ！　図bには4つの電池があるけど，これらはすべて並列つなぎ。だから，4つのVを足してはいけないんだ。並列つなぎでいくら電池Vをつないだって，全体の起電力は結局Vのままだよ。

(3) 力　棒1本あたりに流れる電流$\frac{1}{4}I$が受ける電磁力$f = \frac{1}{4}IBr$の向きは《右手のパー(No.1)》(p.204)より，図c。

ここで，角速度が一定のときは，力のモーメントがつり合うことを用いると，

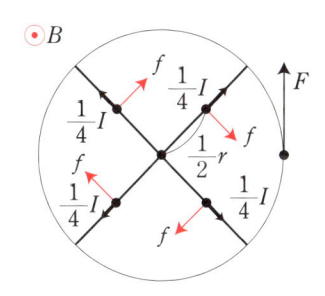

図c　ローレンツ力は平均して棒の中心にはたらくとみなせる

$$\underbrace{F \times r}_{\text{反時計回り}} = \underbrace{4}_{\text{4本分}} \times \frac{1}{4}IBr \times \underbrace{\frac{r}{2}}_{\text{うで}}$$
（反時計回り　時計回り）
うで　4本分　うで

$$\therefore F = \frac{IBr}{2} = \frac{B^2r^3\omega}{4R} \quad \cdots\cdots 答$$
（③より）

> 力のモーメントを考えるのは，いまいち苦手だなあ。別のやり方はないの？

あるよ。それは，仕事とエネルギーに注目するやり方だ。

第18章　電磁誘導（物理）

別解 (3)で**POINTS**の《電磁誘導でのエネルギー収支》(p.231)を使ってみよう。

まず，外力 F が1秒あたりに投入する仕事 W は，

$$W = \underbrace{F}_{\text{力}} \times \underbrace{r\omega}_{\substack{\text{1秒あたりの移動距離}\\(\text{速さ}v=r\omega)}}$$

一方，抵抗での消費電力 P は，

$$P = I^2 R$$

ここで，エネルギー収支より $\boxed{W=P}$ となるので，

$$Fr\omega = I^2 R$$

$$\therefore \quad F = \underbrace{\frac{I^2 R}{r\omega}}_{\text{③より}} = \frac{B^2 r^3 \omega}{4R} \cdots\cdots \text{答}$$

となり，同じ答えがでてくるね。

　これは，一種の「モーター」の原理だね。現在，ほとんどの車にはガソリンエンジンが使われているけど，地球温暖化や原油の枯渇などの問題があるため，将来は電気自動車の時代と言われている。しっかりと電磁誘導を学んで，「地球に優しい技術」を発展させて欲しいな。

チェック問題 5　時間変化する磁界　標準 12分

図のようにそれぞれの端子・の間の長さ l，抵抗値 R の9本の抵抗で長方形の回路 abcdefgh をつくり，水平面上に置く。

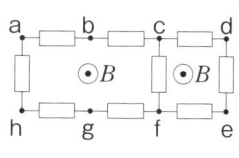

全体に鉛直上向きの磁界をかけ，その磁束密度 B をグラフのように時間変化させたとき，

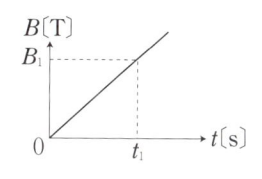

(1) 回路 cfhac，回路 cdefc に発生する誘導起電力をそれぞれ求めよ。
(2) 辺 cf に流れる電流（c→f の向きが正）を求めよ。

解説　(1)《電磁誘導の解法 起 電 力》で解く。

起　どうやって起電力を求めるかい？

> えーと，棒が動いて「プチプチ」と磁束線を切るわけじゃないから，「ローレンツ力電池」は使えないし……。

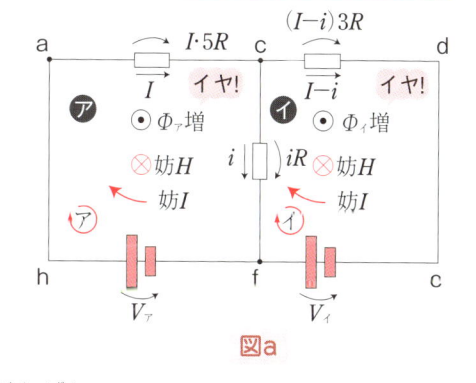

たしかにそうだね。そこで本問のように，**棒が動かず，磁束密度 B だけが時間変化する場合には《電磁誘導の法則》(p.226) しか使えない**ね。図aで回路の cthac, cdefc をそれぞれ回路 ㋐, ㋑ とよぶ。回路 ㋐, ㋑ の面積はそれぞれ $2l^2$, l^2 なので，貫く磁束線の本数，つまり磁束 Φ はそれぞれ，

$$\Phi_{\text{㋐}} = \underbrace{B}_{\text{磁束密度}} \times \underbrace{2l^2}_{\text{面積}}, \quad \Phi_{\text{㋑}} = \underbrace{B}_{\text{磁束密度}} \times \underbrace{l^2}_{\text{面積}}$$

となるね。

第18章　電磁誘導（物理）

図aで㋐，㋑に発生する起電力$V_㋐$，$V_㋑$の向きは，図bの **Step1** ～ **Step4** のように考えて，決めたよ。

また，起電力の大きさ$V_㋐$，$V_㋑$は《電磁誘導の法則》(p.226)より，

$V=$（1秒あたりの磁束Φの変化大きさ）なので，

㋐：$t=0\mathrm{s}$から$t=t_1〔\mathrm{s}〕$までの間に，$\Phi_㋐=0\times 2l^2〔本〕$から$\Phi_㋐=B_1\times 2l^2〔本〕$まで変化したので，

$V_㋐=$（1秒あたりの$\Phi_㋐$の変化の大きさ）
$=\dfrac{B_1\times 2l^2〔本〕変化}{t_1秒間で}=\dfrac{2B_1l^2}{t_1}〔\mathrm{V}〕\cdots$ ① ……**答**

Step1 磁束 $\Phi=B\times S$ が増加

Step2 下向きの磁界 H をつくりたい

イヤ！

㋐

Step3 この向きの誘導電流 I を流したい

Step4 この向きの起電力 V が発生

図b

㋑：$t=0\mathrm{s}$から$t=t_1〔\mathrm{s}〕$までの間に，$\Phi_㋑=0\times l^2〔本〕$から $\Phi_㋑=B_1\times l^2〔本〕$まで変化したので，

$V_㋑=$（1秒あたりの$\Phi_㋑$の変化の大きさ）
$=\dfrac{B_1\times l^2〔本〕変化}{t_1秒間で}=\dfrac{B_1l^2}{t_1}〔\mathrm{V}〕\cdots$ ② ……**答**

(2) **電** 図aのように直列の抵抗はまとめて，電流I，iを仮定すると，

㋐：$+I\cdot 5R+iR-V_㋐=0$ ㋑：$+(I-i)3R-V_㋑-iR=0$

∴ $I=\dfrac{1}{23R}(4V_㋐+V_㋑)$，$i=\dfrac{1}{23R}(3V_㋐-5V_㋑)\cdots$ ③

よって，辺cfに流れる電流i（c→fの向きが正）は，③に①，②を代入して，

$i=\dfrac{1}{23R}\left(3\times\dfrac{2B_1l^2}{t_1}-5\times\dfrac{B_1l^2}{t_1}\right)$

$=\dfrac{B_1l^2}{23Rt_1}〔\mathrm{A}〕$ ……**答**

起→電→力で攻めるのみだね。

● 第18章 ●
まとめ

1 磁束線を切りながら進む棒に発生する起電力《ローレンツ力電池》
 ① 向　き：棒に乗せた+1Cが受けるローレンツ力の向き
 ② 大きさ：そのローレンツ力が棒に沿って+1Cを運ぶ
 　　　　　ときにする仕事（=力×距離）の大きさ

2 貫く磁束（磁束線の本数）が変化するコイルに発生する起電力《電磁誘導の法則》
 ① 向　き：磁束Φの変化を妨げようとする向き
 ② 大きさ：1秒あたりの磁束Φの変化の大きさ

$$= \Phi\text{-}t \text{ グラフの傾きの大きさ} = \left|\frac{d\Phi}{dt}\right|$$

3 電磁誘導の解法
 起 発生する**起**電力を求める。
 　　　磁束密度B ＜ 時間的に一定 ➡ **1**で求めると楽。
 　　　　　　　　　　時間的に変化 ➡ **2**で求めるしかない。
 電 ○で流れる**電**流Iを求める。
 力 その電流Iが磁界から受ける電磁**力** $F=IBl$を求める。あとは力学の問題になる。

4 電磁誘導でのエネルギー収支
 （外力が1秒あたりにする仕事）=（消費電力）

第19章 コイルの性質

▲超保守的なコイル君

Story ① コイルの自己インダクタンス

▶(1) コイルは慣性をもっている

　力学でやった「慣性(かんせい)」の考えを覚えているかい？　たとえば，**図1**では，

① 静止した物体は，そのまま静止しつづけようとするね。
② 動いている物体は，そのまま等速直線運動しつづけようとする。

両方とも，速度の変化を イヤ!! と妨げているイメージだね。

速度の変化 イヤじゃ！
① ダルマ落とし

速度の変化 イヤ〜
② 車は急には止まれない

図1　慣性とは

特に，質量mが大きいほど，物体のもつこの「慣性」（速度の変化を妨げようとする性質）は大きかったよね（例：ダンプカーは，オートバイより加速が鈍い）。

全く同じように，コイルにも，自分を流れる電流に対する一種の「慣性」があるんだ。つまり，自分を流れる電流の変化を妨げようとする性質をもっている。そして，「質量m」に相当する「妨げの強さ」を表す定数が，本章で登場する「自己インダクタンスL」という量なんだ。

▶(2) コイルが電流の変化を妨げるしくみ

コイルはどうやって，電流の変化を妨げるんですか？

じゃあそれを，次の図2，図3，図4のア～オの順に見ていこうか。いま，図2アのように，コイルに流れている電流Iが増加していったとしよう。すると，イのように《右手のグー》(p.203)で，下向きの磁界が強くなり，コイルを下向きに貫く磁束Φが増えるね。

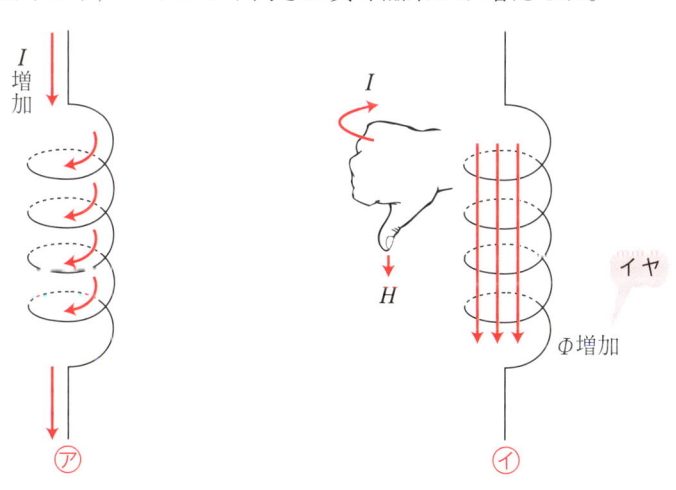

図2 コイルの電流を増やすと

すると，図3㋒のように，《電磁誘導の法則》(p.226)で**磁束Φの増加を妨げるために上向きに磁界$H_妨$をつくりたい**ね。磁界$H_妨$をつくるためには《右手のグー》で㋒の向きの電流$I_妨$を流したいね。そのためには，㋓の向きの誘導起電力が各コイルの1巻きごとに発生する必要があるね。

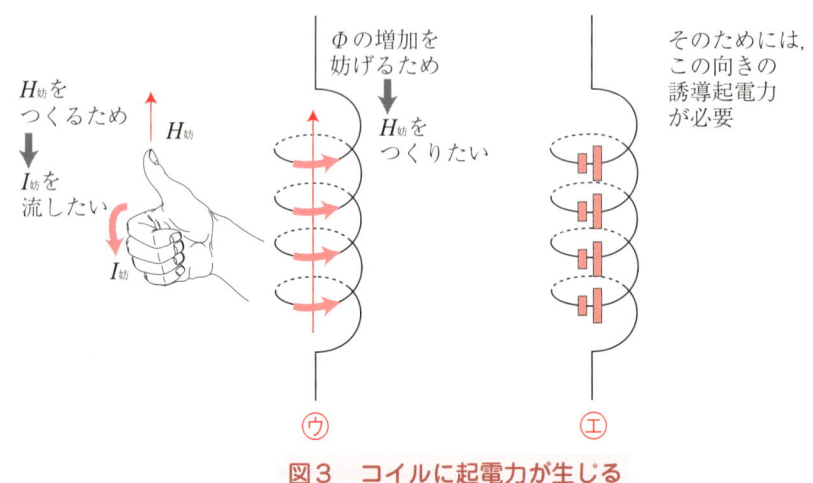

図3 コイルに起電力が生じる

㋓の各コイル1巻きごとの誘導起電力をコイル全体にわたって直列に足していって，1つの電池の絵にすると，図4の㋔のようになるね。さあ，この電池の起電力の向きはどんな向き？

> 上向きの起電力ということは…… あ！ もとの電流Iが下向きに増加するのを妨げようとする向きです。

そうだね。このようにして**《電磁誘導の法則》を使って誘導起電力を発生させることで，コイルは自分を流れる電流の変化を妨げようとする**んだ。

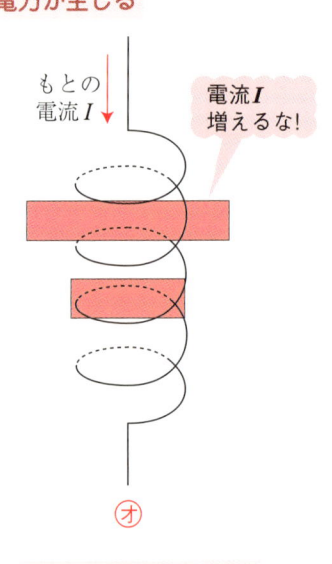

図4 電流増えるな!

▶(3) コイルに発生する起電力の大きさV

> コイルには「電流の変化」を妨げようとする向きに起電力が発生するということは分かったんですが、では、その起電力の大きさVは何〔V〕になるんですか？

いい質問だね。(2)では、《電磁誘導の法則》により、誘導起電力Vが発生することを見てきたね。ここで、《電磁誘導の法則》(p.226)をもう少し詳しく思い出してみると、発生する誘導起電力Vは、

　　(誘導起電力V) ＝ (1秒あたりの磁束Φの変化) …①

だった。

さらに、《右手のグー》(p.203)より磁界と電流は比例するので、

　　(コイルを貫く磁束Φ) ⟺ (コイルに流れる電流I) …②
　　　　　　　　　　　　　比例

となったね。以上の①, ②を合わせてみると、

　　(誘導起電力V) ⟺ (1秒あたりの電流Iの変化) …③
　　　　　　　　　比例

となることがわかるね。つまり、1秒間に100万A増す！ みたいに、急に超多量の電流を増やすほどコイルは ＜イヤ～～！＞ と、大きな反発力で大きな起電力を発生させるということだ。

ここで、図5のように、

　　(1秒あたりの電流Iの変化)
　　＝(I–tグラフの傾き)
　　＝$\dfrac{dI}{dt}$ …④

> ゲゲ！　微分ですか……

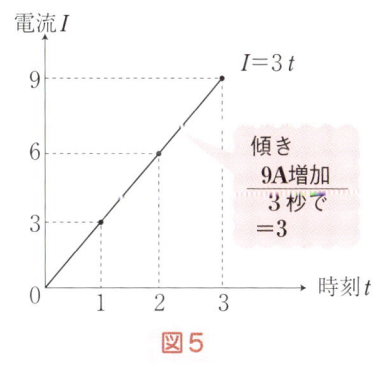

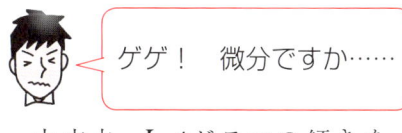

大丈夫。I–tグラフの傾きをとっているだけだよ。図5なら、I–tグラフの式は$I=3t$だから、

傾き
$\dfrac{9\text{A増加}}{3秒で}=3$

図5

第19章　コイルの性質

$$\frac{dI}{dt}=\frac{d(3t)}{dt}=3$$ となるね。

さて，③，④を合わせると，

$$(誘導起電力V) \underset{比例}{\Longleftrightarrow} \frac{dI}{dt} \quad \cdots ⑤$$

となることが分かったね。よって，Lを比例定数として⑤は，

$$V=L\frac{dI}{dt}$$

と書ける。この比例定数L〔H〕(ヘンリー)は，コイルの**自己インダクタンス**とよばれ，コイルの形状や，中に入っている物質で決まる。

> 自己インダクタンスLの物理的な意味はどんなものですか？

ズバリ，Lはコイルの「電流の変化を妨げる強さ」を表すんだ。

例えば，Lが大きいコイルほど，少しでも電流Iが変化しただけで，敏感に イヤ〜〜！ と大きな起電力Vを発生させるんだよ。

POINT1 コイルの自己インダクタンスL〔H〕

コイルは，自分を流れる電流Iの変化を妨げようとする，誘導起電力Vを生じる。その「妨げる強さ」を表すコイル特有の定数を自己インダクタンスL〔H〕という。

発生する誘導起電力Vは，1秒あたりの電流Iの変化$\frac{dI}{dt}$に比例し，

$$V=L\frac{dI}{dt}$$

と書ける。

▶(4) 減るのもイヤ！　変化なしがキモチイイ！

(3)の$V=L\dfrac{dI}{dt}$の式って，電流Iが増えるときだけの式ですよね。電流Iが減るときはどうなるんですか？

いいや，この$V=L\dfrac{dI}{dt}$の式は，電流Iが減るときもどんなときも使える式なんだ。

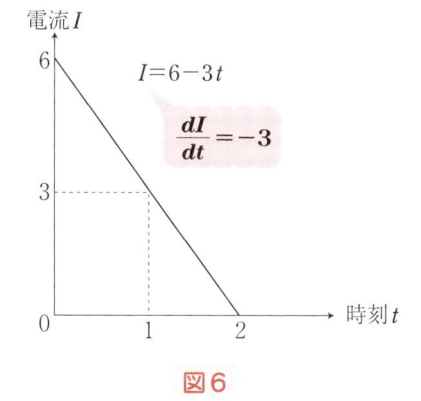

たとえば，図6のように電流Iが減っている例では，

$$V=L\dfrac{dI}{dt}$$
$$=L\dfrac{(0-6)〔A〕変化}{2秒で}$$
$$=L×(-3)$$

となるね。Vが負になるということは，図7の右図のように，＋極を下向きにした電池が発生していて，「電流Iが減るのはイヤ！」と妨げていることと同等になるんだ。

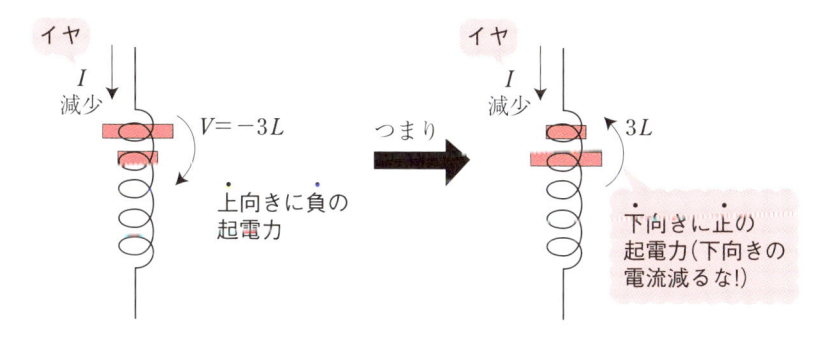

図6　$I=6-3t$，$\dfrac{dI}{dt}=-3$

図7　減るのもイヤ！

イヤ　I減少　$V=-3L$　上向きに負の起電力

つまり

イヤ　I減少　$3L$　下向きに正の起電力（下向きの電流減るな！）

第19章　コイルの性質

> もし，電流 I が一定だったら，起電力 V はどうなりますか？

もちろん，$\dfrac{dI}{dt}=0$ だから，$V=0\mathrm{V}$ だよ。つまり，電位差 0 で電流 I を流す。これは何と同じかな？

> あ！　ただの導線となっています。

その通り。つまり，電流 I の変化を嫌うコイルにとっては，**電流 I の変化がない（$I=$ 一定の状態）が，「何の文句もつけようがないキモチイイ状態」** なのだ(笑)。

以上のように，$V=L\dfrac{dI}{dt}$ の式は，I 増，I 減，I 一定のどの場合でも共通に成り立つ式なんだ。

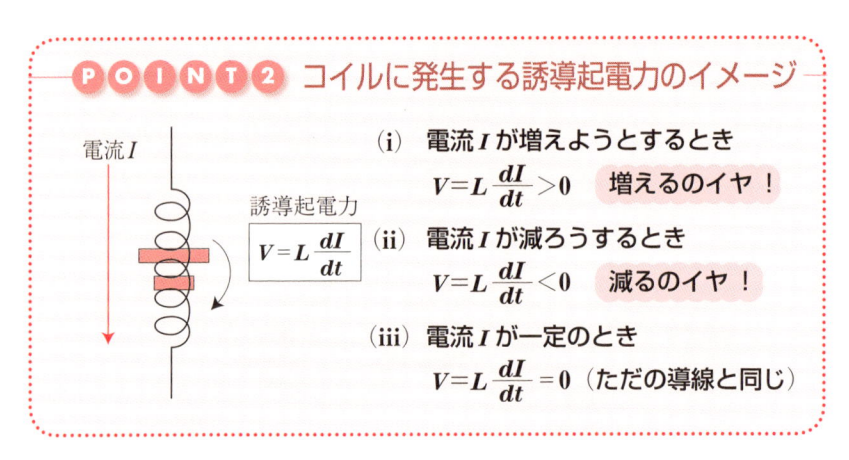

POINT 2 コイルに発生する誘導起電力のイメージ

電流 I

誘導起電力 $V=L\dfrac{dI}{dt}$

(i) 電流 I が増えようとするとき
$V=L\dfrac{dI}{dt}>0$　　増えるのイヤ！

(ii) 電流 I が減ろうするとき
$V=L\dfrac{dI}{dt}<0$　　減るのイヤ！

(iii) 電流 I が一定のとき
$V=L\dfrac{dI}{dt}=0$　（ただの導線と同じ）

これから見るように，このコイルの性質が携帯電話の充電器，無線通信，ラジオのチャンネル装置など，さまざまな電気製品に活用されているんだよ。

次は，回路の中でのコイルのはたらきについて見ていこう！

Story ❷ コイルを含む回路

ここではまず，図8のように，コイルを含む回路で，スイッチをONした後の回路に流れる電流 I の時間変化を追ってみよう。

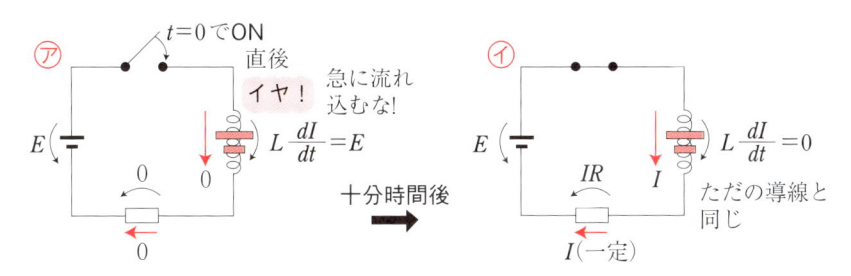

㋐ $t=0$でON 直後
イヤ！ 急に流れ込むな！
E, $L\dfrac{dI}{dt}=E$, 0, 0, 0
十分時間後 →
㋑ E, IR, I, $L\dfrac{dI}{dt}=0$ ただの導線と同じ
I（一定）

図8 コイルを含む回路のスイッチON！

このときの電流 I の時間変化のグラフは図9のようになるよ。ここでポイントは，㋐で $t=0$ の直後も一瞬は $I=0$ となることだ。

つまり，**コイルを流れる電流は，スイッチを切りかえても一瞬はその直前と同じ値に保たれ，急には変化しない**んだ。

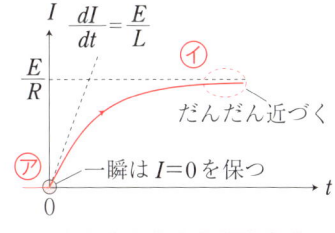

$\dfrac{dI}{dt}=\dfrac{E}{L}$
$\dfrac{E}{R}$
㋑ だんだん近づく
㋐ 一瞬は $I=0$ を保つ

図9 図8のI-tグラフ

？ どうして，コイルを流れる電流は急には変化しないんですか？

たとえば，図10のように不連続に変化したら，$t=0$での$\dfrac{dI}{dt}$，つまりI-tグラフの傾きはいくらになる？

傾き $\dfrac{dI}{dt}=\infty$

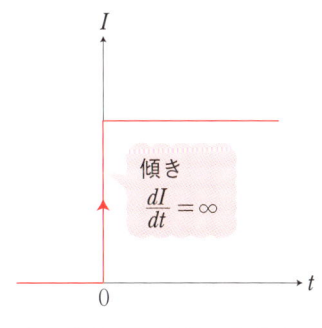

図10 不連続に変化したら

第19章 コイルの性質 **247**

$\dfrac{dI}{dt} = \infty$　ヒエ〜，$V = \infty$（無限大）ボルトだ！ありえな〜い！

そうでしょ（笑）。だから，必ず一瞬は，その直前と同じ電流を保つしかないんだ。

POINT 3　コイルを流れる電流

コイルを流れる電流は，スイッチを開閉した直後も一瞬はその直前と同じ大きさを保つ。

チェック問題 ① コイルを含む回路のスイッチのON・OFF　標準 10分

抵抗値 R_1，R_2，R_3 の抵抗，起電力 E の電池，自己インダクタンス L のコイルを含む図の回路について次の問いに答えよ。

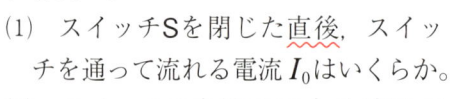

(1) スイッチSを閉じた直後，スイッチを通って流れる電流 I_0 はいくらか。

(2) スイッチSを閉じて十分時間が経った後に，R_1 に流れる電流 I_1 はいくらか。

(3) 次に，スイッチSを開いた瞬間にコイルの両端に発生する電圧 V はいくらか。

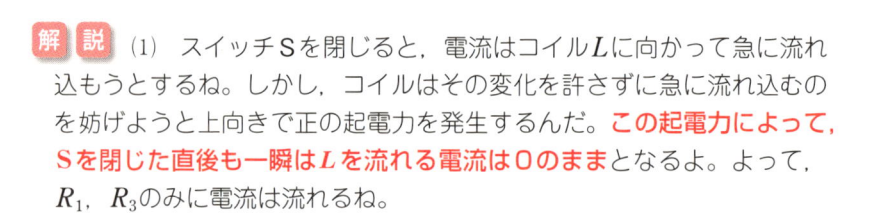

解説　(1) スイッチSを閉じると，電流はコイル L に向かって急に流れ込もうとするね。しかし，コイルはその変化を許さずに急に流れ込むのを妨げようと上向きで正の起電力を発生するんだ。**この起電力によって，Sを閉じた直後も一瞬は L を流れる電流は0のまま**となるよ。よって，R_1，R_3 のみに電流は流れるね。

図aで，$\circlearrowleft : +I_0 R_1 + I_0 R_3 - E = 0$

∴ $I_0 = \dfrac{E}{R_1 + R_3}$ ……答

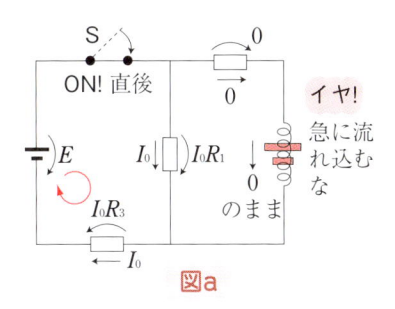

(2) 今回は十分時間後なので，Lを流れる電流は一定におちつくね。よって，$\dfrac{dI}{dt}=0$ となるので，Lはもはや「ただの導線」と同じになるよ。図bで，

㋐ : $+I_1 R_1 + (I_1 + I_2) R_3 - E = 0$

㋑ : $+I_1 R_1 - I_2 R_2 = 0$

∴ $I_1 = \dfrac{R_2 E}{R_1 R_2 + R_2 R_3 + R_3 R_1}$ ……答

$I_2 = \dfrac{R_1 E}{R_1 R_2 + R_2 R_3 + R_3 R_1}$ …①

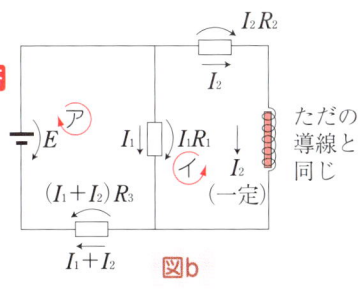

(3) Sを開いた瞬間，Lを流れる電流I_2は止まろうとするが，この瞬間，コイルはどんな状態になっているかい？

> えーと，瞬間だから，コイルは「イヤ！」と電流を流しません。

違うぞ！ 何が「イヤ！」なの？ 変化がイヤなんでしょ。**今の場合は，それまで流れていた電流I_2が止まるのがイヤなんだよ**。だから，LにはI_2が止まるのを妨げようと下向きで正の起電力Vが発生するんだ。**この起電力によって，Sを開いた直後も，一瞬はLを流れる電流はI_2のままとなる**。ここで，コイルを流れる電流I_2は，スイッチの切れている電池の方へは流れないので，すべてR_1のほうへ流れ，図cのようにR_1を流れる電流は上向きにI_2となるね。

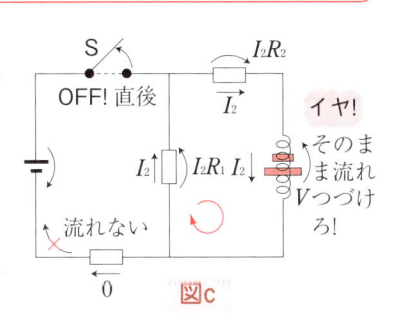

$\circlearrowright : +I_2 R_1 + I_2 R_2 - V = 0$

∴ $V = I_2 (R_1 + R_2) \underset{\text{①より}}{=} \dfrac{R_1 (R_1 + R_2) E}{R_1 R_2 + R_2 R_3 + R_3 R_1}$ ……答

Story ③ コイルの磁気エネルギー

▶(1) コンデンサーはどこにエネルギーを蓄えているのか？

第10講で見たように，コンデンサーは，その中に静電エネルギーを蓄えることができたね。では，その静電エネルギーを一体どこに蓄えているのかな？

> どこにって聞かれても困ります。コンデンサーの電気の中ですか？

じつは，ここで大切な見方があるんだ。それは，

電界や磁界は，それ自身がエネルギーのカタマリである。

というもので，何と，電界や磁界そのものがエネルギーをタップリ，ジューシーに(笑)含んだ空間だということだ。

すると，図11のように，コンデンサーは，その中に発生している電界 E の中にエネルギーを蓄えているということになる。

一方，コイルに電流を流すと，磁界 H が発生するね。ということは……

> あ！ コイルの磁界中にエネルギーが蓄えられます！ 図12です。

それがまさに，コイルの磁気エネルギーのイメージなのだ。

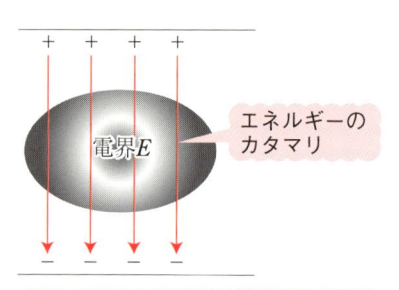

図11 コンデンサーは電界中にエネルギーを蓄える

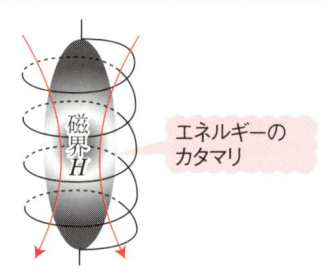

図12 コイルは磁界中にエネルギーを蓄える

250　物理の磁気

▶(2) コイルの磁気エネルギー

「10章」で，コンデンサーの静電エネルギー $U=\dfrac{1}{2}CV^2=\dfrac{1}{2}\dfrac{Q^2}{C}$ の式を導くときに，コンデンサーを電気量が0CからQ[C]まで充電するのに投入した仕事を計算することで説明したね。

同じようにコイルの電流 i を0AからI[A]まで増やすときに，電源が投入する仕事を計算することで，コイルの磁気エネルギーの公式を導いてみよう。

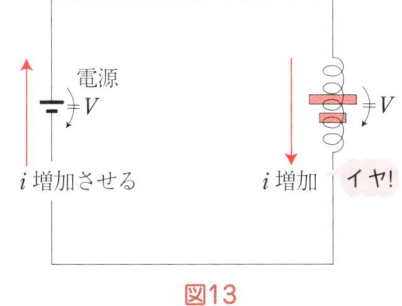

まず，図13の回路で特殊な電源によって，自己インダクタンス L のコイルに，図14のように時刻 t とともに増大する電流 i を強制的に流していこう。

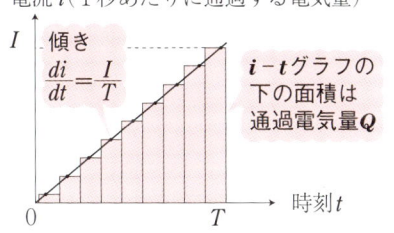

このとき，コイルに発生している誘導起電力 V は，**POINT1**（p.244）の式より，

$$V = L\underbrace{\dfrac{di}{dt}}_{\text{図14の}i\text{-}t\text{グラフの傾き}}$$

$$= L \times \dfrac{I\text{[A]増加}}{T\text{[s]で}} \cdots ①$$

図13

電流 i（1秒あたりに通過する電気量）

傾き $\dfrac{di}{dt}=\dfrac{I}{T}$

i-tグラフの下の面積は通過電気量Q

図14

これは，図13より，電源の電圧 V と等しいね。

一方，この $t=0$ から $t=T$[s]までの間に，電源が「持ち上げた」電気量を Q とするよ。この電気量 Q は図14の，i-tグラフの下の面積と等しいので，

$Q=$（図14のi-tグラフの下の面積）

$$= \dfrac{1}{2} \times \underbrace{T}_{\substack{\text{図14の}\\\text{三角形}\\\text{の底辺}}} \times \underbrace{I}_{\text{高さ}} \cdots ②$$

このT秒間の間に電源がした仕事Wは第14講(p.181)より,

$$W = \underbrace{Q}_{\substack{\text{電源が}\\\text{持ち上げた}\\\text{電気量}}} \times \underbrace{V}_{\text{起電力}} \underset{\text{①②より}}{=} \frac{1}{2}TI \times L\frac{I}{T} = \boxed{\frac{1}{2}LI^2}$$

これが,コイルの磁気エネルギーとして蓄えられているんだ。

POINT 4　コイルの磁気エネルギー

自己インダクタンスLのコイルに電流Iが流れているとき,コイルに発生している磁界中には,

$$\boxed{U = \frac{1}{2}LI^2}$$

の磁気エネルギーが蓄えられている。

チェック問題 2　コイルの磁気エネルギー　易 1分

p.248の チェック問題 1 の(3)でスイッチSを開いてから十分に時間が経ち,電流が0となるまでの間に抵抗R_1, R_2で発生するジュール熱の和Jはいくらか。電流I_2を用いて答えよ。

解説 (3)でコイルに蓄えられていた磁気エネルギーが,最終的に抵抗で発生したジュール熱Jとして失われたので,

$$J = \frac{1}{2}LI_2^2 \cdots\cdots \text{答}$$

Story ④ 変圧器のしくみ

携帯電話の充電器や，パソコンのアダプタってどうやって，コンセントの 100 V の電源から 6 V や 19 V へ電圧を変換させているんだろうね。
　次の問題を解きながらそのしくみを見ていこう。**そのままテストに出るオイシイ問題**だよ。しっかりと自力で導けるようにしておこうね。

チェック問題 ③　変圧器，インダクタンス　標準 15分

図のように，鉄しん（断面積 S，透磁率 μ）に 1 次コイル C_1（長さ l，N_1 回巻き）と 2 次コイル C_2（N_2 回巻き）が巻いてある。鉄しんからの磁束のもれやエネルギーの損失はないものとする。

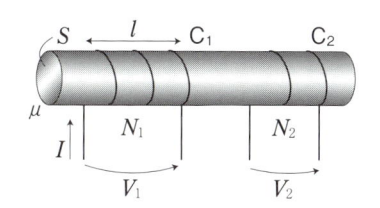

(1)　C_1 に図のように電流 I を流すときに，コイル 1 巻きあたりを貫いている磁束 Φ を求めよ。

(2)　この電流を時間 Δt の間に ΔI だけ増加させた。このとき，C_1，C_2 全体に生じる起電力 V_1，V_2 を求めよ（右端を基準とする）。

(3)　C_1 の自己インダクタンス L，C_1 と C_2 の間の相互インダクタンス M はいくらか。

(4)　V_1 と V_2 の比を求めよ。

解説　(1)　図 a のように電流 I を流すと，《右手のグー》(p.203) より，コイル中には右向きに大きさ

$$H = \frac{N_1}{l} I \quad \cdots ①$$

（1 m あたりの巻き数）

の磁界が生じるね。

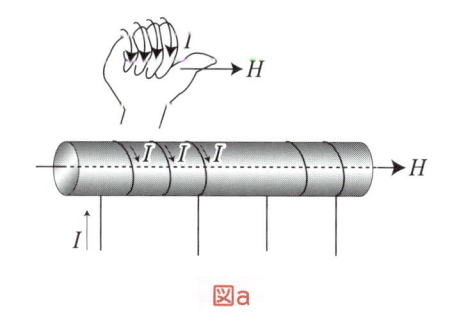

図 a

鉄しんの透磁率は μ なので，コイル中に生じている磁束密度は，

$$\boxed{B = \mu \times H} \underset{\text{①より}}{=} \mu \frac{N_1}{l} I \cdots ②$$

となる。これは <u>1m² あたりを貫く磁束線の本数</u> なので，コイルの面積 <u>S〔m²〕を貫く磁束線の本数</u>，つまり磁束 Φ はその S 倍で，

$$\boxed{\Phi = B \times S} \underset{\text{②より}}{=} \frac{\mu N_1 S}{l} \times I \cdots ③ \quad \cdots\cdots \text{答}$$

となる。

(2) 電流 I を増すと，図bのように，《右手のグー》より，右向きに貫く磁束 Φ も増加する。そのとき，③式より，Φ は I に比例して増加していくね。

すると《電磁誘導の法則》より，図cのように，Φ の増加を妨げようと左向きに磁界 H' をつくろうとして，《右手のグー》で電流 I' を流そうとするね。

そのためには図dのように，C_1，C_2 の各1巻きごとに起電力 v が発生する必要がある。

その大きさは，p.226より，

$$\boxed{v = \frac{d\Phi}{dt}}$$

となるね。

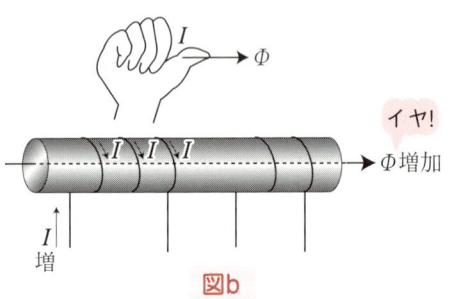

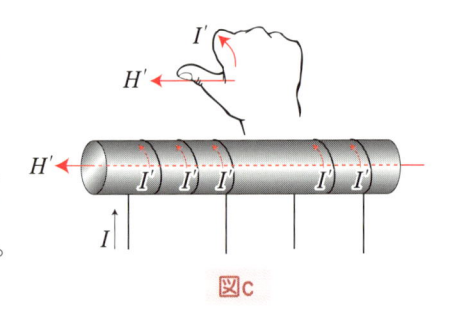

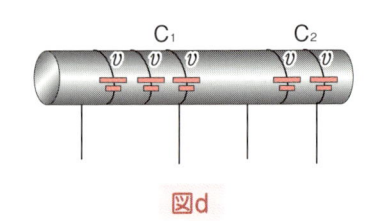

ここで，数学の質問だ。$\Phi = 3t^2$ を t で微分したらいくらになる？

図b

図c

図d

> えーと，$\dfrac{d(3t^2)}{dt} = 3 \times \dfrac{d(t^2)}{dt} = 3 \times 2t = 6t$ です。

　いまキミは，定数の 3 は全く微分と関係ないので外へ出したね。全く同じように，③式の

$$\Phi = \underbrace{\dfrac{\mu N_1 S}{l}}_{\text{定数}} \times I$$

を t で微分しても，定数は外へ出してしまってよいので，

$$v = \dfrac{d\Phi}{dt} = \underbrace{\dfrac{\mu N_1 S}{l}}_{\text{定数}} \times \dfrac{dI}{dt} \cdots ④$$

となる。

　最後に，図dの**各1巻きごとに発生した起電力 v を，C_1，C_2 全体にわたって足していこう。** 図dでは，1つひとつの v は直列つなぎ，それとも並列つなぎになっている？

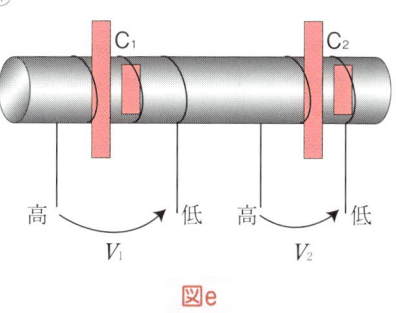

> 直列につながっているので，図eのように足して，大きな1つの電池とします。

図e

　そうだ。そこで，起電力 v を N_1 回直列つなぎで足し上げたコイル C_1 全体の起電力 V_1 は，

$$\boxed{V_1 = v \times N_1 \text{回}} \cdots ⑤$$

$$= \underbrace{\dfrac{\mu N_1^2 S}{l}}_{④より} \times \dfrac{dI}{dt} \cdots ⑥$$

同様に C_2 全体に発生する起電力 V_2 は，

$$\boxed{V_2 = v \times N_2 \text{回}} \cdots ⑦$$

$$= \underbrace{\dfrac{\mu N_1 N_2 S}{l}}_{④より} \times \dfrac{dI}{dt} \cdots ⑧$$

第19章　コイルの性質

ここで，$\dfrac{dI}{dt}$ とは，「1秒あたりのIの変化」を表すので，本問では，

$$\dfrac{dI}{dt} = \dfrac{\varDelta I \text{〔A〕増加}}{\varDelta t \text{〔s〕で}} = \dfrac{\varDelta I}{\varDelta t} \cdots ⑨$$

としてよいね。⑥，⑧，⑨より求める答は，

$$V_1 = \dfrac{\mu N_1^2 S}{l} \times \dfrac{\varDelta I}{\varDelta t} \cdots\cdots \text{答}$$

$$V_2 = \dfrac{\mu N_1 N_2 S}{l} \times \dfrac{\varDelta I}{\varDelta t} \cdots\cdots \text{答}$$

(3) 自己インダクタンスLの定義を思い出して？

> えーと，p.244でやったように，$V = L \times \dfrac{dI}{dt}$ の比例定数Lです。

すると，⑥式では，

$$V_1 = \underbrace{\dfrac{\mu N_1^2 S}{l}}_{\text{比例定数}} \times \dfrac{dI}{dt}$$

だから，自己インダクタンスLは，

$$L = \dfrac{\mu N_1^2 S}{l} \cdots\cdots \text{答}$$

となるね。全く同じように，**相互インダクタンスM**は⑧式より，

$$V_2 = \underbrace{\dfrac{\mu N_1 N_2 S}{l}}_{\text{比例定数}} \times \dfrac{dI}{dt}$$

の比例定数より，

$$M = \dfrac{\mu N_1 N_2 S}{l} \cdots\cdots \text{答}$$

となるんだ。

> どうして，相互インダクタンスMというの？

それは，コイルC_2に起電力V_2が生じるのは，相手のコイルC_1の電流Iの変化がつくる磁束Φの変化が原因となるからだ。

(4) ⑤と⑦式より，V_1とV_2との比は，
$$V_1 : V_2 = vN_1 : vN_2 = N_1 : N_2 \cdots ⑩ \quad \cdots\cdots 答$$
この答は何を表している？

> ハイ，2つのコイルC_1，C_2に発生する起電力V_1，V_2の比は，巻き数N_1，N_2の比と等しくなるということです。

そうだね。じつに単純な結果だね。

例えば，携帯電話の充電器で100 Vから6 Vへ電圧を変換したいときには，$V_1 : V_2 = N_1 : N_2 = 100 : 6$の巻き数の比にすればいいんだね。⑩式を**変圧器の式**というよ。

携帯電話の充電器やパソコンのアダプタというのは，じつに単純な原理ではたらいているんだよ。

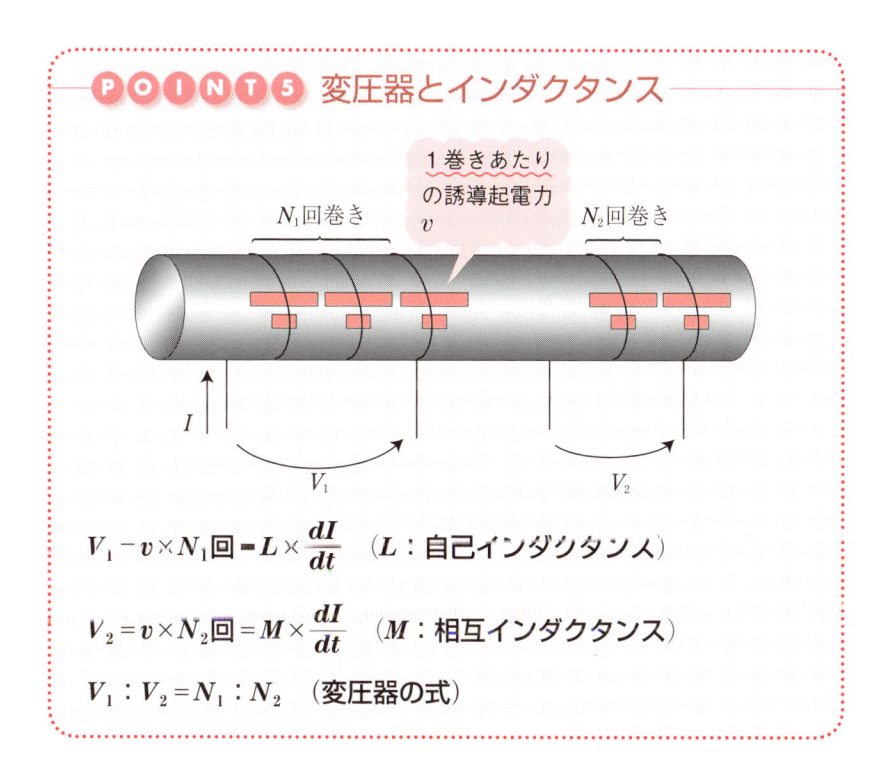

POINT 5　変圧器とインダクタンス

N_1回巻き　　1巻きあたりの誘導起電力 v　　N_2回巻き

I　　V_1　　V_2

$V_1 = v \times N_1 回 = L \times \dfrac{dI}{dt}$ 　（L：自己インダクタンス）

$V_2 = v \times N_2 回 = M \times \dfrac{dI}{dt}$ 　（M：相互インダクタンス）

$V_1 : V_2 = N_1 : N_2$ 　（**変圧器の式**）

第19章　コイルの性質

●第19章●
まとめ

1 コイルの自己インダクタンス L

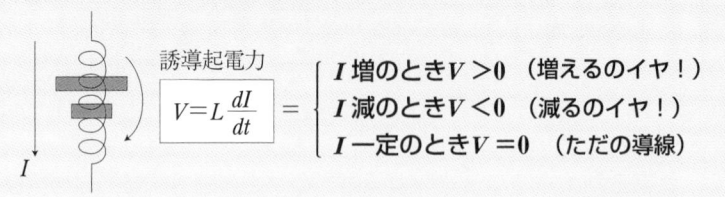

誘導起電力 $V = L\dfrac{dI}{dt} = \begin{cases} I\text{増のとき}V>0 \text{ (増えるのイヤ!)} \\ I\text{減のとき}V<0 \text{ (減るのイヤ!)} \\ I\text{一定のとき}V=0 \text{ (ただの導線)} \end{cases}$

2 コイルを含む回路のスイッチ切りかえ

コイルを流れる電流は決して不連続に変化できない。必ずその直前の電流を一瞬は保つ。

3 コイルの磁気エネルギー U

コンデンサーがその電界の中に静電エネルギーを蓄えるように,コイルはその磁界の中に磁気エネルギー U を蓄える。

$$U = \dfrac{1}{2}LI^2$$

4 変圧器とインダクタンスのそのまま出るストーリー

$V_1 = v \times N_1\text{回} = L \times \dfrac{dI}{dt}$ (L:自己インダクタンス)

$V_2 = v \times N_2\text{回} = M \times \dfrac{dI}{dt}$ (M:相互インダクタンス)

$\boxed{V_1 : V_2 = N_1 : N_2}$ (変圧器の式)

コイルは変化を
イヤがるけれど,
キミたちは,この本で
大きく学力アップをし
てくれよ！

第20章 電気振動回路

▲コイルLとコンデンサーCの間でのエネルギーのキャッチボールだ

Story ❶ 電気振動って何？

▶(1) コンデンサーにコイルをつけて放電したら？

図1のように，満タンに充電した（電気量Q_{max}）コンデンサー（容量C）に，コイル（自己インダクタンスL）をつなげてスイッチをONすると，いったい全体何が起こるんだろうか？

じつは，**力学でやった，「ばね振り子」ととてもよく似ている現象が起こる**んだ。

それを「**電気振動**」という。電気振動回路は，無線LANや携帯電話など電磁波を発振する装置に数多く使われているよ。

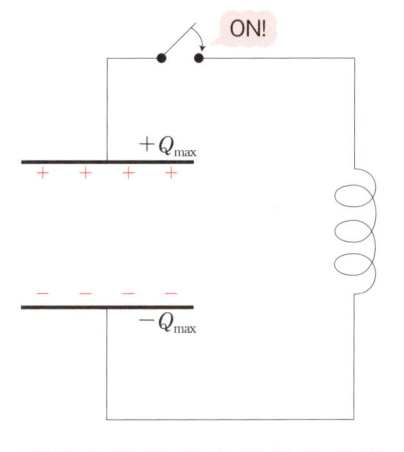

図1　コンデンサーにコイルをつなげて放電

260　物理の磁気

▶(2) まずは，ばね振り子をイメージしよう。

図2のように，質量mのおもりがばね定数kのばねによって単振動する様子を，ア，イ，ウの3コママンガでイメージしよう。自然長を$x=0$の原点としたx軸を立てるよ。

まず，アで，$x=x_{\max}$から手放された直後，おもりは急には動けない（「慣性」より）ので，その速さは0だね。このときのエネルギーは，すべてばねの弾性エネルギーとして蓄えられているよ。

やがて，イで$x=0$を通過したおもりには，ばねの力も何もはたらいてはいないけど，急には止まれない（「慣性」より）ので，そのまま進んでいくね。このとき，エネルギーはすべて運動エネルギーとなっているので，おもりは，最大の速さ$v=v_{\max}$をもっているよ。

ついに，ウのように$x=-x_{\max}$に達したところで，再びエネルギーはすべて弾性エネルギーとなるので，おもりの速さは$v=0$となって，一瞬止まり，折り返すね。

以上を，次の電気振動と比べてみよう。

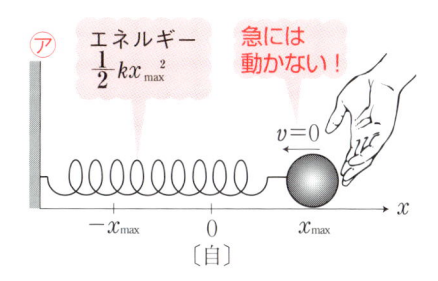

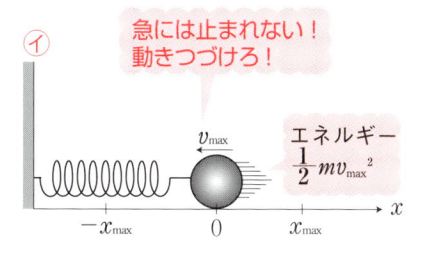

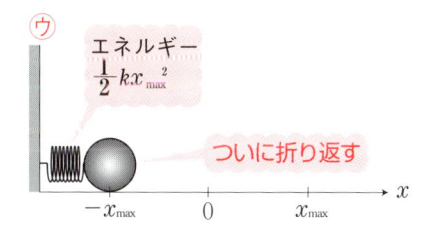

ア　エネルギー $\frac{1}{2}kx_{\max}^2$
急には動かない！
$v=0$
〔自〕

イ　急には止まれない！動きつづけろ！
$v_{\max}$
エネルギー $\frac{1}{2}mv_{\max}^2$

ウ　エネルギー $\frac{1}{2}kx_{\max}^2$
ついに折り返す

図2　ばね振り子

第20章　電気振動回路

▶(3) 電気振動の「3コマ マンガ」

次のように，**図1**のスイッチSを閉じた後に起きる現象を**図3**の㋐，㋑，㋒の「3コママンガ」で見てみよう。

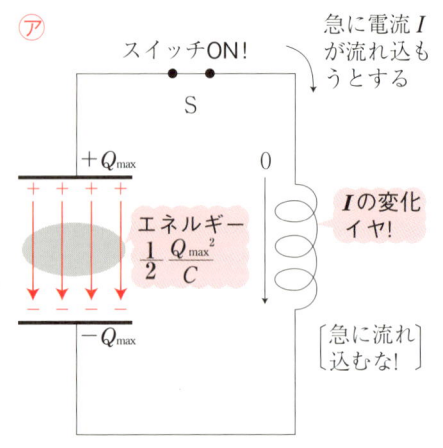

㋐ スイッチON！　急に電流Iが流れ込もうとする

エネルギー $\dfrac{1}{2}\dfrac{Q_{max}^2}{C}$

Iの変化イヤ！

［急に流れ込むな！］

まず，㋐でスイッチを閉じた直後，満タンのコンデンサーは，一気に「放電スタート！」しようとする。しかし，コイルにはp.241で見たように，電流Iが急に増えるのを妨げる誘導起電力が生じるので，電流は一瞬は$I=0$のままだね。エネルギーはまだすべてコンデンサーの電界中に静電エネルギー$\dfrac{1}{2}\dfrac{Q_{max}^2}{C}$として蓄えられているよ。

やがて，だんだんと放電していき，㋑のようにコンデンサーがカラになると，もうこれ以上放電できないので，電流Iは急に止まろうとするが，コイルはそれを許さないので，そのまま電流は流れ続ける。ちょうどこのとき，エネルギーはすべてコイルの磁界中に磁気エネルギー$\dfrac{1}{2}LI_{max}^2$（**19**，p.252で見た）として蓄えられているので，コイルには最大電流$I=I_{max}$が流れている。そして，この電流によって，今後コンデンサーの下の極板に正の電気がたまっていく。

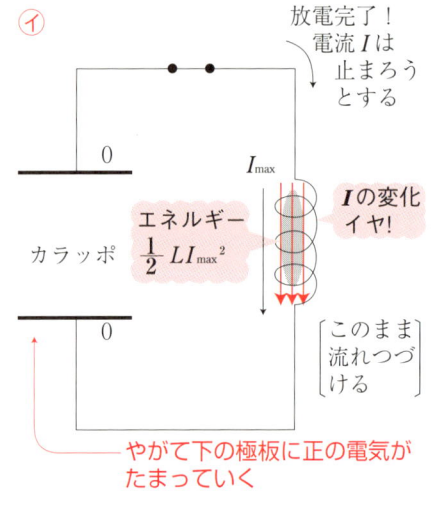

㋑ 放電完了！電流Iは止まろうとする

カラッポ　エネルギー $\dfrac{1}{2}LI_{max}^2$

Iの変化イヤ！

［このまま流れつづける］

やがて下の極板に正の電気がたまっていく

ついに，⑦のように，コンデンサーに⑦とは異符号の電気Q_{max}がたまると，コンデンサーには⑦と同じ$\frac{1}{2}\frac{Q_{max}^2}{C}$の静電エネルギーが蓄えられる。このとき，コイルの磁気エネルギーは再び0に戻るので，コイルの電流は0になる。

⑦の後，再び，⑦とは逆向きの放電が始まる。そして，④と逆向きの最大電流I_{max}となり，再び⑦に戻る。

⑦

$-Q_{max}$

エネルギー
$\frac{1}{2}\frac{Q_{max}^2}{C}$

$+Q_{max}$

0

ついに下の極板に$+Q_{max}$がたまる

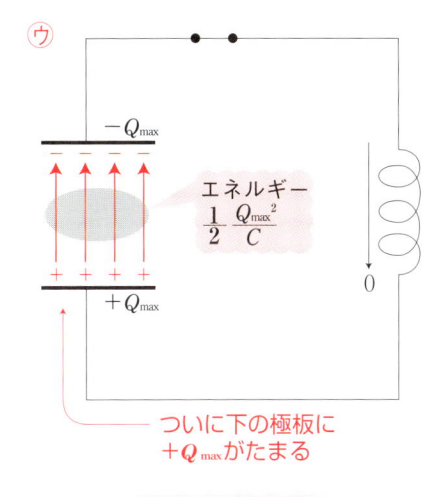

図3　電気振動

以上をくり返し，電気振動が起こるんだ。

> なんだか電気振動というより，コンデンサーとコイルの間の「エネルギーのキャッチボール」みたいですね。

すばらしい見方だ。じつは，**そのエネルギーのやりとりこそが電気振動の本質**だよ。だから，**本当は「電気振動」なんて言わずに「エネルギー振動」と名づけたほうがいいぐらい**なんだ。

▶(4) ばね振り子と電気振動の対応

では，ここでもう一度**図2と見比べて質問だ。図2のばね振り子の座標xと速さvを，図3の電気振動の電気量Qと電流Iと比べると，とっても似た変化の仕方**をしているものがあったね。それは何と何かな？

> ハイ！　図2のxと図3のQはどっちも⑦と⑦とで最大，④で0で対応。そして，図2のvと図3のIは⑦と⑦で0，④で最大でとってもよく対応しています！

その通り！　じゃあ，**エネルギーはどんな対応**をしていたかい？

ハイ！　図2の$\frac{1}{2}kx^2$と図3の$\frac{1}{2}\frac{Q^2}{C}$は，どちらも㋐と㋒で最大，㋑で0でした。また，図2の$\frac{1}{2}mv^2$と図3の$\frac{1}{2}LI^2$は，どちらも㋐と㋒で0，㋑で最大です。ホントによく対応してますね。

その通りだ。よって，次のような，エネルギー保存の対応が分かり，①，②，③，④の対応が見えてきたね。

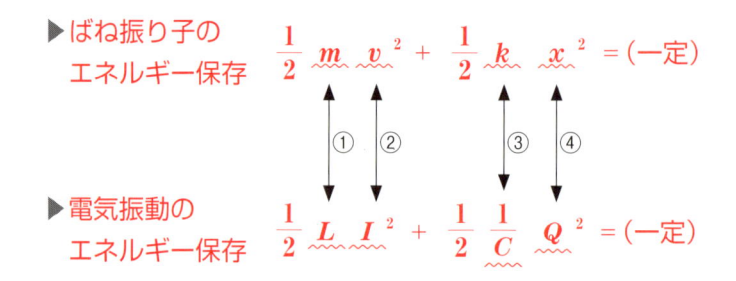

▶ ばね振り子の
　エネルギー保存　　　$\frac{1}{2}\underline{m}\ \underline{v}^2 + \frac{1}{2}\underline{k}\ \underline{x}^2 = (\text{一定})$

　　　　　　　　　　　　　　　↕　↕　　　　↕　↕
　　　　　　　　　　　　　　　①　②　　　③　④

▶ 電気振動の
　エネルギー保存　　　$\frac{1}{2}\underline{L}\ \underline{I}^2 + \frac{1}{2}\underline{\frac{1}{C}}\ \underline{Q}^2 = (\text{一定})$

このうち，①，②の対応はどうイメージできるかな？

ハイ！　質量mが大きいほど速度vが変化しづらいのと同じで，インダクタンスLが大きいほど電流Iが変化しづらくなります。

そうだね，mとLはどちらも「変化のしにくさ」(慣性)を表す量(p.241)なんだね。では，③，④の対応はどんなイメージかい？

えーと，ばね定数kが大きいほど，すぐに$x=0$に戻るように，$\frac{1}{C}$が大きい。つまり容量Cが小さいほどすぐ放電しちゃって，$Q=0$に戻ってしまいます。

そうだ。kと$\frac{1}{C}$はどちらも0に戻ろうという「復元力」の強さを表す量なんだね。

ここで，さらに，水平ばね振り子の周期公式から電気振動の周期公式を導いてみると，

▶ばね振り子の周期　$T = 2\pi\sqrt{\dfrac{m}{k}}$

①③より $m \to L$, $k \to \dfrac{1}{C}$ とおきかえた

▶電気振動の周期　$T = 2\pi\sqrt{\dfrac{L}{\dfrac{1}{C}}} = 2\pi\sqrt{LC}$

となることが分かるね。

以上の水平ばね振り子と，電気振動の対応関係は，テストでよくネラわれるから，しっかりまとめておこう。

ちなみに，電気振動回路というのは，特定の周波数（振動数） $f = \dfrac{1}{T} = \dfrac{1}{2\pi\sqrt{LC}}$ の電磁波を発振する装置として，無線通信などでフル活用されているよ。

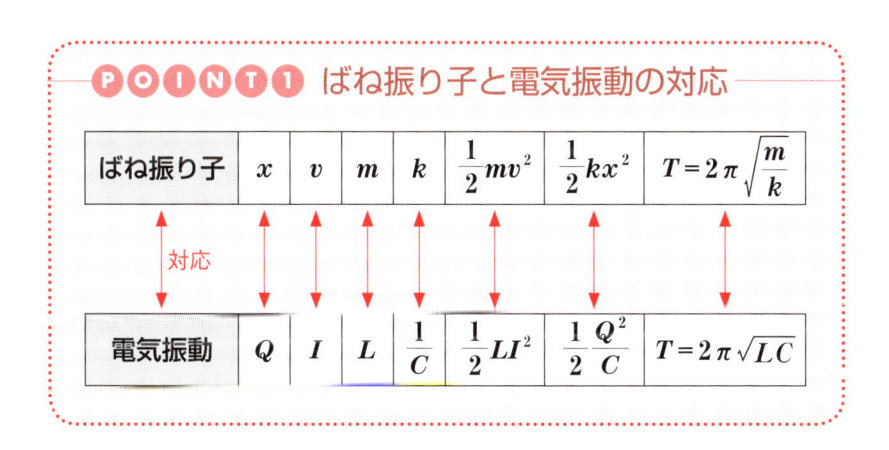

POINT 1　ばね振り子と電気振動の対応

ばね振り子	x	v	m	k	$\dfrac{1}{2}mv^2$	$\dfrac{1}{2}kx^2$	$T = 2\pi\sqrt{\dfrac{m}{k}}$
対応 ↕	↕	↕	↕	↕	↕	↕	↕
電気振動	Q	I	L	$\dfrac{1}{C}$	$\dfrac{1}{2}LI^2$	$\dfrac{1}{2}\dfrac{Q^2}{C}$	$T = 2\pi\sqrt{LC}$

チェック問題 ① 電気振動　標準 12分

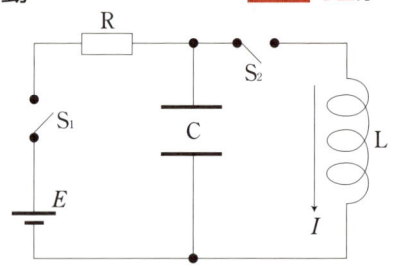

抵抗値 R の抵抗，容量 C のコンデンサー，起電力 E の電池，スイッチ S_1，S_2 からなる回路がある。次の (1)，(2)でインダクタンス L のコイルを上から下に流れる電流 I を正として，電流の時間変化のグラフをかけ。

(1) S_2 を開き，S_1 を入れ，十分時間後に，S_1 を開き，S_2 を閉じるときを時刻 0 とする。

(2) S_2 を閉じたまま S_1 を入れ，十分時間後に，S_1 を開くときを時刻 0 とする。

解説

(1) まず，S_1 を入れて十分時間後，C は電位差 E となり，電気量が CE，静電エネルギーが $\frac{1}{2}CE^2$ たまっている。

ここで図 a のように，S_1 を開いてから，S_2 を閉じた直後 ($t=0$)，L には急に電流は流れないので，$I=0$ となる。

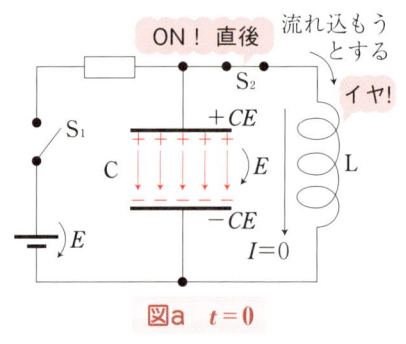

ここから，周期 $T=2\pi\sqrt{LC}$ の電気振動(エネルギー振動)が始まる。

やがて，完全に放電し，図 b のように**コンデンサーのエネルギーが 0 となったとき，逆にコイルの磁気エネルギーは最大 $\frac{1}{2}LI_{max}^2$** となる。

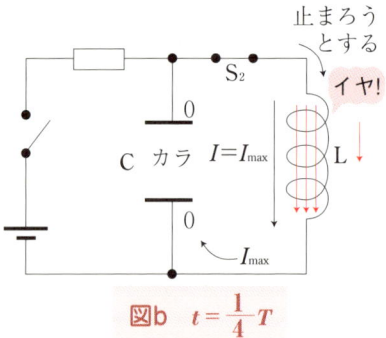

図 a と図 b のエネルギー保存より，

図a　$t=0$

図b　$t=\frac{1}{4}T$

266　物理の磁気

$$\frac{1}{2}CE^2 = \frac{1}{2}LI_{max}^2$$

$$\therefore \ I_{max} = \sqrt{\frac{C}{L}}E$$

となるね。このときの時刻が，
$t = \frac{1}{4}T = \frac{\pi}{2}\sqrt{LC}$ だ。

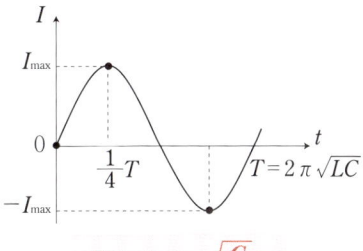

やがて，$t = \frac{1}{2}T$ で，再び**コンデンサーのエネルギーが最大 $\frac{1}{2}CE^2$ に戻ると，コイルのエネルギーは0に戻り**，$I = 0$ に戻るよ。

その後，電流 I は逆流（$I < 0$）して再び図aへ戻っていく。

以上の変化を I-t グラフにすると，図cのようになる。……**答**

図c $\ I_{max} = \sqrt{\frac{C}{L}}E$

(2) S_2 を閉じたまま S_1 を入れて十分に時間が経つと，図dのように，**コイルには一定電流 $I_0 = \frac{E}{R}$ が流れるので，$\frac{dI}{dt} = 0$ となり，コイルには誘導起電力が生じないので，「ただの導線」となる**。よって，それに並列につながっているコンデンサーの電位差も0で，電気量も0となるね。

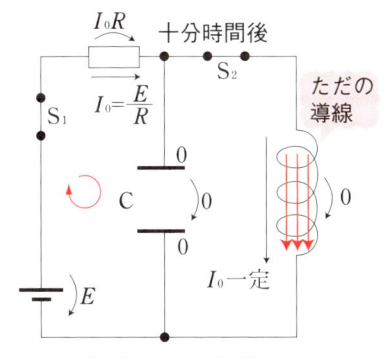

図d $\ \circlearrowleft : I_0R - E = 0$

ここで，S_1 を開いた直後（$t = 0$）図eのように，**Lの電流は急には減らないので，Lには電流 $I_0 = \frac{E}{R}$ が流れたままとなる**ね。

しかし，電流は S_1 の切れている電池側へは流れないので，すべてコンデンサーの下側の極板へと流れ込むしかない。図eは，(1)の，どの図の状況に似ているかな？

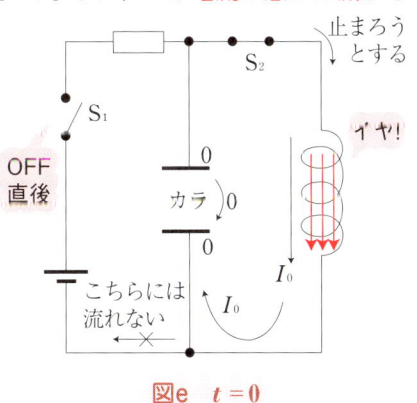

図e $\ t = 0$

第20章 電気振動回路

えーと，コンデンサーの下側へ流れ込む……確かあったあった。そう！ 図bといっしょです。

すると，求めるグラフは，図cの $t=\frac{1}{4}T$ から始まり，$I_{max}=\frac{E}{R}$ としたものに相当するので，図fのようになるよ。……答

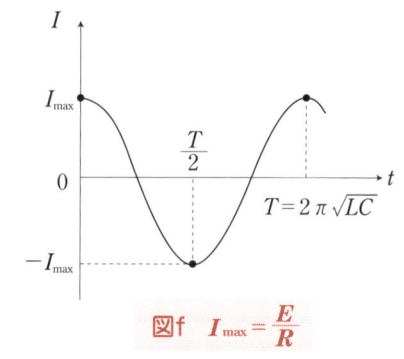

図f $I_{max}=\frac{E}{R}$

エネルギーのキャッチボールに注目しよう！

● 第20章 ●
まとめ

1 電気振動の「3コママンガ」

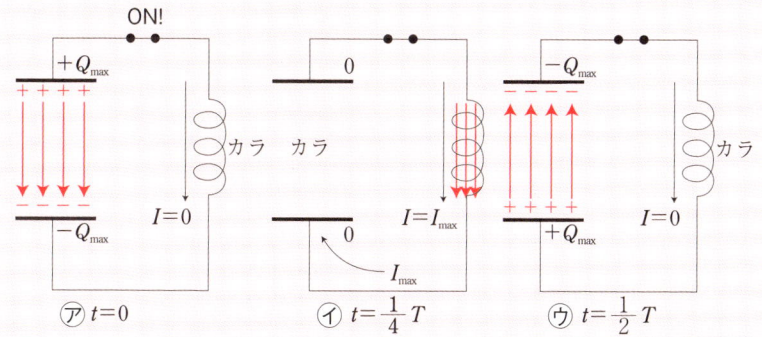

㋐ $t=0$ ㋑ $t=\frac{1}{4}T$ ㋒ $t=\frac{1}{2}T$

注 **コンデンサーとコイルの間のエネルギーのキャッチボール** とイメージしよう。

注 ㋑から振動がスタートすることもある（**チェック問題 1** の(2)）

2 ばね振り子と電気振動の対応関係

ばね振り子	電気振動
座標 x	電気量 Q
速度 v	電流 I
質量 m	自己インダクタンス L
ばね定数 k	容量の逆数 $\frac{1}{C}$
エネルギー保存 $\frac{1}{2}mv^2 + \frac{1}{2}kx^2 = $ 一定	エネルギー保存 $\frac{1}{2}LI^2 + \frac{1}{2}\frac{Q^2}{C} = $ 一定
周期 $T = 2\pi\sqrt{\dfrac{m}{k}}$	周期 $T = 2\pi\sqrt{LC}$

第21章 交流回路

▲コイルL，コンデンサーC，抵抗Rの性格の違いに注目

Story ① まずは交流の用語に慣れよう

▶(1) 電磁気は用語の定義が命！

　ここまでずいぶんと電磁気の勉強をしてきたけど，電磁気の勉強で大切なことって何だったかな？

> やっぱり，用語の定義を押さえることですよ。電位，電流などの定義がしっかりしていると，1つひとつの考えが明確につながります。

　全くその通りだね。そこで，この交流もしっかりと用語を定義して，その**用語に十分慣れることから始めよう**。

▶(2) 交流の用語

> そもそも，交流って何ですか？

270　物理の磁気

ひと言でいえば，電流や電圧が時刻 t の関数として，三角関数の形で書けるものを交流というんだ。交流の1つの例として，たとえば，図1のような装置について，

> 電流 $i = I \times \sin \omega t$
> 電圧 $v = V \times \sin(\omega t + \theta)$ …★

となっているとしよう。sin，cosが出てきても難しく感じる必要はないよ。大切なのは用語の定義だ。

まずは，4つの用語を定義するよ。

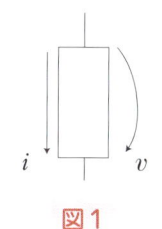

図1

① **時刻 t での瞬間値**

上の★で，i や v は時刻 t の瞬間の電流と電圧の値を表すね。それを，時刻 t での**瞬間値**という。

② **振幅（最大値）**

上の★の i や v は，図2のように時間変化する。図2のグラフの最大値は，I および V となっている。これは，波動の言葉で言えば，何に相当するかい？

> 波の振幅です。

そこで，この I や V のことを**振幅**というんだ。

また，$\dfrac{I}{\sqrt{2}}$，$\dfrac{V}{\sqrt{2}}$ という（振幅）$\div \sqrt{2}$ のことを**実効値**という。

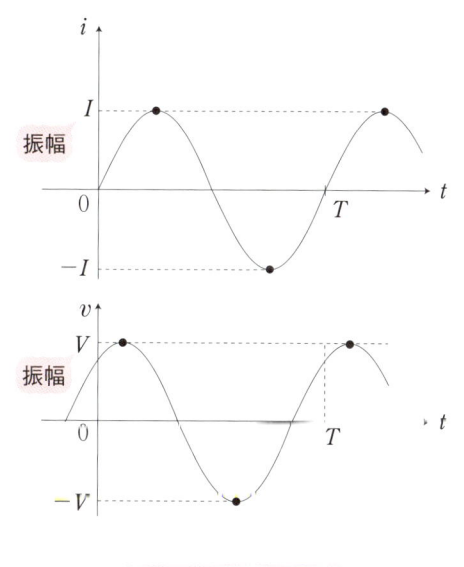

図2　★のグラフ

第21章　交流回路

③ 位相

★で三角関数の角度部分 ωt や $(\omega t+\theta)$ を位相という。位相の単位はもちろん〔rad〕だ。もう一度★を書いてみると，

$i=I\sin \boxed{\omega t}$
$v=V\sin \boxed{(\omega t+\theta)}$　　位相

このとき，i の位相と v の位相どっちが大きいかな？

> ハイ！　i の位相（ωt）よりも，v の位相（$\omega t+\theta$）のほうが θ だけ大きいです。

そのことを，

v のほうが i よりも位相が θ だけ進んでいる

と言うことにするよ。

> 何で位相が大きいと進んでいることになるのですか？

例えば，図3のように，$y=\sin\theta$ と $y=\sin\left(\theta+\dfrac{\pi}{2}\right)=\cos\theta$ のグラフをかいてみると，$\cos\theta$ のグラフのほうが先に最大値をとり，それから遅れて，$\sin\theta$ のグラフが最大値をとっているね。

つまり，位相 θ が $\dfrac{\pi}{2}$ だけ大きいと，角度にして $\dfrac{\pi}{2}$ だけ進んで変化が起こるんだ。

逆に，位相が小さくなってしまうとき，位相が遅れているというよ。

遅れて最大
$y=\sin\theta$

$\dfrac{\pi}{2}$ だけ進む
まず最大
$y=\sin\left(\theta+\dfrac{\pi}{2}\right)=\cos\theta$

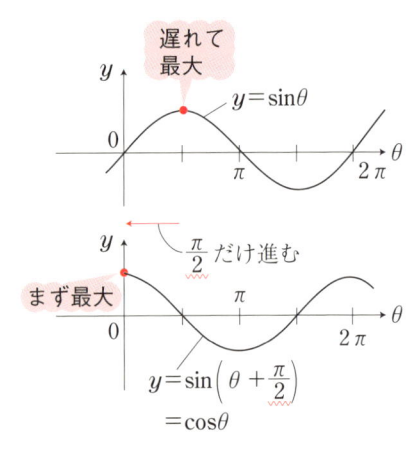

図3　位相が進むとは

④ 角周波数

★の例で，ω（オメガ）のことを**角周波数**という。

> ωって，力学の円運動の角速度ωや，単振動の角振動数ωと何か関係があるのですか？

関係大ありだよ。単振動とは，「等速円運動を真横から見た往復運動」だったよね。そして，その運動の時間変化は，**図4**のように三角関数のグラフを使って表せたよね。これは，全く交流の時間変化と同じでしょ。

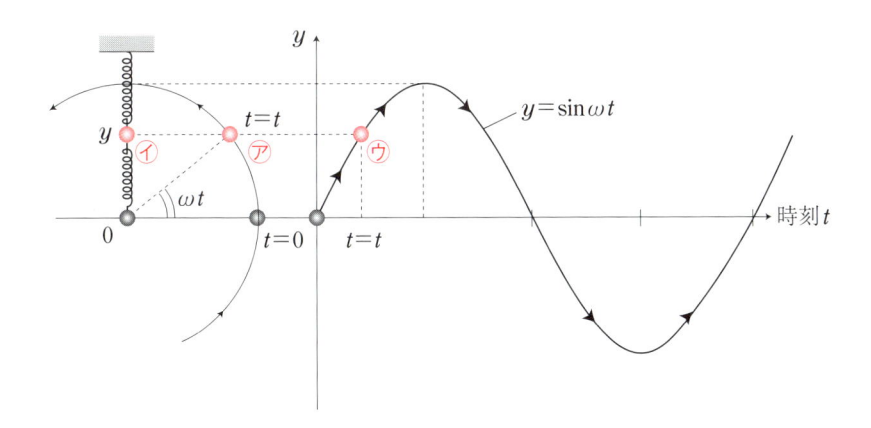

図4 ㋐円運動　㋑単振動　㋒交流の時間変化

すると，交流の周期T（電流，電圧が1回振動するのにかかる時間）は，対応する円運動が1周回転する時間と同じなので，

$$T = \frac{1\text{周の回転角}\,2\pi}{1\text{秒あたりの回転角}\,\omega} = \frac{2\pi}{\omega}$$

となるよ。

また，1秒あたりの振動数（周波数f）は周期の逆数であり，

$$f = \frac{1}{T} = \frac{\omega}{2\pi}$$

となるんだね。

以上の4つの用語をまとめると，

POINT 1 交流の4用語

例　電流 $i = I\sin\boxed{\omega t}$　電圧 $v = V\sin\boxed{(\omega t + \theta)}$

① i, v：時刻 t での瞬間値
② I, V：振幅（最大値），（振幅÷$\sqrt{2}$：実効値）
③ 位相（v のほうが i より θ だけ進んでいる）
④ ω：角周波数 $\left(周期 T = \dfrac{2\pi}{\omega}, \ 周波数 f = \dfrac{1}{T} = \dfrac{\omega}{2\pi}\right)$

チェック問題 1　交流の用語　　　　　　易 2分

$$i = 3\sin 50\pi t \ [\text{A}]$$
$$v = 6\cos\left(50\pi t + \dfrac{\pi}{2}\right) [\text{V}]$$

という瞬間値で表される交流電流 i，交流電圧 v がある。
(1) i, v の振幅 I, V　(2) i と v の角周波数 ω　(3) v は i より いくら位相が進んでいるか，または遅れているかを答えよ。

解説　(1) $I = 3$ A, $V = 6$ V ……答　(2) $\omega = 50\pi$ [rad/s] ……答
(3) やってみて。

> カンタンカンタン。v は i よりも $\dfrac{\pi}{2}$ だけ進んでいます。

ブブー！　sinの位相とcosの位相を比べてどうするの！　**両方とも，sinにそろえてから比べる**んだぞ。

$\cos\left(\theta + \dfrac{\pi}{2}\right) = -\sin\theta = \sin(\theta \pm \pi)$ により

$v = 6\sin(50\pi t \pm \pi)$

よって，v は i より π だけ進んでいる。……答
（「π だけ遅れている。」と答えても可）

Story ❷ 抵抗,コイル,コンデンサーの性格の違い

▶(1) コンビニで弁当買うときに……

キミが,友達と何人かでコンビニでお弁当を買うとしよう。そのときの選び方で,3タイプの性格に分かれるね。
① いつも,ガンコに自分のお決まりだけを買う人(変化イヤ!)
② 新製品が出ると,必ずそれに変えて買う人(変化大好き)
③ とくにこだわりはなく,その場に応じて買う人(素直な性格)

今度から,キミは,①の友達を「コイル君」,②の友達を「コンデンサー君」,③の友達を「抵抗君」とアダ名をつけよう。

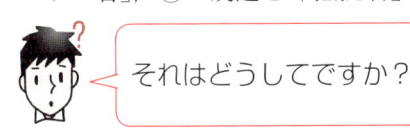

> それはどうしてですか?

それは,交流回路で,変化する電圧を抵抗,コイル,コンデンサーに加えたときの「リアクション」を見ると,おもしろいように違いが分かるんだ。

▶(2) 抵抗,コイル,コンデンサーに交流電圧を加える

図5のように,交流電圧 $v = V\sin\omega t$ を抵抗値 R の抵抗R,自己インダクタンス L のコイルL,容量 C のコンデンサー C に加えたとき,それぞれに流れる電流 i_R, i_L, i_C を比べてみよう。〜は交流の電源を表すよ。

すべてに共通の電圧 $v = V\sin\omega t$ を加える

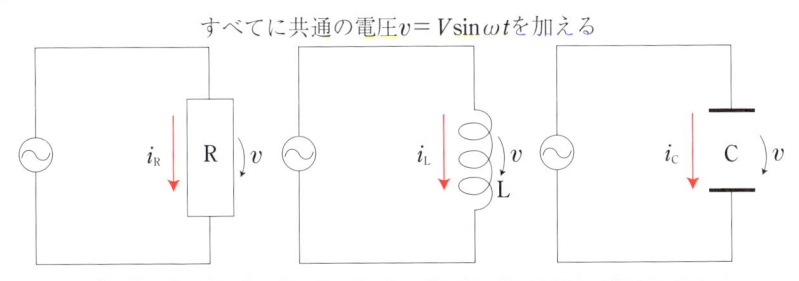

図5 流れる電流 i_R, i_L, i_C にはどのような違いが出るか?

第21章 交流回路

▶(3) 抵抗Rは素直な性格

図6のように，抵抗Rに，電圧 $v=V\sin\omega t\cdots$ ① を加えるときに，流れる電流 i_R はどのようにして求めるかい？

抵抗といえば，オームの法則ですよ。

すると，オームの法則 $v=i_R R$ より，

$$i_R = \frac{v}{R} \underset{①より}{=} \boxed{\frac{V}{R}} \sin\omega t \cdots ②$$

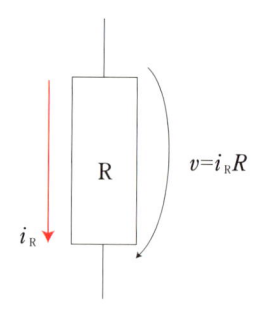

図6 抵抗と交流

となるね。この(i)振幅と(ii)位相についてまとめよう。

(i) 電流の振幅について

②より電流 i_R の振幅 I_R は，

$$I_R = \boxed{\frac{V}{R}}$$

で，R→大ほど，I_R→小となって，抵抗が大きいほど流れにくくなるんだね。

(ii) 電圧と電流の位相のずれについて

①，②式を横軸 t のグラフにすると，図7のようになる。すると，電流 i_R は加えた電圧 v に応じて同じタイミング(位相のずれなし)で素直に変化しているね。

位相のずれなし

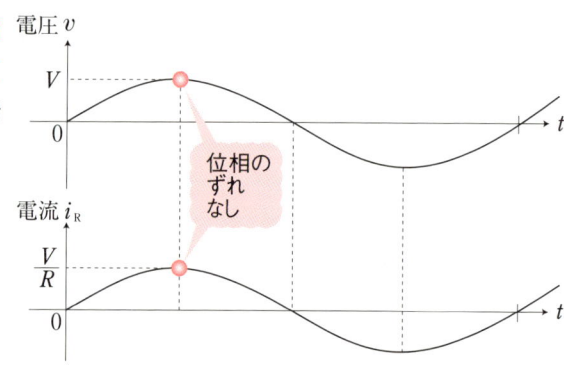

図7 抵抗の電圧と電流

276 物理の磁気

> **POINT 2** 抵抗に流れる交流電流 i_R
>
> 電圧 $v = V\sin\omega t$ を加えるとき
>
> 電流 $i_R = \boxed{\dfrac{V}{R}} \times \sin\omega t$ が流れる
>
> $R \to$ 大ほど，振幅 $\to$ 小
> （オームの法則そのもの）
>
> 電圧 v と同じ位相

　さて，重要なのは，次から見ていくコイルLとコンデンサーCだ。これらは，抵抗Rとは違って，電流の流れやすさが角振動数ωによって変化していき，電流の位相と電圧の位相にずれが生じていく。

　これからの話では，少し数学の知識が必要なところが出てくるけど，大切なのは，物理的イメージだからね！　では，いよいよ，おもしろい性質を示すコイルLとコンデンサーCについて，見ていこう。

これからが勝負だよ。

▶(4) コイル L は変化を嫌う性格

図8のようにコイル L に，電圧 $v=V\sin\omega t \cdots ③$ を加えるときに流れる電流 i_L を求めよう。

まず，《コイルの自己インダクタンス》(p.244)の式より，v と i_L の間には，

$$\boxed{v = L\frac{di_L}{dt}} \cdots ④$$

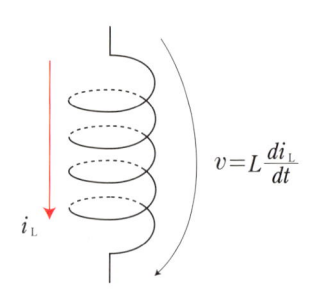

図8 コイルと交流

の関係があったのは覚えているかい？　ここで，この式を変形して，

$$\frac{di_L}{dt} = \frac{v}{L} \underset{③より}{=} \frac{V}{L}\sin\omega t \cdots ⑤$$

さて，**この⑤式をみたすことができる i_L を求めてみよう。**

ここで，ちょっと数学の問題だ。t で微分して $\sin\omega t$ になるのはな～んだ？

> t で微分して **$\sin\omega t$** になるのは，え～と，そう！　$-\cos\omega t$ です。

おしい！　$-\cos\omega t$ を t で微分すると，ω が1つ外に出てくるから，$\omega\sin\omega t$ となるね。だから，正解は，$-\dfrac{1}{\omega}\cos\omega t$ だ。

すると，上の⑤式をみたす i_L は，次のようになるね。

$$i_L = \frac{V}{L} \times \left(-\frac{1}{\omega}\cos\omega t\right) \quad \text{⑤に代入して確かめてみてね}$$

ここで，$-\cos\omega t = \sin\left(\omega t - \dfrac{\pi}{2}\right)$ だから，

$$i_L = \boxed{\frac{V}{\omega L}} \sin\left(\omega t - \frac{\pi}{2}\right) \cdots ⑥$$

となるね。この(i)振幅と(ii)位相についてまとめよう。

(i) 電流の振幅について

⑥式より，コイルを流れる電流 i_L の振幅 I_L は，

$$I_L = \boxed{\frac{V}{\omega L}}$$

となる。この式より $\omega L \to$ 大ほど，$I_L \to$ 小となることが分かるね。

つまり，**角周波数 ω が高くて，自己インダクタンス L が大きいほど，電流は流れにくくなる**んだね。これはどのようなイメージかな？

> インダクタンス L が大きいコイル，つまり，変化が大っ嫌いなコイルに，角周波数 ω が大きい，激しく変化する電流という最悪の組み合わせだ～！　イヤイヤイヤイヤイヤイヤイヤ……！　と妨げられて，ほとんど電流が流れなくなっちゃいます。

このように，**コイルは電流の変化がとても嫌い**なんだね。

(ii) 電圧と電流の位相のずれについて

次に③と⑥を，**図9**のようにグラフにして比べてみよう。

㋐ まずイヤ！ と起電力が生じてから

位相 $\dfrac{\pi}{2}$ 遅れる

㋑ やがて電流が流れるようになる

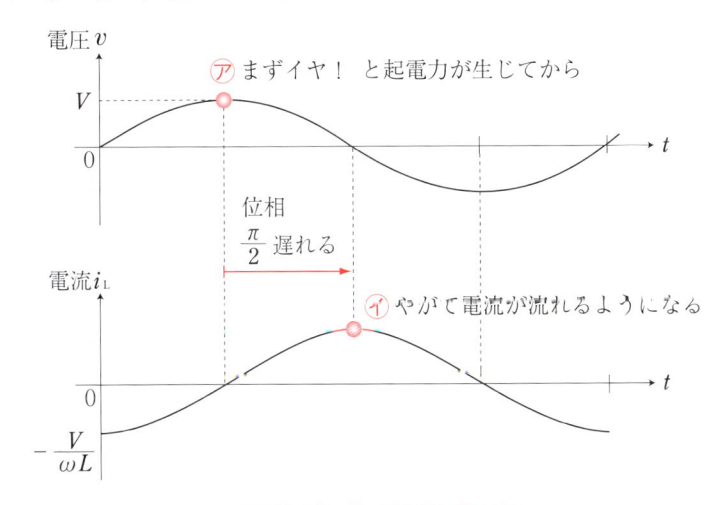

図9　コイルの電圧と電流

図9より i_L のほうが v よりも $\dfrac{\pi}{2}$ だけ位相が遅れることが分かるけど，これはどんなイメージなのか見てみよう。

まず，コイルは電流を急に流すことができるかな？

> いいえ。まずイヤ！　と妨げる起電力が生じて，電流は急には流れません。まず先に，電圧が最大値になります。

そうだ。それが，図9の㋐の状態なんだね。そして，やがて時間が経つと，だんだんと妨げる起電力が減っていき，ようやく電流が流れるようになってきて，起電力が0になったところで，最大電流が流れるようになるんだ。それが，図9の㋑の状態なんだね。つまり，**電圧が先に生じ，やがて遅れて電流が流れる**んだ。

POINT 3　コイルに流れる交流電流 i_L

電圧 $v = V\sin\omega t$ を加えるとき

電流 $i_L = \boxed{\dfrac{V}{\omega L}} \times \sin\left(\omega t - \underline{\dfrac{\pi}{2}}\right)$ が流れる

$\omega L \to$ 大ほど，振幅 $\to$ 小

電圧 v よりも $\dfrac{\pi}{2}$ だけ遅れる

> 電流の振幅と位相のずれに注目しよう！

▶(5) コンデンサー C に流れる電流とは？

さて，最後はコンデンサー C に流れる電流 i_C だ。

> あのー，コンデンサーの極板間って，電気は流れないでしょ。どうして，コンデンサーに電流が流れるんですか？

それは，図10のようにコンデンサーの上の極板に Δq〔C〕が入ると，同時に下の極板から Δq〔C〕が出ていくよね。このとき「コンデンサーを Δq〔C〕の電気量が通過していった」と約束するんだ。

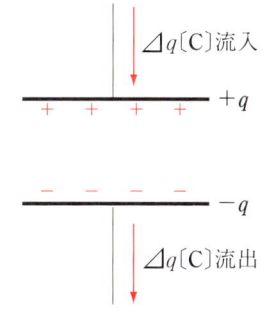

図10 コンデンサーに電流が流れるとは

> では，コンデンサーに流れる電流はどうやって求めるのですか？

電流の定義(p.152)に戻ればいいんだ。すると，

電流 i = （1秒あたりに流れ込む電気量）

= （1秒あたりの極板の電気量 q の増加分）

= （$q-t$ グラフの傾き）

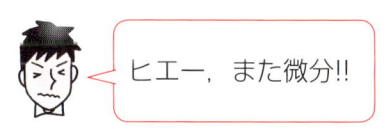

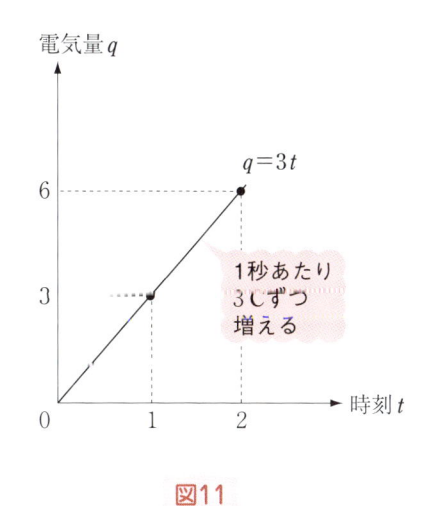

= $\dfrac{dq}{dt}$

> ヒエー，また微分!!

図11

第21章 交流回路

大丈夫，q-t グラフの傾きをとっているだけ。図11の例では，1秒あたりに電気量 q は3Cずつ入るので，流れる電流 i は $i=3$A。これは，図11のグラフの式 $q=3t$ を時間 t で微分して，

$$i = \frac{dq}{dt} = \frac{d(3t)}{dt} = 3 \, [\text{A}]$$

としたのと同じだよね。

POINT 4 コンデンサーに流れ込む電流 i

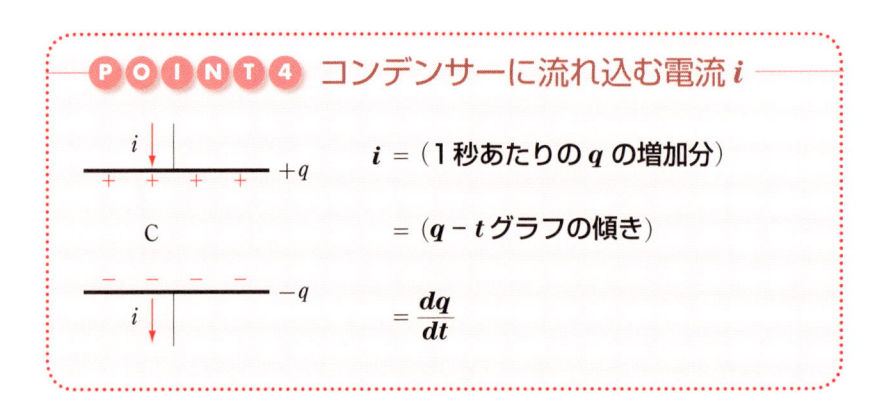

i = (1秒あたりの q の増加分)
 = (q-t グラフの傾き)
 = $\dfrac{dq}{dt}$

▶(6) コンデンサー C は変化が大好きな性格

図12のように，コンデンサーに電圧 $v = V\sin\omega t$ …⑦ を加えるときに流れる電流 i_C を求めよう。

まず，コンデンサーの基本式 $q=Cv$ より，電気量 q は，

$\boxed{q = Cv} \underset{⑦より}{=} CV\sin\omega t$ …⑧

となるね。

一方，**POINT 4** のコンデンサーに流れる電流の式より，

$\boxed{i_C = \dfrac{dq}{dt}}$ …⑨

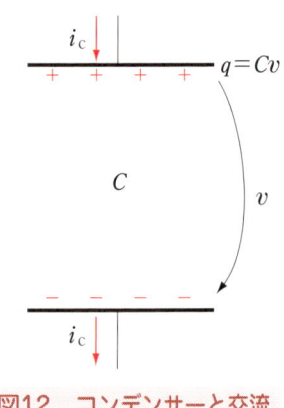

図12 コンデンサーと交流

ここで，⑨に⑧を代入して（つまり⑧を時間 t で微分して），

$$
\begin{aligned}
i_C &= \frac{d(CV\sin\omega t)}{dt} \\
&= CV \times \frac{d(\sin\omega t)}{dt} \quad\quad \leftarrow CV\text{は定数なので，微分の外へ出る} \\
&= CV\omega\cos\omega t \quad\quad \leftarrow \sin\omega t\text{の微分は，}\omega\cos\omega t \\
&= \boxed{\omega CV}\sin\left(\omega t + \frac{\pi}{2}\right) \cdots \text{⑩} \quad \leftarrow \cos\theta = \sin\left(\theta + \frac{\pi}{2}\right)
\end{aligned}
$$

となるね。この(i)振幅と(ii)位相についてまとめよう。

(i) 電流の振幅について

⑩より，コンデンサーを流れる電流 i_C の振幅 I_C は，

$$I_C = \boxed{\omega CV}$$

となる。この式より，$\omega C \to$ 大ほど，$I_C \to$ 大となることが分かるね。つまり，角周波数 ω が高くて，容量 C が大きいほど，電流は大きく流れるんだね。これは，どんなイメージかな？

> コンデンサーは，充電，放電，充電……をくり返すことで電流を流すけど，角周波数 ω が大きいほど激しく電気が出入りし，容量 C が大きいほど大量に電気が出入りするから，ωC が大きいほど，充電放電充電放電充電！……と大きな電流になるというイメージです。

いいイメージだ。このように，コンデンサーは，変化があればあるほど，電流をどんどん流すんだ。つまり，変化が大好きということだね。

(ii) 電圧と電流の位相のずれについて

次に⑦と⑩を，**図13**のようにグラフにして位相のずれを見てみよう。

第21章 交流回路　283

電圧 v

V

⊙ やがて，電気がたまり電圧が生じる

0　　　　　　　　　　　　　　　　　　T　t

位相 $\dfrac{\pi}{2}$ 進む

電流 i_C

ωCV

⑦ まず，ゴクゴクと電流が流れ込む

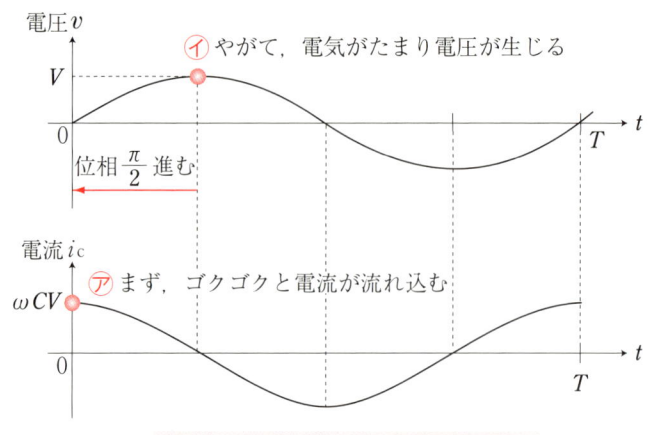

0　　　　　　　　　　　　　　　　　　T　t

図13　コンデンサーの電圧と電流

図13より，i_C の方が v よりも $\dfrac{\pi}{2}$ だけ位相が進んでいることが分かるけど，これはどんなイメージだろう。例えば，キミがジュースを飲むときには，⑦ジュースがゴクゴクとのどを通る，⊙ジュースが胃にたまる，どっちが先に起こるかな？

> そんなの，⑦が先で⊙が後に決まっているじゃないですか。のどを通る前に胃にたまったらコワイですよ。

そうだね（笑）。それと同じで，**図13**では，まず⑦で**コンデンサーにゴクゴクと電気が流れ込むのが先**で，やがて，⊙で**電気がたまり電圧が生じるのが後**になる。つまり，電流が先に流れ，やがて遅れて，電圧が生じるんだ。

POINT 5　コンデンサーに流れ込む交流電流 i_C

電圧 $v = V\sin\omega t$ を加えるとき

電流 $i_C = \boxed{\omega CV} \sin\left(\omega t + \dfrac{\pi}{2}\right)$ が流れる

ωC → 大ほど，振幅 → 大　　　　電圧 v よりも $\dfrac{\pi}{2}$ だけ進む

284　物理の磁気

Story ③ 交流回路の解法

▶(1) コイル・コンデンサーと交流の表

Story ② より，コイル，コンデンサーは全く正反対の性格をもっていることが分かったね。それを次の表にまとめよう。

（この表では，電流振幅を I，電圧振幅を V とするよ）

POINT 6 《コイル・コンデンサーと交流の表》

	コイル L	コンデンサー C
振幅 I, V の関係 （イメージ法）	$I = \dfrac{1}{\omega L} \times V$ （$\omega L \to$ 大ほど，$I \to$ 小 「イヤイヤイヤイヤ…」）	$I = \omega C \times V$ （$\omega C \to$ 大ほど，$I \to$ 大 「充電放電充電放電…」）
位相のずれ （イメージ法）	電流のほうが $\dfrac{\pi}{2}$ 遅れる （まずイヤ！と電圧が生じ， 遅れて電流が流れる）	電流のほうが $\dfrac{\pi}{2}$ 進む （まずゴクゴク！と電流が 流れ，遅れて電圧が生じる）
$\omega \to \infty$ とすると	$I \to 0$ となって断線状態になる	$I \to \infty$ となってただの導線と同じになる
$\omega \to 0$ とすると	$I \to \infty$ となってただの導線と同じになる	$I \to 0$ となって断線状態になる

> 抵抗 R については，表にしないんですか？

いいんだよ。抵抗 R については，オームの法則だけで処理できるから，とくに必要ないんだ。つまり，抵抗 R は直流回路でも交流回路でも同じ解法でいいんだ。

この表で自由自在に，電流 i と電圧 v の換算ができるか，次の **チェック問題 ②** で試してみよう。

チェック問題 2　交流の電流と電圧の関係　易 6分

抵抗値10 Ωの抵抗R，自己インダクタンス10 HのコイルL，容量10 FのコンデンサーCそれぞれについて，次の値を求めよ。

(1) Rに電流 $i = 50\cos 20\pi t$ が流れているときの電圧 v
(2) Lに電圧 $v = 10\sin 5\pi t$ がかかっているときの電流 i
(3) Cに電流 $i = 80\cos 10\pi t$ が流れているときの電圧 v

解説　(1) 抵抗Rはオームの法則だけでOK！

$$\boxed{v = Ri} = 10 \times 50\cos 20\pi t = 500\cos 20\pi t \cdots\text{答}$$

(2) 《コイル・コンデンサーと交流の表》(p.285) より，振幅と位相のずれに分けて考える。まず，求める電流 i の振幅 I は表より，

$$\boxed{I = \frac{1}{\omega L} \times V} = \frac{1}{5\pi \cdot 10} \times 10 = \frac{1}{5\pi}$$

次に，求める**電流 i の位相 θ は，電圧の位相 ($5\pi t$) より $\frac{\pi}{2}$ 遅れる**ので，

$$\theta = \left(5\pi t - \frac{\pi}{2}\right)$$

以上より，求める電流 i は，

$$i = \frac{1}{5\pi}\sin\left(5\pi t - \frac{\pi}{2}\right) \cdots\text{答}$$

(3) 求める電圧 v の振幅 V はコンデンサーの表より，$\boxed{I = \omega C \times V}$ なので，**逆に V について解いて**

$$\boxed{V = \frac{1}{\omega C} \times I} = \frac{1}{10\pi \cdot 10} \times 80 = \frac{4}{5\pi}$$

次に，求める**電圧 v の位相 θ は，電流の位相 ($10\pi t$) より $\frac{\pi}{2}$ 遅れる**。

（※ 電流のほうが電圧より $\frac{\pi}{2}$ 進むことを逆にしただけ）

$$\theta = \left(10\pi t - \frac{\pi}{2}\right)$$

以上より，求める電圧 v は，$v = \frac{4}{5\pi}\cos\left(10\pi t - \frac{\pi}{2}\right) \cdots\text{答}$

▶(2) 交流回路の解法

(1)で抵抗，コイル，コンデンサー各装置での交流電流 i，交流電圧 v の変換が自由自在に行えるようになったかい？　それでは，次はいよいよ，各装置が直列，並列につながったときの解法に入ろう。

POINT 7　交流回路の解法

(i) 直列タイプ

Step 1　共通の電流を $i = I\sin(\omega t + \theta)$ と仮定する。

　（注　はじめから電流 i や電圧 v が与えられていればそれに従う。）

Step 2　p.285の《コイル・コンデンサーと交流の表》を用いて，各装置の電圧 v を求める。

Step 3　全体の電圧の和を求める。

　注　このとき必ず三角関数の合成公式を用いる。
$$A\sin\alpha \pm B\cos\alpha = \sqrt{A^2+B^2}\sin(\alpha \pm \beta)$$
　　　ただし，$\tan\beta = \dfrac{B}{A}$

(ii) 並列タイプ

Step 1　共通の電圧を，$v = V\sin(\omega t + \theta)$ と仮定する。

Step 2　p.285の《コイル・コンデンサーと交流の表》を用いて，各装置の電流 i を求める。

Step 3　全体の電流の和を求める。

第21章　交流回路

チェック問題 3 並列交流回路　　標準 15分

図のR, L, Cの並列交流回路で、電圧 $v = V\cos\omega t$ が加えられているとき、

(1) i_R, i_L, i_C を求めよ。
(2) コイル，コンデンサーのリアクタンス R_L, R_C を求めよ。
(3) 全電流の和 i_e の振幅 I_e を求めよ。
(4) (3)の I_e が最小となるときの ω とその最小値を求めよ。

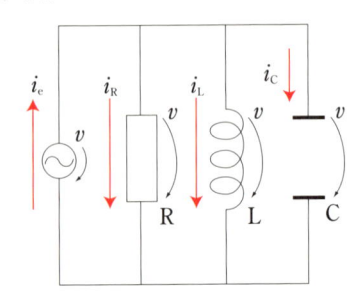

解説　《交流回路の解法》(p.287) で、これは「**並列タイプ**」だね。

(1) **Step 1** で、共通の電圧は $v = V\cos\omega t \cdots$ ①と与えられているので、それに従う。

Step 2 各電流について《コイル・コンデンサーと交流の表》より、

$$i_R = \underbrace{\frac{v}{R}}_{\text{オームの法則}} = \underbrace{\frac{V}{R}\cos\omega t}_{\text{①より}} \cdots\cdots \text{答}$$

$$i_L = \underbrace{\frac{1}{\omega L}V}_{\text{電流振幅}} \times \cos\left(\omega t \underbrace{- \frac{\pi}{2}}_{\text{位相のずれ}}\right)$$

コイルの表 (p.285) より、
(電流振幅) $= \dfrac{1}{\omega L} \times$ (電圧振幅)
電流は電圧よりも位相が $\dfrac{\pi}{2}$ 遅れる

$$= \frac{V}{\omega L}\sin\omega t \cdots\cdots \text{答}$$

$$i_C = \underbrace{\omega CV}_{\text{電流振幅}} \times \cos\left(\omega t \underbrace{+ \frac{\pi}{2}}_{\text{位相のずれ}}\right)$$

コンデンサーの表 (p.285) より、
(電流振幅) $= \omega C \times$ (電圧振幅)
電流は電圧よりも位相が $\dfrac{\pi}{2}$ 進む

$$= -\omega CV\sin\omega t \cdots\cdots \text{答}$$

(2) 　リアクタンスって，何だか難しそうな言葉ですね。

　そんなことないよ。抵抗ではオームの法則から，

$$\frac{(電圧\ V)}{(電流\ I)} = (抵抗\ R)$$

として，抵抗，つまり電流の流れにくさを表したでしょ。

　それと全く同じように，交流では，コイル・コンデンサーを電流を妨げる一種の抵抗とみなしてしまうんだ。そこで，その**抵抗値に相当するもの**として，

$$\boxed{\frac{(電圧振幅\ V)}{(電流振幅\ I)} = (\textbf{リアクタンス}\ R)}$$

と定義するんだ。

　今の場合，コイルではリアクタンス R_L は，

$$R_\mathrm{L} = \frac{(電圧振幅\ V)}{\left(電流振幅\ \dfrac{V}{\omega L}\right)} = \omega L \quad \cdots\cdots \text{答}$$

で，たしかに，$\omega L \to$ 大ほど，「イヤイヤ……」と電流が流れにくい（抵抗 R_L が大きい）ことと合っているよね。

　次に，コンデンサーでは，

$$R_\mathrm{C} = \frac{(電圧振幅\ V)}{(電流振幅\ \omega CV)} = \frac{1}{\omega C} \quad \cdots\cdots \text{答}$$

で，たしかに，$\omega C \to$ 大ほど，「充電放電充電放電……」と電流がよく流れる（抵抗 R_C が小さい）ことと合っているね。

(3) **Step 3** で，全電流 i_e は，

$$\begin{aligned}
i_\mathrm{e} &= i_\mathrm{R} + i_\mathrm{L} + i_\mathrm{C} \\
&\underset{(1)より}{=} \frac{V}{R}\cos\omega t + \frac{V}{\omega L}\sin\omega t - \omega CV \sin\omega t \\
&= V\left\{\frac{1}{R}\cos\omega t + \left(\frac{1}{\omega L} - \omega C\right)\sin\omega t\right\}
\end{aligned}$$

　この式から，どうやって i_e の振幅を求めるんですか？

第 21 章　交流回路

そうだね。たしかに，$\sin\omega t$，$\cos\omega t$ がうまくまとまらないと i_e の振幅が求められないよね。そこで，数学で sin, cos をまとめる公式は？

> $A\sin\omega t + B\cos\omega t = \sqrt{A^2+B^2}\sin(\omega t + \beta)$ の合成公式でまとめます。ちなみに，$\tan\beta = \dfrac{B}{A}$ ですね。

まさにその通りだ。その公式を使うと，

$$i_e = V\left\{\underbrace{\left(\dfrac{1}{\omega L}-\omega C\right)}_{A}\sin\omega t + \underbrace{\dfrac{1}{R}}_{B}\cos\omega t\right\}$$

$$= V\sqrt{\underbrace{\left(\dfrac{1}{\omega L}-\omega C\right)^2}_{A} + \underbrace{\left(\dfrac{1}{R}\right)^2}_{B}}\sin(\omega t + \beta)$$

これで，$\sin\omega t$ と $\cos\omega t$ が1つの項にまとまった。
よって，i_e の振幅 I_e は，

$$I_e = V\sqrt{\left(\dfrac{1}{\omega L}-\omega C\right)^2 + \left(\dfrac{1}{R}\right)^2} \cdots ② \quad \cdots\cdots 答$$

(4) (3)の答の②式で，ω をいろいろ変えていったときに，I_e が最小となるのは，$\left(\dfrac{1}{\omega L}-\omega C\right)^2$ が最小になるときだけれど，$\left(\dfrac{1}{\omega L}-\omega C\right)^2$ の最小値はいくらかい？

> えーと，あ！　2乗されているものは，マイナスにはならないぞ。マイナスにならないで最小といえば 0 です。

いいぞ！　よって，I_e が最小となるのは，

$$\dfrac{1}{\omega L} - \omega C = 0 \cdots ③$$

となるときだ。この③式より，

$$\dfrac{1}{\omega L} = \omega C$$

よって，$\omega = \dfrac{1}{\sqrt{LC}}$ ……答

そのときの I_e の値は，②に③を代入して，

$$I_e = V\sqrt{0^2 + \left(\frac{1}{R}\right)^2} = \frac{V}{R} \cdots\cdots 答$$

となるけど，これは，どんなイメージ？

> 回路には，そう，まるで抵抗がたった1つだけ存在するだけに見えます。コイル，コンデンサーはどうなったんだろう？

それは，このときの i_L と i_C の値を足してみると分かるよ。

$$i_L + i_C = \frac{V}{\omega L}\sin\omega t - \omega CV\sin\omega t$$

$$= V\left(\frac{1}{\omega L} - \omega C\right)\sin\omega t$$

$$= \underbrace{0}_{③より}$$

こうなるのは，図のように，コイルとコンデンサーの電流がちょうど逆向きになって打ち消し合っているからだよ。

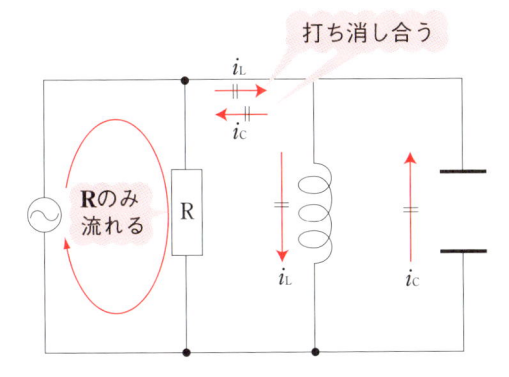

このとき，コイル L とコンデンサー C の間でのみ，電気が振動しているので，この現象を **LC並列共振** という。

ちなみに，この振動の周期 T は，

$$T = \frac{2\pi}{\omega} = 2\pi\sqrt{LC}$$

で，p.265で見た電気振動の周期と一致していることは，覚えておいても損はないよ！

第21章　交流回路

チェック問題 4　直列交流回路　　標準 15分

図のR，L，Cの直列交流回路で，電流 $i=I\sin\omega t$ が流れているとき，

(1) v_R，v_L，v_C を求めよ。
(2) 全電圧の振幅が V_0 と決まっているとき，電流 i の振幅 I が最大となるときの ω とその最大値を求めよ。
(3) ㋐$\omega\to 0$，㋑$\omega\to\infty$ としたときの，I をそれぞれ求めよ。
(4) この回路のインピーダンスを求めよ。

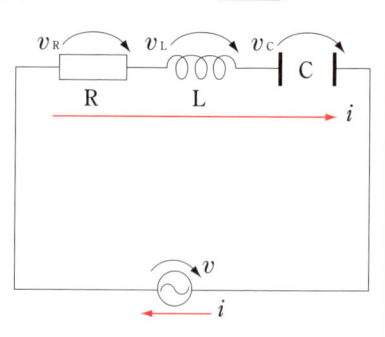

解説　《交流回路の解法》(p.287)で，今回は「**直列タイプ**」だ。

(1) **Step1** で，共通の電流は $i=I\sin\omega t$ …① と与えられているので，それに従う。

　Step2 各電圧について《コイル・コンデンサーと交流の表》より，

$$v_R \underbrace{=}_{\text{オームの法則}} i\times R \underbrace{=}_{\text{①より}} IR\sin\omega t \cdots \text{答}$$

$$v_L = \underbrace{\omega L I}_{\text{電圧振幅}} \sin\Big(\omega t \underbrace{+\frac{\pi}{2}}_{\text{位相のずれ}}\Big)$$

$$=\omega LI\cos\omega t \cdots \text{答}$$

> コイルの表(p.285)より，
> (電流振幅)＝$\dfrac{1}{\omega L}\times$(電圧振幅)
> を逆に使うことに注意して，
> (電圧振幅)＝$\omega L\times$(電流振幅)とした。また，電流の位相が $\dfrac{\pi}{2}$ 遅れることを逆に考え，電圧の位相が $\dfrac{\pi}{2}$ 進むことを使った

292　物理の磁気

$$v_C = \underbrace{\frac{1}{\omega C} I}_{\text{電圧振幅}} \sin\underbrace{\left(\omega t - \frac{\pi}{2}\right)}_{\text{位相のずれ}}$$

$$= -\frac{1}{\omega C} I \cos \omega t \cdots\cdots \text{答}$$

> コンデンサーの表(p.285)より，
> (電流振幅)＝ωC×(電圧振幅)
> を逆に使うことに注意して，
> (電圧振幅)＝$\frac{1}{\omega C}$×(電流振幅)とした。また，電流の位相が$\frac{\pi}{2}$進むことを逆に考え，電圧の位相が$\frac{\pi}{2}$遅れることを使った

(2) **Step3** 全電圧の和vは

$$v = v_R + v_L + v_C$$
$$= \underbrace{IR\sin\omega t + \omega LI\cos\omega t - \frac{1}{\omega C}I\cos\omega t}_{\text{(1)より}}$$

$$= I\left\{R\sin\omega t + \left(\omega L - \frac{1}{\omega C}\right)\cos\omega t\right\}$$

ここで，必ず使うのは何かな？

> 三角関数の合成公式です。p.290と同じです。

そうだ。そこで，合成公式を使ってみると，

$$v = I\Big\{\underset{A}{\underline{R}}\sin\omega t + \underset{B}{\underline{\left(\omega L - \frac{1}{\omega C}\right)}}\cos\omega t\Big\}$$

$$= I\sqrt{\underset{A}{\underline{R}^2} + \underset{B}{\underline{\left(\omega L - \frac{1}{\omega C}\right)^2}}}\;\sin(\omega t + \beta)$$

問題の条件より，全電圧vの振幅がV_0となるので，

$$V_0 = I\sqrt{R^2 + \left(\omega L - \frac{1}{\omega C}\right)^2}$$

第21章 交流回路

よって，求める電流 i の振幅 I はこの式より，

$$I = \frac{V_0}{\sqrt{R^2 + \left(\omega L - \frac{1}{\omega C}\right)^2}} \cdots ②$$

となるね。

ここで，**ω をいろいろ変えていったときに②が最大となるのは，分母にある $\left(\omega L - \frac{1}{\omega C}\right)^2$ が最小，つまり0になったとき**で，

$$\omega L = \frac{1}{\omega C} \quad \therefore \quad \omega = \frac{1}{\sqrt{LC}} \cdots\cdots \boxed{答}$$

で，このときの②の最大値は，

$$I = \frac{V_0}{\sqrt{R^2 + 0^2}} = \frac{V_0}{R} \cdots\cdots \boxed{答}$$

となる。

(3) ㋐ ②式で $\omega \to 0$ とすると，$\omega L \to 0$，$\frac{1}{\omega C} \to \infty$ となるので，

$$I \to \frac{1}{\sqrt{R^2 + (0 - \infty)^2}} \underbrace{=}_{\text{分母が}\infty\text{なので}} 0 \cdots\cdots \boxed{答}$$

㋑ ②式で $\omega \to \infty$ とすると，$\omega L \to \infty$，$\frac{1}{\omega C} \to 0$ となるので，

$$I \to \frac{1}{\sqrt{R^2 + (\infty - 0)^2}} \underbrace{=}_{\text{分母が}\infty\text{なので}} 0 \cdots\cdots \boxed{答}$$

これらのイメージは，p.285の《表》の $\omega \to 0$，$\omega \to \infty$ と見ると，次の図のようになることが分かるね。

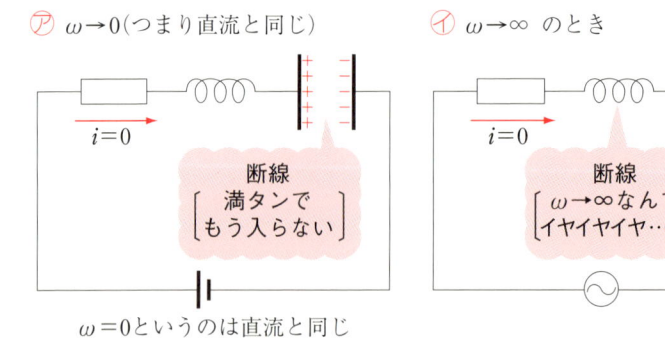

㋐ $\omega \to 0$(つまり直流と同じ)　　　㋑ $\omega \to \infty$ のとき

[図：$\omega \to 0$ の回路　$i = 0$，断線（満タンでもう入らない），$\omega = 0$ というのは直流と同じ]

[図：$\omega \to \infty$ の回路　$i = 0$，断線（$\omega \to \infty$ なんてイヤイヤイヤ……）]

(4)

> インピーダンスって名前，聞いただけでムズかしそ～！

大丈夫。チェック問題3のリアクタンス(p.289)が各装置ごとの抵抗値を表したのと同じで，**インピーダンス**というのは，**交流回路全体としての合成抵抗値を表す**んだ。だから，

$$\text{インピーダンス } Z \text{（合成抵抗値）} = \frac{\text{全体の電圧振幅 } V_0}{\text{全体の電流振幅 } I}$$

$$\underset{\text{②より}}{=} \sqrt{R^2 + \left(\omega L - \frac{1}{\omega C}\right)^2} \quad \cdots\cdots \text{答}$$

つまり，この回路は，ωによってその合成抵抗値Z（電流の通りにくさ）が変化するんだ。とくに，(2)で見たように，$\omega = \frac{1}{\sqrt{LC}}$ で最もZが小さくなり，最大電流が流れる。これを**LC直列共振**という。

一方，(3)で見たように，$\omega \to 0$，$\omega \to \infty$ となると，$Z \to \infty$ となり，電流は流れなくなるんだね。

このように，特定の周波数の交流だけよく流すという性質は，ラジオのチャンネル装置にも使われているんだよ。

つまり，キミが周波数f〔Hz〕の番組を聴きたければ，$f = \frac{\omega}{2\pi} = \frac{1}{2\pi\sqrt{LC}}$ をみたすように，コイルのインダクタンスLとコンデンサー容量Cを調整すればいいのだ。

> 最後までよく頑張りました！

● 第21章 ●
まとめ

1 コイル・コンデンサーで，電流と電圧を変換する《表》
（電流振幅を I，電圧振幅を V とする）

	コイル L	コンデンサー C
振幅 I, V の関係 （イメージ法）	$I = \dfrac{1}{\omega L} \times V$ （ωL→大きいほど, I→小 イヤイヤ）	$I = \omega C \times V$ （ωC→大きいほど, I→大 充電放電）
位相のずれ （イメージ法）	電流のほうが $\dfrac{\pi}{2}$ 遅れる （まずイヤ！遅れて電流）	電流のほうが $\dfrac{\pi}{2}$ 進む （まずゴクゴク！遅れて電圧）

注 抵抗 R についてはオームの法則だけでOK！

2 交流回路の解法

(ⅰ) 直列タイプ
- **Step1** 共通の電流 i を仮定。
- **Step2** 各装置の電圧 v を《表》を利用して求める。
- **Step3** 全電圧の和を求める（必ず合成公式を用いる）。

(ⅱ) 並列タイプ
- **Step1** 共通の電圧 v を仮定。
- **Step2** 各装置の電流 i を《表》を利用して求める。
- **Step3** 全電流の和を求める（必ず合成公式を用いる）。

漆原晃の POINT索引

第1章　静電気
電気の正体 ………………………………………………………………… 12
導体と絶縁体 ……………………………………………………………… 16

第2章　電気回路
回路の解法 ………………………………………………………………… 27

第3章　抵抗
抵抗の形状依存性 ………………………………………………………… 34
合成抵抗 …………………………………………………………………… 37
消費電力 $P[\mathrm{J/s}]=[\mathrm{W}]$ ………………………………………………… 38

第4章　電流と磁界（物理基礎）
電流のつくる磁界の決め方《右手のグー》……………………………… 44
電磁力の向きの決め方《右手のパー》…………………………………… 46

第5章　電磁誘導（物理基礎）
電磁誘導の法則 …………………………………………………………… 52

第6章　電界と電位
電界の定義 ………………………………………………………………… 60
電位のイメージ …………………………………………………………… 64
電位の定義（その1）……………………………………………………… 66
電位の定義（その2）……………………………………………………… 70
電気力による位置エネルギー …………………………………………… 71
（電気の分野の）仕事とエネルギーの関係 ……………………………… 72

第7章　点電荷
クーロンの法則 …………………………………………………………… 77
点電荷のつくる電界を問われたら ……………………………………… 81

+Q, －Qのまわりの電位のイメージ ……………………… 83
　　±Q〔C〕の点電荷のつくる電位V〔V〕 ……………………… 88

第8章　電気力線と等電位線
　　電気力線と等電位線 …………………………………………… 96
　　点電荷のつくる電気力線と等電位線のかき方の手順 ……… 99
　　導体の電気力線と等電位線 …………………………………… 102

第9章　ガウスの法則
　　ガウスの法則の2大原則 ……………………………………… 109

第10章　コンデンサーの解法
　　コンデンサーとは ……………………………………………… 118
　　コンデンサーの容量C ………………………………………… 121
　　コンデンサーの4大公式 ……………………………………… 126
　　4大公式の求め方の戦略 ……………………………………… 127
　　コンデンサーの解法 …………………………………………… 131
　　コンデンサーの中に挿入された金属板 ……………………… 136

第11章　コンデンサーの容量
　　コンデンサーの合成容量 ……………………………………… 143
　　誘電体を挿入したコンデンサーの容量C' …………………… 146
　　誘電体が挿入されたコンデンサーの容量の求め方 ………… 149

第12章　直流回路
　　電流の定義 ……………………………………………………… 152
　　抵抗の3大公式 ………………………………………………… 153
　　直流回路の解法 ………………………………………………… 154
　　電流計と電圧計 ………………………………………………… 160
　　電流と電子の速さの関係 ……………………………………… 165

第13章　コンデンサーを含む直流回路
　　スイッチ操作　直後 …………………………………………… 173
　　スイッチ操作　十分時間後 …………………………………… 174

第14章　回路の仕事とエネルギーの関係
回路の仕事とエネルギーの関係 …………………………………… 182
静電エネルギーの形 究極の２択 ………………………………… 182

第15章　非オーム抵抗
非オーム抵抗の解法 ………………………………………………… 191

第16章　電流と磁界（物理）
磁気量の単位 ………………………………………………………… 199
磁界 $\vec{H}$ の定義 ……………………………………………………… 200
磁束密度 $\vec{B}$ の定義 ………………………………………………… 201
磁界 H と磁束密度 B の違い ……………………………………… 202
電流がつくる磁界《右手のグー》（完全版）……………………… 203
電流が磁界から受ける力《右手のパー（No.１）》………………… 204

第17章　ローレンツ力
ローレンツ力《右手のパー（No.２）》……………………………… 209
ローレンツ力を受ける等速円運動 ………………………………… 213

第18章　電磁誘導（物理）
「ローレンツ力電池」………………………………………………… 221
磁束 Φ〔Wb〕（＝〔本〕）………………………………………… 224
電磁誘導の法則（完全版）…………………………………………… 226
《電磁誘導の解法 起 電 力》………………………………………… 229
電磁誘導でのエネルギー収支 ……………………………………… 231

第19章　コイルの性質
コイルの自己インダクタンス L〔H〕……………………………… 244
コイルに発生する誘導起電力のイメージ ………………………… 246
コイルを流れる電流 ………………………………………………… 248
コイルの磁気エネルギー …………………………………………… 252
変圧器とインダクタンス …………………………………………… 257

第20章　電気振動回路
ばね振り子と電気振動の対応 ……………………………………… 265

第21章　交流回路

交流の４用語 ·· 274
抵抗に流れる交流電流 i_R ································ 277
コイルに流れる交流電流 i_L ····························· 280
コンデンサーに流れ込む電流 i ························· 282
コンデンサーに流れ込む交流電流 i_C ················ 284
《コイル・コンデンサーと交流の表》 ··············· 285
交流回路の解法 ··· 287

重要語句の索引

あ行

アース ····································· 175
位相 ·· 272
位相のずれ ······························· 283
インピーダンス ························ 295
LC 直列共振 ···························· 295
LC 並列共振 ···························· 291
円形電流 ·································· 203
オームの法則 ···························· 26

か行

回路 ··· 22
ガウスの法則 ·························· 106
角周波数 ································· 273
起電力 ····································· 23
クーロンの法則 ························ 77
コイル ···································· 240
合成抵抗 ·································· 35
交流 ······································· 270
交流回路 ································· 285
コンデンサー ·························· 116

さ行

磁界 ··· 42
磁気エネルギー ······················· 250
磁気量 ···································· 199
自己インダクタンス ················ 241
磁束 ······································· 224
磁束線 ···································· 200
磁束密度 ································· 200
実効値 ···································· 271
自由電子 ··································· 14
ジュール熱 ······························· 38
瞬間値 ···································· 271
消費電力 ··································· 38
磁力線 ······································ 43
真の値 ···································· 161
振幅 ······································· 271
静電エネルギー ······················· 124
静電誘導 ··································· 15
絶縁体 ······································ 14
相互インダクタンス ················ 256
測定値 ···································· 161
ソレノイドコイル ···················· 203

た行

- 直線電流……………………… 203
- 直流回路……………………… 152
- 直列合成抵抗………………… 35
- 直列合成容量………………… 142
- 抵抗…………………………… 22
- 抵抗率………………………… 33
- 電圧…………………………… 23
- 電圧計………………………… 160
- 電圧降下……………………… 25
- 電位…………………………… 63
- 電位差………………………… 122
- 電界…………………………… 59
- 電気振動……………………… 260
- 電気素量……………………… 9
- 電気力線……………………… 95
- 電気量保存…………………… 129
- 電気力による位置エネルギー… 69
- 電磁誘導の法則……………… 51
- 電磁力………………………… 46
- 電池…………………………… 24
- 点電荷………………………… 76
- 電流…………………………… 23
- 電流計………………………… 160
- 導体…………………………… 14
- 等電位線……………………… 95
- 透磁率………………………… 200
- 特性曲線……………………… 189

な行

- 内部抵抗……………………… 160

は行

- はく検電器…………………… 17
- 非オーム抵抗………………… 189
- 比誘電率……………………… 145
- ファラデーの法則…………… 52
- 不導体………………………… 14
- 並列合成抵抗………………… 36
- 並列合成容量………………… 141
- 変圧器………………………… 257
- ホイートストンブリッジ回路… 159

や行

- 誘電体………………………… 14
- 誘電分極……………………… 15
- 誘電率………………………… 121
- 誘導起電力…………………… 51
- 誘導電流……………………… 51
- 陽イオン……………………… 10
- 容量…………………………… 122

ら行

- らせん運動…………………… 216
- リアクタンス………………… 289
- レンツの法則………………… 52
- ローレンツ力………………… 208
- ローレンツ力電池…………… 221

この本を書くにあたり尽力いただきました㈱KADOKAWAの原賢太郎，山崎英知両氏，㈱エディットの清家和治氏に感謝いたします。

MEMO

漆原　晃（うるしばら　あきら）

代々木ゼミナール物理科講師。東京大学大学院理学系研究科修了。
根本概念をわかりやすく説明し、明快な解法によって難問も基本問題と同じように解けてしまうことを実践する講義は、受講生の成績急上昇をもたらすと大人気。
著書に、本書の姉妹版である『大学入試　漆原晃の　物理基礎・物理［力学・熱力学編］が面白いほどわかる本』『大学入試　漆原晃の　物理基礎・物理［波動・原子編］が面白いほどわかる本』、ハイレベル受験生用の参考書『難関大入試　漆原晃の　物理［物理基礎・物理］解法研究』（以上、KADOKAWA）、『漆原の物理　明快解法講座　四訂版』『漆原の物理　最強の99題　四訂版』（以上、旺文社）、共著書として『改訂版　9割とれる　最強のセンター試験勉強法』（KADOKAWA）などがある。

大学入試　漆原晃の
物理基礎・物理［電磁気編］が面白いほどわかる本

2014年1月24日　第1版発行
2021年3月15日　第27版発行

著者／漆原　晃

発行者／青柳　昌行

発行／株式会社KADOKAWA
〒102-8177　東京都千代田区富士見2-13-3
電話　0570-002-301（ナビダイヤル）

印刷所／新日本印刷

製本所／鶴亀製本

本書の無断複製（コピー、スキャン、デジタル化等）並びに
無断複製物の譲渡及び配信は、著作権法上での例外を除き禁じられています。
また、本書を代行業者などの第三者に依頼して複製する行為は
たとえ個人や家庭内での利用であっても一切認められておりません。

●お問い合わせ
https://www.kadokawa.co.jp/（「お問い合わせ」へお進みください）
※内容によっては、お答えできない場合があります。
※サポートは日本国内のみとさせていただきます。
※Japanese text only

定価はカバーに表示してあります。

©Akira Urushibara 2014　Printed in Japan
ISBN 978-4-04-600139-9　C7042